TRAITÉ D'AGRICULTURE

Les formalités exigées par les lois ayant été remplies, tout exemplaire qui ne sera pas revêtu de la griffe de Ch. DE MEIXMORON DE DOMBASLE sera réputé contrefait.

Nancy, imprimerie de veuve Raybois, rue du faub. Stanislas, 5.

TRAITÉ

D'AGRICULTURE

PUBLIÉ

Sur le manuscrit de l'auteur

PAR CH. DE MEIXMORON DE DOMBASLE

SON PETIT-FILS

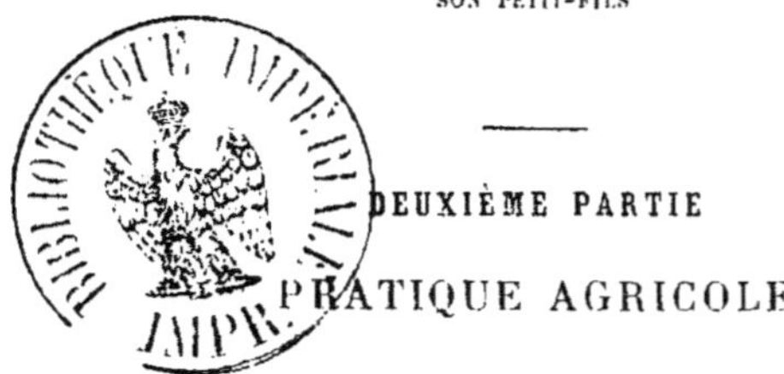

DEUXIÈME PARTIE

PRATIQUE AGRICOLE

I

PARIS

Mᵐᵉ Vᵉ BOUCHARD-HUZARD	LIBRAIRIE AGRICOLE
rue de l'Eperon, 7	rue Jacob, 26

MDCCCLXII

PREMIÈRE PARTIE

PREMIÈRE PARTIE

DE LA CONNAISSANCE PRATIQUE DES SOLS

CHAPITRE I

DES DÉFRICHEMENTS

PREMIÈRE SECTION

Considérations générales

Les défrichements sont au nombre des opérations agricoles qui ont procuré quelquefois de très-grands bénéfices à ceux qui les ont entreprises. D'autres fois, au contraire, ces opérations ont été la source de graves mécomptes et ont entraîné de grandes pertes. Les conditions de la réussite sont ici, d'abord le choix judicieux de la localité, et surtout d'un sol qui offre, après l'exécution des travaux, un degré de fertilité suffisant pour indemniser l'entrepreneur de ces avances ; ensuite l'intelligence et la sagacité dans l'emploi des moyens, et la persistance à vaincre des obstacles souvent plus graves qu'on ne l'avait d'abord pensé ; enfin la possession d'un capital suffisant : on pourrait dire plus que suffisant, car il arrive bien souvent, dans les opérations de cette nature, que les avances successives finissent par s'élever beaucoup plus haut qu'on ne l'avait cru d'abord, soit parce que la dépense des bâtiments, des desséchements, des dépierrements, etc., a dépassé les devis qu'on en avait dressés, soit parce qu'on a été forcé d'employer en plus grande quantité qu'on ne l'avait cru des amendements calcaires dont l'application est toujours fort coûteuse, soit enfin parce qu'il a fallu attendre plus longtemps qu'on ne l'avait prévu les résultats de la fertilisation du terrain. Ce sont des entreprises qui, lorsqu'elles sont tentées sur une grande échelle, ne sont généralement profitables qu'aux hommes expérimentés et judicieux, doués d'un caractère persévérant, et possédant de grands capitaux.

Une circonstance fort importante à considérer aussi dans les entreprises de défrichements, c'est la position du terrain relativement aux voies de communication ainsi qu'à la population ouvrière. Il est certaines localités où celui qui défriche un terrain serait forcé de construire à ses frais un chemin d'une grande étendue pour se procurer des débouchés, qui peuvent seuls assurer une haute valeur à la propriété qu'il va créer. Là, on ne peut guère entreprendre avec profit des défrichements que sur une grande échelle et avec de puissantes ressources pécuniaires, car le même chemin servira aussi bien de débouché pour les produits de mille hectares de terre que pour ceux de cinquante. Quant à la population, on se fait difficilement d'avance une idée exacte des difficultés que l'on éprouvera pour porter les procédés de culture à un certain degré de perfection, si l'on est entouré d'une population peu nombreuse, vouée à des habitudes d'insouciance et de paresse.

Dans les cantons où la population est laborieuse, il arrive souvent qu'un terrain défriché se trouvera à une assez grande distance des agglomérations de la population, et il faut songer d'avance aux moyens par lesquels on se procurera, sur place, la main-d'œuvre nécessaire au moins à la plus grande partie des travaux. On peut bien sans doute faire venir des ouvriers d'une demi-lieue ou même d'une lieue pour quelques opérations agricoles, mais il y a une immense différence dans l'exécution et dans le prix auquel revient le travail, entre la main-d'œuvre qu'on se procure ainsi et celle que l'on obtient des ouvriers domiciliés sur place, qu'on peut avoir à point nommé au moment du besoin, à l'instant où le temps est beau et la terre en bon état. Pour des manouvriers éloignés, au contraire, on hésite à les demander parce que le temps n'est pas assez sûr, beaucoup de temps se passe avant qu'ils soient venus, et ils hésitent eux-mêmes à se mettre en route lorsqu'on les appelle, parce qu'ils ne sont pas assurés que le beau temps durera assez pour que le prix de leur travail les indemnise du long trajet qu'ils ont à faire. Pendant ce temps, le moment propice se passe pour les travaux les plus importants de la culture, qui sont assujettis à toutes les chances de variations atmosphériques. On se figurerait à peine combien de chances on trouve contre soi, lorsqu'on n'a pas à sa portée et sous sa main, dans une culture active et soignée, la population qui doit exécuter les travaux.

On sera donc forcé dans un grand nombre de circonstances de faire construire, sur la propriété nouvellement
défrichée, des habitations où l'on appellera des familles
d'ouvriers, en louant à chacune un logement et une petite
étendue de terrain qu'elle emploiera à produire les objets
nécessaires à sa subsistance. Il convient de laisser aux manouvriers une entière liberté dans l'emploi de leur temps :
le propriétaire peut suffisamment compter sur le besoin
qu'ils ont de gagner un salaire pour s'acquitter du montant
du loyer de leurs maisons et des terrains qui y sont attachés. Par des combinaisons libérales de ce genre, on pourra
créer partout autour de soi une population active et laborieuse ; mais le propriétaire manquerait entièrement son
but, si, par les gênes et les restrictions qu'il imposerait aux
colons qu'il voudrait appeler, il ne rendait ses conditions
acceptables que pour les individus qui sont sans ressources
parce qu'ils sont sans conduite, et qui seront dans l'impuis-
sance de remplir les engagements que la nécessité leur aura
fait prendre. Mais il faut prévoir la dépense dans laquelle
on sera entrainé par ce système de colonisation, quoique
très-profitable en définitive dans beaucoup de cas.

On peut diviser les défrichements en trois grandes
classes : 1° les défrichements de forêts ; 2° ceux des terres
de landes ou de bruyères ; 3° ceux des terrains marécageux.

DEUXIÈME SECTION

Du défrichement des forêts

Les forêts sont généralement, de tous les sols incultes, ceux qu'on peut le plus promptement et avec le moins de dépenses convertir en terres arables ou en prairies, selon leur situation. Quant aux profits qu'on peut trouver à cette opération, ils dépendent entièrement des circonstances locales, et c'est dans le rapport du prix du bois avec ceux des autres produits agricoles qu'il faut puiser les éléments de ce calcul. Là où le bois est à un prix un peu élevé, les défrichements de ce genre présentent souvent encore une spéculation fort séduisante, parce que, lorsqu'on dépouille ainsi le terrain de tous les arbres qui le couvrent, on réalise, dans beaucoup de cas, une somme à peu près égale à celle qu'on attribuait auparavant au fonds et à la superficie, en supposant qu'ils dussent rester en nature de bois. Dans ces localités le défrichement coûte peu, et souvent ne coûte rien, parce que la valeur des souches et des racines couvre les frais nécessaires à leur extraction. Enfin, le sol d'un bois défriché, lorsqu'il est situé en bon fonds, peut produire de riches récoltes pendant plusieurs années sans engrais. Ces diverses circonstances ont rendu très-lucratives, du moins pour le moment, beaucoup de défrichements de forêts. Il est clair, au reste, que cet état de choses dépend des restrictions que notre législation a apportées jusqu'ici au défrichement des bois ; et l'effet de ces restrictions a été

de donner aux terrains couverts de bois une valeur inférieure à celles qu'ils devraient naturellement avoir si les
propriétaires étaient libres de les exploiter à leur volonté.
Il est facile de prévoir que la valeur des bois s'accroîtra,
lorsque les restrictions législatives auront cessé d'exister
pendant un certain espace de temps.

Il est bien certain du moins qu'un défrichement de forêts
ne peut devenir à la longue une opération lucrative pour le
propriétaire, que lorsque le sol, par sa nature, est propre
à former de bonnes terres arables ou de riches prairies : il
est beaucoup de terrains qui donnaient, en nature de bois,
un produit d'une certaine importance, et qui, après le défrichement, n'ont présenté à la culture qu'un sol de très-peu
de valeur. On doit mettre beaucoup de circonspection surtout à défricher les sols en pente, parce que les eaux pluviales les ravinent bien plus facilement ensuite, en entraînant
dans les fonds déjà fertiles des vallées la terre qui les couvrait. Les terrains situés ainsi devraient plutôt être mis en
nature de bois par des semis artificiels ou par des plantations, lorsqu'ils sont découverts : lorsqu'on connaîtra
mieux chez nous l'art de créer ainsi artificiellement des
forêts, on pourra avec bien moins d'inconvénient se livrer
au défrichement des bois qui sont susceptibles d'une culture
lucrative, parce qu'on remplacera ces bois, dans la consommation générale, par d'autres créés dans les lieux où la
culture serait moins profitable.

Les souches et les racines des grands arbres ne peuvent
être extirpées dans les défrichements que par des opérations manuelles qui débarrassent le sol au moins des plus

fortes racines, en sorte que la charrue puisse extirper les autres dans les labours qui suivent. Des charrues très-solides sont nécessaires pour cette opération, et lorsque le défrichement à la pioche a été bien exécuté, on peut communément mettre le sol en bon état de culture par deux ou trois labours. Si l'on destine le terrain à recevoir un ensemencement d'avoine pour première récolte, on ne donne souvent qu'un seul labour ; mais il restera ordinairement alors beaucoup de racines qu'il faudra extirper par les cultures suivantes. Cependant, si l'on a semé une prairie dans l'avoine, comme cela convient dans quelques cas, les pousses que donneront ensuite les racines des arbres qui étaient restées dans le sol étant coupées encore jeunes par la faux avec l'herbe, les pousses et les racines elles - mêmes périssent, après un petit nombre d'années. Il en est de même si l'on abandonne cette prairie au pâturage des bestiaux et surtout des bêtes à laine.

L'avoine, le colza, la navette, les turneps ou navets sont les récoltes dont le succès est ordinairement le plus assuré sur un défrichement de forêts. Les pommes de terre y réussissent presque toujours bien aussi, de même que le lin et les féveroles ; les betteraves y donnent souvent de belles récoltes, mais il est certains sols nouvellement défrichés sur lesquels elles réussissent mal. Le sarrasin s'y plaît particulièrement, si le terrain n'est pas trop consistant. En revanche, le froment, le trèfle et la luzerne ne donnent ordinairement que des produits peu abondants dans les terrains de cette nature, pendant les premières années qui suivent le défrichement. Cet état se prolonge souvent en particulier pour le trèfle pendant un assez grand nombre d'années : les prairies artificielles de graminées réussissent en général beaucoup mieux sur les défrichements des bois que celles de la famille des légumineuses. On peut au reste dans beaucoup de cas, lorsque le sol n'est pas naturellement calcaire, corriger par l'emploi de la chaux ou de la marne cette disposition du sol, et le rendre propre à produire, peu d'années après le défrichement, de beau trèfle et de bonnes récoltes de froment.

En général, le sol des forêts nouvellement défrichées demande plutôt des amendements calcaires que des engrais proprement dits, car la terre s'est enrichie de longue main des débris des feuilles de la forêt, et elle est ordinairement riche en humus ; mais cet humus se trouve dans un état qui le rend peu propre à la réussite de certaines plantes ; et ce n'est que des sols de cette nature qu'il doit être question ici, car, pour les terrains naturellement pauvres qui sont couverts d'arbres, on peut bien rarement trouver son compte à les défricher.

Au reste, pour ceux là même qui étaient riches en humus à l'époque du défrichement, il faut bien se garder de laisser arriver la période de l'épuisement, suite inévitable d'une succession de récoltes que l'on y prendrait sans leur rendre des engrais. Cette succession peut être plus ou moins prolongée, selon la nature du sol et sa richesse primitive ; mais soit qu'on ait commencé par des amendements calcaires, soit que le sol ait pu s'en passer, il faut, aussitôt qu'on s'aperçoit de quelque diminution dans le produit des récoltes, y ramener la fertilité par une appli-

cation suffisante de fumier. Le cultivateur soigneux et prévoyant doit avoir pour but de conserver indéfiniment à
ces terrains d'abord très-productifs le même degré de fertilité : on atteint facilement ce but, si l'on a soin de ne
pas tarder à employer les terrains défrichés à produire des
prairies artificielles, qui seront la matière première des fumiers à l'aide desquels on perpétuera la fertilité du sol. Si
l'on a laissé arriver l'époque de l'épuisement avant d'établir
des prairies artificielles, ou avant de cultiver d'autres plantes destinées à la nourriture du bétail, on a compromis
gravement et pour longtemps la fertilité du terrain, car,
dans son épuisement, il ne pourra plus fournir que peu de
nourriture pour le bétail ; et l'on ne doit jamais oublier,
dans de telles circonstances, que la fertilité du sol tend à se
reproduire elle-même, lorsqu'on dirige convenablement les
opérations, tandis que la stérilité une fois arrivée se perpé-
tue malgré nous, ou résiste du moins pendant longtemps à
nos efforts, parce qu'elle nous laisse privés de ressources
pour la combattre. On doit donc, aussitôt qu'on a senti la
convenance d'appliquer des engrais à un sol de défrichement, le soumettre, de même que les autres terres arables,
à un assolement qui produise la quantité de fumier nécessaire pour le maintenir constamment dans le haut état de
fertilité où il doit être encore alors.

TROISIÈME SECTION

Des défrichements de terres de landes ou de bruyères

On peut appliquer aux défrichements de landes ou de
bruyères une grande partie de ce que je viens de dire sur
le mode de culture qu'il convient d'adopter après les défrichements de forêts ; seulement les sols de cette nature sont
généralement moins riches que ceux qui ont été couverts
de bois. On peut donc beaucoup moins fréquemment y
cultiver, du moins sur une grande échelle, les récoltes qui
exigent un sol riche. Ils se distinguent généralement aussi,
d'une manière plus remarquable encore, par cette disposition à contenir l'humus quelquefois en proportion très-considérable, mais dans un état tel qu'il est peu propre à la
végétation d'un grand nombre des plantes les plus utiles.
Les amendements calcaires leur conviennent parfaitement
dans le plus grand nombre des cas, et l'on peut souvent,
par leur emploi, accroître la fertilité de ces sols dans une
proportion à peine croyable : mais ceci ne doit s'entendre
que des sols qui contiennent naturellement beaucoup d'humus, car, pour les autres, on les épuiserait très-promptement par l'emploi seul des amendements calcaires ; et ces
derniers doivent y être associés à l'usage des engrais proprement dits, et principalement du fumier.

On procède souvent aussi à l'amélioration des sols de
cette espèce nouvellement défrichés par l'emploi seul du
fumier, et l'on réussit également lorsqu'on peut disposer

d'une suffisante quantité d'engrais ; mais le succès est moins prompt, et on l'achète ordinairement plus cher qu'en associant les amendements calcaires au fumier. Ce dernier, employé seul dans les circonstances de cette nature, semble développer deux modes d'action entièrement différents, et qu'il importe de distinguer : d'abord il fournit comme engrais un aliment aux plantes dans les sols peu riches en humus; ensuite il tend à corriger, probablement par le dégagement d'ammoniaque auquel il donne lieu, le vice de l'humus contenu dans ces sortes de terrains, vice qui semble consister dans un état particulier d'acidité. C'est ainsi qu'on peut expliquer les bons effets que produisent les fumures dans certains sols très-riches en humus, et qui n'avaient certainement pas besoin d'addition de nouvelles matières organiques pour produire une riche végétation, mais où la matière organique qu'ils contenaient semblait être affectée d'un vice de proportion que corrige l'addition du fumier. C'est pour cela aussi que certaines substances animales en très-petite quantité, par exemple le noir animal des raffineries de sucre, occasionnent souvent dans ces sortes de terrains un degré de fertilité qui n'est nullement en rapport avec la proportion d'engrais qu'on a employée : il semble évident qu'alors l'engrais ajouté modifie d'une manière particulière l'humus contenu dans le sol, et le rend propre à être absorbé par les végétaux pour leur servir d'aliment. Ces engrais peuvent donc dans un cas semblable devenir épuisants pour le sol, de même que le sont les amendements calcaires lorsqu'on les emploie seuls pour accroître l'abondance des récoltes. Le fumier n'agit jamais ainsi, parce qu'en même temps qu'il corrige le vice de l'humus contenu dans le sol, il porte lui-même une grande quantité de matière alimentaire pour les végétaux.

L'écobuage est encore un moyen fréquemment employé pour l'exécution des défrichements dans les terrains de cette espèce : son action est certainement analogue à celle des amendements calcaires, avec cette différence que non-seulement l'écobuage n'apporte pas de nouvelles matières organiques dans le sol, mais qu'il détruit même une partie de celles qui y existaient. Cette pratique ne peut donc convenir qu'aux terrains qui possédaient de l'humus en grande abondance; mais là il peut être utile, pourvu qu'on n'abuse pas de la fertilité passagère qu'il communique ordinairement aux terrains. On peut consulter sur ce sujet ce que je dirai de l'écobuage dans le chapitre des engrais et amendements.

Dans les entreprises de défrichements de landes ou de bruyères, on peut distinguer deux cas qui se présentent fréquemment dans la pratique. Dans le premier, les terrains qu'on veut défricher dépendent d'une exploitation rurale où une certaine étendue de terre était précédemment en culture, et où l'on employait communément comme pâturages les landes que l'on veut défricher. Le second cas est celui où l'on veut former une exploitation nouvelle entièrement composée de terrains à défricher. Dans le premier cas, l'opération est plus facile : elle exige toujours du temps et une judicieuse direction, mais elle peut souvent se faire sans qu'on y consacre des capitaux considérables. Cependant une diminution momentanée des revenus de l'ancienne exploitation en est presque toujours une conséquence inévitable, car c'est du sol déjà mis en culture qu'il faudra prendre, du moins pour la plus grande partie, les engrais que l'on consacrera à l'amélioration du terrain nouvellement défriché, à moins que ces derniers ne soient naturellement assez riches pour donner pendant quelques années de bons produits sans ressources étrangères ou à l'aide des seuls amendements calcaires. Ces cas ne sont pas fréquents, et presque toujours on ne pourrait faire marcher l'amélioration qu'avec beaucoup de lenteur, si l'on n'appliquait aux sols défrichés plus d'engrais qu'ils ne peuvent en fournir eux-mêmes. Il faut donc mettre en prairie, ou cultiver en plantes destinées à la nourriture du bétail, une portion plus considérable de l'ancienne exploitation, car elle doit produire du fumier non-seulement pour elle-même, mais pour les terrains nouvellement défrichés. A mesure que ceux-ci s'améliorent, on les emploie à leur tour à produire des engrais, en les convertissant temporairement en prairies à faucher ou à pâturer. En procédant ainsi avec lenteur et avec jugement, on peut accroître considérablement, pour un avenir plus ou moins éloigné, la valeur et les revenus des domaines qui sont composés d'une étendue de sols de bonnes landes souvent beaucoup plus considérable que celle des terres en culture.

La position est beaucoup moins favorable lorsqu'il est question de former de toutes pièces une exploitation rurale dans un sol entièrement composé de landes ou de bruyères. On ne peut se promettre de succès dans une entreprise de ce genre, du moins sans y consacrer de grands capitaux, que dans le cas où une partie un peu considérable de ces landes est composée d'un sol naturellement riche, ou qui pourra, à l'aide d'amendements calcaires, être amené promptement à un état satisfaisant de fertilité; car il faudra en tirer les engrais nécessaires, non-seulement pour ces terrains eux-mêmes, qui en auront toujours besoin après quelques années de culture, mais aussi pour ceux qui sont moins riches et qu'on veut améliorer. Dans ce cas, on procèdera à l'aide du noyau composé des terres les plus riches, que l'on aura d'abord défrichées comme je viens de le dire en parlant de l'exploitation anciennement cultivée. Le défrichement, dans l'un comme dans l'autre cas, ne devra s'étendre que lentement, et à mesure de l'accroissement des engrais dont on pourra disposer. Pendant longtemps, dans les entreprises de ce genre, on doit se résoudre à rendre à la terre une grande partie de ce qu'elle a produit : on en tire donc peu de revenus immédiatement réalisables, mais le revenu se capitalise constamment en accroissant la valeur du fonds.

Il est facile de juger par là que ces spéculations conviennent peu à des fermiers, et doivent être exécutées par les propriétaires eux-mêmes, qui peuvent seuls en supporter les dépenses et les risques puisqu'ils doivent en recueillir définitivement les fruits. On ne pourrait excepter de cette règle que les défrichements de quelques sols de landes entièrement exceptionnels, et qui, à cause de leur grande richesse, peuvent donner dès le début de riches produits par le seul emploi des amendements calcaires ; et il est bien à craindre, dans ce cas, que le fermier ne soit tenté d'abuser de cette fertilité passagère du sol, et ne laisse le domaine appauvri plutôt qu'amélioré à la fin de sa jouissance. Ainsi, si le sol n'est pas très-riche, il ne peut convenir aux intérêts du fermier de se charger des opérations du défrichement, et, dans le cas contraire, il est de l'intérêt du propriétaire de n'en pas charger un fermier. Si l'on considère d'ailleurs que les défrichements exigent toujours la construction de nouveaux bâtiments d'exploitation, dont la dépense ne peut être faite que par le propriétaire, on comprendra comment il s'exécute un si petit nombre d'opérations de défrichements, et comment ces entreprises sont si mal dirigées et aussi peu lucratives dans l'état actuel des dispositions des propriétaires français, qui s'occupent si peu généralement eux-mêmes de l'amélioration et de la culture de leurs domaines. Des baux séculaires seraient nécessaires pour déterminer des fermiers à consacrer leurs capitaux à de telles entreprises, dans lesquelles la réussite exige souvent beaucoup plus de temps qu'on ne l'avait calculé d'abord : de très-longs baux offriraient aussi la seule garantie raisonnable contre l'abus que le fermier peut faire des premiers développements de la fertilité dans les sols naturellement très-riches. Mais de longs baux sont encore le sujet de la plus vive répugnance de la part de presque tous les propriétaires fonciers. Aussi, c'est d'un changement dans les habitudes et les dispositions des propriétaires qu'on doit attendre le défrichement des étendues si considérables de landes ou de bruyères qui couvrent encore plusieurs de nos départements du Centre et de l'Ouest. Ou bien ces opérations seront l'effet d'un déplacement de la propriété foncière, qui arrivera entre les mains d'hommes disposés à y fixer leur résidence, et possédant les capitaux qu'exigent toujours les entreprises de cette nature.

Afin qu'on puisse se former une idée au moins approximative des sommes qu'il est nécessaire de consacrer à des défrichements de landes, je dirai ici que M. Jules Rieffel, directeur de l'institut agricole de Grand-Jouan près Nozay, (Loire inférieure), qui a acquis une grande expérience sur cette matière par sa pratique personnelle et par des succès très-remarquables, évalue, dans un écrit qu'il a publié spécialement sur ce sujet, à une somme de 800 fr. par hectare le capital qu'il est nécessaire de consacrer dans les cas les plus ordinaires à opérer un défrichement de landes, en supposant qu'on veuille l'étendre sur une surface de 200 hectares. Sur cette somme, 500 fr. sont applicables aux travaux de défrichement proprement dits, à la construction des bâtiments, chemins d'exploitation, clôtures, fossés, etc. Le surplus, soit 300 fr. par hectare, est destiné à former le capital d'exploitation.

Par les mêmes motifs que j'ai indiqués, les défrichements qui s'opèrent par petites parcelles de terrain ont presque toujours pour résultat un prompt appauvrissement du sol, lorsqu'ils sont exécutés par des hommes qui n'en n'ont pas l'entière propriété. C'est ce qu'on a pu observer dans le partage des terrains communaux vagues et incultes, toutes les fois que ce partage n'a été

que temporaire, ou n'a donné lieu qu'à un droit d'usu-
fruit. Dans d'autres communes, au contraire, un droit ab-
solu de propriété a été conféré aux copartageants, comme
l'a permis pendant quelque temps la législation. Dans ce
dernier cas, le sol a été ménagé, amélioré, enclos, couvert de constructions, etc. Il ne peut manquer d'en être de
même dans toutes les opérations de cette nature ; et lorsqu'un demi-siècle se sera écoulé, les terrains communaux
partagés avec droit de propriété auront partout une valeur
double ou triple et souvent décuple de ceux pour lesquels
le partage n'aura été que temporaire.

Quant à l'opération mécanique du défrichement, lorsqu'elle ne s'exécute pas par le travail manuel de l'écobuage, elle exige non-seulement de forts attelages, c'est-à-
dire des attelages composés d'animaux bien nourris, ce
qui se rencontre rarement dans les pays de landes, mais
aussi de bons instruments et surtout des charrues solides,
capables d'exécuter d'un seul trait des labours de 22 à 25
cent. de profondeur, lorsque les circonstances le compor-
tent, en tranchant complétement la terre au fond du sillon
dans toute sa largeur, et en retournant régulièrement la
bande de terre qu'elles détachent. Cela suppose un soc
tranchant sur une largeur de 27 cent. (10 pouces) au
moins, et un versoir fixe et bien contourné. Avec les
charrues légères à soc pointu et étroit qu'on rencontre
dans nos départements du Centre et de l'Ouest, il est entièrement impossible d'exécuter un défrichement d'une
manière convenable. En vain on multiplie les cultures
avec les charrues de ce genre, en vain on croise les sil-

lons : on ne remédie que bien imparfaitement aux défauts inhérents à la forme de l'instrument. Par deux ou trois labours exécutés avec une charrue bien construite, on se rendra maître des plantes naturelles à ces sortes de terrains, comme les genêts, les ajoncs, les bruyères, etc., beaucoup mieux qu'on ne pourrait le faire dans plusieurs années de culture, et à l'aide de huit ou dix labours, avec un instrument imparfait.

Pour le succès du premier labour, il est souvent nécessaire de faire couper préalablement au niveau du sol les genêts et autres grandes plantes qui s'opposeraient à ce que la bande de terre fût régulièrement retournée. Ensuite, à l'aide d'un puissant attelage, on donne immédiatement un labour à toute la profondeur que l'on veut atteindre par la suite, c'est-à-dire à 20 cent. (7 pouces) au moins et même quelquefois davantage ; car il ne peut convenir ici d'accroître graduellement la profondeur, et il serait difficile dans beaucoup de cas de labourer ensuite, du moins pendant plusieurs années, à une plus grande profondeur que la première fois.

Le soc de la charrue doit être maintenu bien tranchant, afin de couper à la même profondeur toutes les racines pivotantes qu'il rencontre. Le coutre doit aussi être très-fort et très-tranchant ; il convient quelquefois de placer sur l'âge de la charrue, et à 16 cent. (6 pouces) de distance l'un de l'autre, deux coutres dont le premier ne pénètre qu'à la moitié de la profondeur que prend le second. Ainsi, pour un labour de 20 cent. (7 pouces), le premier ne pénètrera qu'à 5 ou 7 centimètres (2 ou 2 pouces 1/2), et le second à 11 centimètres (4 pouces) ou un peu plus. Les racines qui se trouveront au-dessous de cette dernière profondeur seront tranchées ou du moins arrachées par la gorge du corps de la charrue, qui doit être forte et un peu aiguë. Il est fort utile, dans beaucoup de cas, de faire suivre la charrue par des ouvriers, qui, à l'aide de pioches, coupent et arrachent jusqu'au niveau du fond de la raie ouverte les racines dont une partie reste encore implantée dans le sous-sol. Le premier labour doit être extrêmement soigné, c'est-à-dire exécuté sans laisser aucune place vide : il est indispensable d'arrêter immédiatement l'attelage et de faire reculer la charrue de quelques pas pour reprendre un manque, aussitôt qu'on s'aperçoit qu'il vient d'être commis. Les laboureurs négligents disent souvent alors qu'ils reprendront le manque à la raie suivante ; mais il n'en est rien : on cache ainsi un manque en le recouvrant de terre, mais on ne le reprend pas. Pour quelques labours très-difficiles, il convient d'employer deux charrues qui se suivent, et dont la première, dépourvue du versoir, ne fait que détacher la bande de terre, en la tranchant au-dessus et sur le côté : la seconde, pénétrant à la même profondeur que la première, retourne bien plus régulièrement et sans fatigue la bande ainsi détachée.

Après que ce premier labour a été exécuté, le cultivateur doit s'appliquer à ne pas donner aux tronçons de racines qui se trouvent dans l'épaisseur de terre cultivée le temps de végéter et de pousser de nouvelles radicules. Deux ou trois autres labours donnés à propos dans la saison sèche, et alternant avec des hersages énergiques, ou mieux avec le travail du scarificateur, suffisent communément pour faire périr tout ce qui avait vie dans le sol avant le défrichement. La fougère elle-même ne résiste guère à ce traitement. Si au contraire on se contente d'une demi-destruction des végétaux naturels au sol, seul résultat qu'on puisse obtenir avec une charrue imparfaite et à soc étroit, ces végétaux infesteront le terrain pendant de longues années, et entraveront pendant longtemps tous les travaux de culture. On peut fort bien, au reste, n'atteindre aussi qu'à cette demi-destruction en employant une très-bonne charrue, si les premières opérations de culture n'ont pas été exécutées avec les soins et l'activité convenables ; mais du moins le nettoiement prompt et complet du sol est possible avec cet instrument, tandis qu'il ne l'est pas avec l'autre, et le nettoiement complet, assez facile dans certains sols et fort difficile dans d'autres, est toujours l'opération fondamentale de l'amélioration. Pour la suite des opérations, on peut consulter ce que j'ai dit dans la section précédente, en parlant des défrichements de forêts.

QUATRIÈME SECTION

Du défrichement des terrains marécageux

Les sols marécageux sont ordinairement ceux dont on peut tirer les plus riches produits par le défrichement, mais ce résultat est subordonné à une condition fondamentale, celle d'une pente suffisante pour l'écoulement de l'eau. C'est donc là une question sur laquelle il conviendra de consulter des hommes de l'art, toutes les fois qu'il s'agira de desséchements importants, ou qui présentent des difficultés particulières. A l'aide d'un nivellement soigné, on connaîtra la pente dont on peut disposer à partir de tel point jusqu'à tel autre. Mais, pour les cas ordinaires, l'homme expérimenté, s'il est doué d'un certain esprit d'observation, pourra, dans la plupart des cas, juger, sans travaux d'art et par la seule inspection des lieux, de la possibilité d'assainir tel terrain actuellement impropre à toute culture par défaut d'écoulement des eaux.

Pour bien juger ces localités, lorsque le terrain n'est couvert d'eau que partiellement, c'est à l'époque où les eaux y sont le plus abondantes, c'est-à-dire après une grande pluie ou même pendant la chute de la pluie, qu'il convient de les observer. On distingue facilement alors le cours que prend l'eau dans son écoulement naturel sur les diverses parties du terrain, ainsi que les points où il existe une pente sensible. C'est en ouvrant avec intelligence des fossés dans les directions indiquées par ces observations, que l'on parviendra à égoutter le sol. Dans toutes les opérations de cette nature, c'est par le bas qu'il faut commencer les travaux. On doit donc rechercher d'abord quel est le point le plus bas par lequel on puisse obtenir l'écoulement des eaux de la pièce de terre, soit qu'on prenne cet écoulement dans un cours d'eau naturel, soit que les eaux évacuées doivent suivre leur cours sur un terrain appartenant à un autre propriétaire, terrain sur lequel on n'a pas le droit d'exécuter des travaux. Lorsqu'on a reconnu ce point le plus bas, on commence là le fossé principal d'écoulement, auquel on donne une largeur proportionnée au volume des eaux qu'il doit contenir, et que l'on continue en remontant dans la direction indiquée par l'intelligence de l'homme qui se livre à cette entreprise. Ce qui importe le plus ici, c'est que ce fossé se dirige constamment à travers les parties les plus basses du terrain qu'il s'agit d'assainir, en laissant toutefois de côté les parties qui seraient trop enfoncées pour que l'eau pût s'en écouler : celles-là resteront forcément à l'état de marécage, à moins qu'on ne puisse par la suite les exhausser suffisamment.

Presque toujours il conviendra d'éviter de s'assujettir à la ligne droite dans la direction de ce fossé, car il est indispensable qu'il se plie aux sinuosités de la pente du terrain, dont il doit constamment suivre les parties les plus basses, comme je l'ai dit. Si la pente dont on peut disposer est peu considérable, il importe beaucoup de la ménager, en creusant autant qu'on le peut chaque partie du fossé d'écoulement, de manière cependant que l'eau s'écoule par le fossé déjà creusé. Lorsqu'on a commencé par le bas, selon mes recommandations, les ouvriers ne sont jamais gênés par l'abondance de l'eau ; mais en s'avançant ils doivent faire en sorte que l'eau soit presque stagnante sous leurs pieds et derrière eux, c'est-à-dire n'ait que la pente rigoureusement nécessaire pour qu'elle s'écoule par le fossé déjà exécuté. De cette manière, l'eau donne constamment elle-même son niveau ; et lorsqu'on suit exactement cette règle dans un ter-

rain marécageux qui semblait d'abord n'offrir qu'une pente
à peine sensible, on trouve presque toujours une pente
beaucoup plus considérable qu'on n'aurait pu l'espérer,
parce que les obstacles continuels que rencontre l'eau dans
son écoulement sur la surface du terrain dans son état naturel, malgré une pente très-prononcée du sol, l'arrêtent
beaucoup plus qu'on ne pourrait se l'imaginer.

Cette dernière vérité se remarque surtout d'une manière
frappante dans d'anciens fossés d'écoulement obstrués par
des herbes et du limon : l'eau semble y être stagnante sur
de grandes longueurs, et aussitôt qu'on les a fait curer, on
reconnaît qu'ils ont une pente considérable et qu'on n'avait
nullement soupçonnée. Lorsqu'il se présente un cas où l'on
peut employer à un desséchement d'anciens fossés qu'on
ne fait ainsi que curer, on reconnaît souvent qu'ils ont été
tracés sans intelligence, soit parce qu'on a voulu s'assujettir
au tracé de la ligne droite, soit parce qu'ils ne peuvent atteindre à toutes les parties du sol marécageux, attendu
qu'on n'a pas suffisamment ménagé la pente dans leur exécution. Ces défectuosités se reconnaissent surtout par la
rapidité du cours de l'eau dans quelques parties de ces fossés, car, s'ils avaient été bien faits, le cours de l'eau serait
uniforme partout : les *rapides* indiquent les points où la
pente est trop forte, et où par conséquent on peut gagner du
niveau en approfondissant le fossé à partir de ces points et
en remontant. On aura au reste à juger, dans ce cas, s'il
ne convient pas mieux d'abandonner la direction de l'ancien
fossé pour en pratiquer un neuf qui suive les sinuosités des
pentes du terrain, et en lui donnant une pente uniforme

dans toutes ses parties, condition que doit remplir un fossé d'écoulement bien tracé.

Lorsqu'on a exécuté ainsi le fossé principal de désséchement, on le met en communication, par des fossés secondaires ou par de simples rigoles, avec toutes les parties du terrain qu'on veut assainir. Pour les fossés secondaires et pour les rigoles, on doit suivre toutes les règles que je viens d'indiquer pour le fossé principal, et surtout celle qui prescrit d'opérer dans tous les travaux de conduite des eaux en commençant par le bas, et en poussant progressivement l'opération jusqu'au point le plus élevé de la pente de chaque fossé. C'est seulement lorsqu'on aura obtenu ainsi l'assainissement du sol jusqu'à une certaine profondeur dans les points les plus bas de chaque partie de la pièce, qu'on pourra y tracer des rigoles en ligne droite qui permettent l'exécution des opérations de labour ; et l'on fera en sorte que les raies qui forment la séparation des billons entre eux conservent toujours leur écoulement, soit dans un fossé, soit dans une rigole de desséchement.

En conduisant ainsi avec intelligence les travaux de ce genre, il est très-peu de terrains marécageux qu'on ne puisse assainir et rendre à une culture lucrative. Mais ce n'est pas ordinairement dès la première année que le desséchement est complet : quoique l'eau s'écoule bien par les fossés et les rigoles, dont le fond est beaucoup plus bas que la surface du terrain, ce dernier reste souvent encore plus ou moins marécageux pendant plusieurs mois, et souvent pendant une année et plus, si le sol est très-argileux. Mais si l'on a soin de tenir constamment curés les fossés et les rigoles, l'état marécageux disparaît peu à peu, et souvent quelques années après le terrain s'habitue tellement à être assaini, qu'il ne reste aucune trace de son ancien état, et que plusieurs des fossés et des rigoles peuvent être supprimés alors sans qu'il en résulte aucun inconvénient.

Ce que je viens de dire se rapporte à cette espèce d'état marécageux qui résulte du défaut d'écoulement des eaux pluviales à la surface du sol, dans les lieux où les eaux se réunissent par la pente du terrain. Mais il est un autre état qu'il importe beaucoup de distinguer de celui-là : cet état résulte des eaux souterraines qui sourdent souvent sur de grands espaces sans former de sources déterminées, et qui, s'infiltrant dans les couches de la surface, convertissent souvent en marécages de grandes étendues de terrain, quoique le sol ait souvent une pente très-prononcée. En effet, c'est communément sur divers points du penchant des collines ou même des montagnes, qu'on rencontre les accidents de ce genre. On comprend bien qu'ici la marche doit être tout autre que dans les premiers marécages dont j'ai parlé : c'est vers les points les plus élevés de ces sortes de terrains marécageux qu'il faut généralement diriger son attention, parce que c'est là qu'existent les fausses sources qui produisent le mal. On doit donc s'attacher à recueillir ces fausses sources, à les réunir en un petit nombre de courants dont on pourra ensuite ne former qu'un seul, et l'on dirigera ce dernier dans un fossé d'écoulement qui le conduira hors de la pièce.

Ordinairement, c'est par des fossés couverts ou saignées souterraines qu'il convient de procéder pour corriger le vice des terrains marécageux de ce genre. Ces saignées présentent l'avantage de ne gêner en rien la circulation ni la culture à la surface, quels que soient leur nombre et la direction qu'on leur a donnée : on peut donc les disposer en patte d'oie, ou de tout autre manière, en choisissant celle qui convient le mieux pour réunir en un seul cours d'eau plusieurs fausses sources. Si le terrain est soumis à l'action de la charrue, les saignées doivent être profondes d'environ 65 centimètres (2 pieds), dont la moitié inférieure est occupée par les pierrailles ou fagots de branchages qui doivent donner l'écoulement à l'eau : le reste du fossé est rempli par la terre qu'on en avait tirée.

Dans le cas où la pierraille ne se trouve pas sur place, et où l'épierrement ne forme pas lui-même une amélioration pour le terrain, afin d'économiser l'emploi des matériaux dans la construction de ces saignées, on les forme de fossés très-étroits, par exemple de 15 à 20 centimètres (6 ou 7 pouces) au fond, avec des côtés presque verticaux, de manière que le fossé n'ait encore que 20 à 27 centimètres (8 à 10 pouces) d'ouverture vers le milieu de sa profondeur. Si ce sont des pierrailles qu'on emploie à remplir cette partie du fossé, elles doivent n'être guère plus grosses que celles dont on se sert dans la construction des routes ; et la couche supérieure du lit de pierrailles, sur une épaisseur d'une dizaine de centimètres, doit être formée de pierres encore plus petites ou de gros gravier, afin d'empêcher que la terre supérieure ne s'introduise dans la couche de pierrailles, et n'y obstrue le passage de l'eau. On finit par couvrir cette dernière couche d'un lit de

paille ou mieux de mousse de quelques centimètres d'é-
paisseur, qu'on recouvre immédiatement de terre. Des
saignées ainsi faites en empierrement doivent durer un
siècle, si elles ont été bien construites. Si les pierres manquent dans la localité, on sera forcé d'employer du menu
branchage lié en forme de boudin, pour remplir le fond de
la tranchée ; mais ces saignées sont beaucoup moins durables que celles qu'on emplit de pierres. Elles durent
toutefois encore longtemps dans les sols argileux, pourvu
qu'elles soient placées à une profondeur suffisante dans le
sous-sol.

On ne pourrait éviter le prompt éboulement des terres
dans des fossés profonds auxquels il convient de donner
peu d'ouverture à la partie supérieure, afin d'économiser
les mouvements de terre. On doit donc par ce motif n'exécuter la tranchée qu'à mesure qu'on peut la remplir de
matériaux, et en opérer immédiatement le remblai. Pour se
mettre à l'abri des eaux, qui gêneraient l'exécution du travail, il est indispensable de commencer par le bas, de
même que je l'ai dit pour les fossés de desséchement de la
première espèce. Ainsi, on déterminera le point où l'on
veut conduire les eaux, soit dans un fossé ouvert creusé
au bas de la pièce, soit dans un cours d'eau naturel, mais
toujours avec la condition que le fond de ce fossé, ou la
surface du courant naturel dans les grandes eaux, soit à 65
centimètres (2 pieds) environ au-dessus de la surface du
terrain où doit commencer la saignée ouverte, puisque
cette saignée doit toujours avoir son écoulement libre dans
le fossé ou dans le cours d'eau. On continue la tranchée en

la remblàyant à mesure, et en remontant vers le point du terrain marécageux où l'on a reconnu qu'existent les fausses sources. Lorsqu'on est arrivé un peu au-dessous de ce point, on ramifie la tranchée de manière à aller atteindre les eaux souterraines sur les divers points d'où elles s'infiltraient dans le sol. Presque toujours il est nécessaire de prolonger ces ramifications jusqu'à la limite supérieure du terrain marécageux, et souvent il convient de les multiplier dans ces parties, car c'est de là que sourdent les eaux, qui descendent ensuite le long de la pente, en s'infiltrant dans les couches de la surface. Dans la construction de toutes ces saignées, il est fort important d'éviter les contre-pentes, afin qu'il n'y ait stagnation de l'eau dans aucune partie de la tranchée. Presque toujours l'eau même qui arrive dans les tranchées pendant qu'on les pratique suffit pour indiquer la pente.

Lorsqu'un terrain marécageux de ce genre a été ainsi débarrassé des eaux souterraines, il peut être converti en terres arables ou former un bon pâturage, tandis qu'auparavant il ne produisait que des herbes de mauvaise qualité, et était impropre à toute culture. On remarquera au reste ici, de même que je l'ai dit pour les autres espèces de terrains marécageux, que ce desséchement du sol n'est complet qu'un certain espace de temps après que les saignées ont été terminées : on doit donc attendre au moins quelques mois avant de juger si toutes les parties du terrain sont assainies, et s'il convient de pratiquer de nouvelles ramifications que l'on ferait aboutir aux anciennes saignées. Je dirai ici qu'un propriétaire prévoyant ne doit pas omettre de faire figurer avec exactitude, sur un plan de la pièce de terre, les saignées souterraines et toutes leurs ramifications, à mesure qu'il les fait exécuter. Ce plan lui sera fort utile par la suite, s'il se trouve dans la nécessité de rattacher de nouveaux travaux aux premiers, ou si une saignée venant à s'obstruer par accident, il éprouve le besoin d'y faire exécuter des réparations.

Il arrive quelquefois que les terrains marécageux de cette espèce sont composés de tourbe. Si cette dernière forme une couche épaisse et n'est pas mélangée de beaucoup de terre, le sol, même après son assainissement, sera peu propre à la culture. On peut consulter sur ce sujet ce que je dirai des terrains tourbeux, dans le chapitre où je traiterai des divers *Sols relativement à la culture*. Un tel sol, après le défrichement, est plus facilement exploitable comme tourbière ; et si l'on est assez heureux pour découvrir un terrain de ce genre dans le voisinage d'un défrichement de landes, il offrira une immense ressource pour accroître la masse des engrais qu'on destine à ce dernier, en employant la tourbe à former des composts, comme je l'expliquerai en parlant des engrais et amendements.

En général, les terrains rendus marécageux par des eaux souterraines sont, après le desséchement, d'une nature beaucoup moins fertile que l'autre espèce de sols marécageux dont j'ai parlé, parce que ceux-ci ont été enrichis dès longtemps par les alluvions qui leur sont venues des fonds supérieurs. Le mode de culture auquel on peut soumettre les premiers varie à l'infini selon la nature du sol qui les compose : ils peuvent en général être traités comme les

terres arables ordinaires. Les autres offrent presque toujours, après le dessèchement, des fonds de la plus haute
fertilité ; mais, précisément en raison de cette circonstance,
il faut du temps et du travail pour purger ces sortes de
terrains des plantes qui leur étaient naturelles, et dont la
vitalité offre beaucoup d'énergie. Un gazon épais couvre
ordinairement ces terrains, et des roseaux, des carex, des
joncs et d'autres plantes à racines profondes et volumineu-
ses les encombrent souvent. Ce serait très-mal entendre ses
intérêts que de vouloir jouir des produits d'un sol de ce
genre, avant d'avoir pris tout le temps nécessaire pour opérer la destruction complète des végétaux qui lui sont naturels ; car ces produits seraient beaucoup diminués par la
présence de ces plantes, les frais de culture seraient plus
considérables, et le mal se perpétuerait indéfiniment, parce
que les anciennes plantes reprendraient vigueur pendant la
suspension des cultures nécessitée par la présence d'une
récolte sur le sol.

Lorsqu'un terrain marécageux de cette espèce a été bien
desséché, il convient donc de se livrer avec énergie aux
travaux nécessaires pour opérer le plus promptement possible la destruction complète des plantes naturelles au sol.
De profonds labours réitérés, exécutés avec perfection et
entremêlés de hersages, conduisent bientôt à ce résultat.
Souvent une année de jachère est nécessaire, parce que les
cultures ne sont bien efficaces que lorsqu'elles sont exécutées dans la saison la plus chaude de l'année ; et c'est seulement dans le cas où les anciennes plantes sont de nature
à pouvoir être facilement détruites qu'on peut atteindre ce

but en remplaçant la jachère par une récolte sarclée avec soin.

Les terrains de cette nature peuvent ordinairement se passer d'engrais pendant plusieurs années, et il en est dont la fertilité est presque inépuisable. Mais l'emploi des amendements calcaires y est souvent fort précieux, car les sols qui sont restés pendant longtemps à l'état de marécages prennent souvent un caractère acide qui les rend peu propres à la végétation des plantes les plus utiles. Aussi, l'emploi de la chaux ou de la marne améliorera presque toujours considérablement les terrains de cette espèce, lorsqu'ils ne contiennent pas naturellement de la chaux à l'état de carbonate. Il sera toujours facile de s'assurer, par quelques expériences, des résultats qu'on doit attendre de l'usage de ces amendements; mais il serait inutile d'en tenter même l'essai, si l'analyse faisait reconnaître la présence de la chaux carbonatée dans le sol, car cette présence est incompatible avec la propriété acide du terrain. Dans les cultures postérieures auxquelles on soumet les terrains de cette nature, on doit observer avec soin la règle générale de ne pas laisser arriver pour eux l'époque de l'épuisement; et cette époque arrive après une période plus ou moins prolongée, même pour les terrains les plus riches. On doit donc observer avec soin les premiers indices de la diminution des récoltes, et ne pas tarder plus longtemps pour réparer l'épuisement par l'application des engrais.

Les plantes qui réussissent généralement le mieux dans les terrains marécageux de cette classe nouvellement desséchés sont l'avoine, le colza, la betterave, le lin, le chanvre, les féveroles, etc. Le trèfle y donne communément de très-grands produits, mais le froment et l'orge n'y produisent pas ordinairement pendant les premières années des récoltes abondantes en grains, quoique ces plantes offrent une riche végétation en tiges et en feuilles. Le colza de printemps y réussit généralement mieux que dans toute autre espèce de sol. Ces terrains sont aussi habituellement très-propres à la formation de bonnes prairies naturelles à faucher, mais il convient généralement de ne former ces prairies qu'après quelques années de culture, lorsque les anciennes plantes de marais sont complétement détruites : sans cela, ces plantes reparaîtraient encore souvent dans la prairie. Il faut cependant que le terrain soit encore très-fertile, car on ne peut créer un bon pré sans cette condition. Dans beaucoup de cas, les prés ainsi formés peuvent facilement être soumis à l'irrigation, en réunissant dans des réservoirs supérieurs les cours d'eau qui se répandaient auparavant à la surface du terrain et le rendaient marécageux.

CHAPITRE II

CONSTRUCTION ET ENTRETIEN DES CHEMINS

De bons chemins sont sans aucun doute une des plus importantes améliorations que puisse recevoir la propriété foncière. Le défaut de bons chemins, propres à faciliter l'exploitation des terres et le transport des produits sur les marchés, est une cause qui enlève aux domaines ruraux une grande partie de leur valeur sur une portion très-considérable du sol de la France. C'est encore là chez nous le résultat de l'absence des propriétaires de grands domaines, pendant un long espace de temps. Tandis que chez les nations voisines, en Allemagne, en Suisse, en Angleterre, la surface du pays se couvrait de chemins ruraux, sous l'influence des grands propriétaires qui habitaient leurs domaines, cet objet était négligé en France, de même que toutes les autres parties de l'économie rurale, et rien n'a pu suppléer à l'influence des grands propriétaires à une époque où la plus grande partie du territoire était en leur possession.

Depuis assez longtemps on comprend en France l'importance des communications rurales, mais c'est seulement à une époque récente que les législateurs sont entrés dans une bonne voie pour parvenir à ce but. Notre législation laisse encore à la charge des communes la confection et l'entretien d'une grande partie des chemins vicinaux, c'est-à-dire de ceux dont elles ont besoin pour communiquer soit entre elles, soit avec les routes royales ou départementales. L'importance de cette tâche n'a presque jamais été bien sentie par les habitants des campagnes ; et il faut bien dire que là où les communes ont voulu entreprendre des travaux de cette nature, l'exécution a été presque partout si mauvaise, que les avantages qu'on pouvait en tirer se sont réduits à fort peu de chose. Cependant, là où il s'est trouvé un propriétaire éclairé exerçant assez d'influence sur les habitants, ce propriétaire a pu dans quelques cas réunir et diriger les efforts communs, de manière à faire convenablement exécuter des chemins très-utiles à la commune. Ordinairement un propriétaire ne peut atteindre ce but qu'en consentant à coopérer lui-même à l'œuvre générale pour une part plus considérable que celle que la loi met à sa charge. Mais il est une multitude de cas où un propriétaire fait une chose très-profitable pour lui-même en se soumettant à des sacrifices de cette nature, et il est certain qu'il arrive même souvent qu'il ne pourrait employer un capital plus utilement pour l'amélioration de sa propriété, qu'en le consacrant à faire construire uniquement à ses frais, soit des chemins d'exploitation qui rendent plus facile l'accès de ses diverses pièces de terres, soit un chemin qui mette sa propriété en communication avec une route. C'est d'après l'importance de cette propriété, c'est-à-dire d'après la surface et la fertilité du sol, qu'un homme judicieux pourra déterminer la somme qu'il peut consacrer avec profit à faire exécuter ces chemins.

Pour les exploitations dont les bâtiments sont plus ou moins isolés des communes, c'est dans le voisinage même des bâtiments qu'on doit d'abord porter toute son attention, afin de se procurer des abords faciles sur tous les points et de bonnes communications avec les divers chemins. C'est en effet sur ces parties que se concentrent chaque jour au plus haut degré la circulation des chariots et des animaux de l'exploitation. Il en est de même de la communication des divers bâtiments de l'exploitation entre eux, ainsi que de toutes les parties où s'opère la circulation des voitures dans la cour de ferme. Pour cette dernière, les procédés convenables pour les chemins, procédés que je vais décrire, sont beaucoup préférables à celui du pavage et sont moins coûteux. En général, en mettant même à part les considérations d'agrément, on trouve une notable économie dans les transports de tous les jours, dans une exploitation où les bâtiments sont entourés de communications commodes.

Comme il importe beaucoup que les propriétaires et les habitants des campagnes se familiarisent avec l'exécution des travaux nécessaires à la construction et à l'entretien des chemins, je vais indiquer sommairement les règles d'après lesquelles on doit procéder : si l'on observe ces règles avec quelque attention, on pourra obtenir presque partout, avec une dépense relativement fort légère, des chemins praticables en toute saison.

Le *tracé* est le premier point sur lequel on doit porter son attention, lorsqu'on s'occupe d'un chemin. S'il en existe déjà un dans la même direction, on verra s'il ne convient pas de le déplacer sur quelques points, soit pour éviter une pente trop rapide, soit pour le détourner d'un sol bas et marécageux, dans lequel il ne serait possible d'obtenir un bon chemin qu'avec de grandes dépenses. Il est nécessaire aussi de déplacer certains chemins qui se sont creusés, par le temps et les dégradations successives, de manière à se trouver beaucoup plus enfoncés que les terrains voisins. En effet, dans une telle situation, il est entièrement impossible de faire un bon chemin par quelque moyen que ce soit.

Dans le tracé d'un chemin, on ne doit attacher aucune importance à lui faire décrire une ligne parfaitement droite, et dans beaucoup de cas, en voulant s'y assujettir, on rencontre sur certains points des pentes beaucoup trop fortes, ou des bas-fonds qu'il eût été plus prudent d'éviter.

En général, pour tous les chemins pratiqués par les voitures, on doit proscrire toute pente qui dépasse 5 centimètres par mètre. Cette pente est même déjà trop forte pour un chemin commode, et on doit la réduire à 3 centimètres toutes les fois que cela est possible. On y parvient, soit en faisant circuler avec adresse le chemin obliquement sur la pente des coteaux, ce qui est ordinairement le moyen le plus économique, soit en enlevant la terre sur la hauteur pour l'employer en remblai vers le bas. Ici on ne doit pas craindre, dans la plupart des cas, de faire un chemin creux vers le sommet, parce que le chemin aura tou-

jours assez de pente dans cette position pour que l'eau
s'en écoule : il suffira de le tenir bien empierré pour que
l'eau n'y ravine pas, pourvu qu'il ne forme pas l'écoulement naturel d'une grande masse d'eau dans les temps de
pluie.

Lorsqu'on veut corriger une pente trop rapide par un
des deux moyens que je viens d'indiquer, il importe beaucoup d'égaliser la pente le plus qu'il est possible dans toute
sa longueur. Si, en faisant circuler le chemin sur le flanc
du coteau, on le trace de manière à ne lui donner qu'une
pente d'un ou deux centimètres par mètre dans quelques
parties, on sera forcé peut-être de lui en donner une trop
forte dans d'autres. A cet égard, on ne peut s'en rapporter au simple coup-d'œil, et il est nécessaire de rechercher,
à l'aide d'un instrument de nivellement, l'inclinaison des
diverses parties de la pente par lesquelles on peut diriger
le chemin. A défaut des instruments dont se servent les
ingénieurs pour les opérations de ce genre, on peut faire
usage du simple niveau de maçon ou de charpentier, et
d'une règle en bois de trois ou quatre mètres de longueur.
Il n'est pas un ouvrier intelligent, même parmi ceux qui
habitent les campagnes, qui ne puisse, à l'aide de ce simple
appareil, déterminer la pente du terrain dans telle ou telle
direction où l'on pourrait faire passer le chemin. On arrivera facilement, par quelques tâtonnements, à trouver le
tracé de la ligne qu'il faut lui faire décrire pour que la
pente soit aussi uniforme qu'il est possible dans toute sa
longueur. A mesure qu'on procède ainsi, on indique le
tracé par des jalons ou par des piquets aussi multipliés

qu'il est nécessaire pour laisser apercevoir toutes les sinuosités. On ne peut apporter trop de soin à cette partie de l'opération, car tous les jours, pendant toute la durée du chemin, on éprouvera les inconvénients de la négligence que l'on aurait apportée au tracé; et il ne sert presque à rien de faire un bon chemin, si dans une de ses parties on est forcé de doubler les attelages, car dans les transports ruraux cela exigera presque toujours qu'on double l'attelage pour toute l'étendue du chemin.

Par le même motif, on devra diriger ses principaux soins vers l'amélioration des chemins dans les mauvais pas qui se rencontrent souvent au passage d'un ruisseau ou d'une mare. On trouvera, dans un grand nombre de cas, que ce sont seulement quelques mauvais pas de ce genre qui constituent un très-mauvais chemin, et l'on doit s'efforcer de faire en sorte qu'un chemin soit praticable dans toutes ses parties pour les attelages ordinaires, qui seront toujours beaucoup inférieurs à ceux que l'on est forcé d'employer dans la plupart des chemins ruraux.

Il est certains terrains où l'on peut obtenir d'assez bons chemins pour le service rural, sans qu'il soit nécessaire de les charger de matériaux étrangers, du moins dans les parties où ces chemins ne sont pas fatigués par des transports fréquents; mais c'est à condition qu'on leur consacrera les travaux de main-d'œuvre nécessaires pour les mettre et pour les entretenir dans un état de viabilité satisfaisant. Le premier but de ces travaux est d'écarter des chemins les eaux, qui sont leur plus dangereux ennemi. On s'imagine à peine jusqu'à quel point on peut, à l'aide de soins

de cette nature, rendre non-seulement praticables, mais
même fort roulants, des chemins amenés au dernier point de
détérioration et entièrement défoncés par l'effet du séjour des
eaux que l'on y laisse arriver par négligence. C'est toujours
vers ce point que doit se porter la principale attention de
celui qui s'occupe de réparer un chemin : il doit rechercher
l'origine de l'eau qui dégrade le chemin, ce qui n'est pas
toujours très-facile à reconnaitre, parce que l'eau s'infiltre
souvent sur de grandes étendues dans les ornières. Lorsqu'on a trouvé le point où l'eau arrive, soit par l'effet d'une
source qui se trouve dans le voisinage, soit par l'égout des
champs voisins, on s'occupe des moyens de réunir cette eau
dans un fossé et de lui assurer un écoulement régulier,
soit par un fossé longeant le chemin, soit par un cassis ou
par un ponceau, selon les circonstances, si la pente générale du terrain exige que l'eau traverse le chemin. Jamais
on ne doit permettre que l'eau reste stagnante dans un fossé
à côté du chemin : ainsi, on doit pratiquer un ponceau ou
un cassis, toutes les fois que cela est nécessaire pour évacuer entièrement l'eau de ce fossé. Il n'est pas rigoureusement indispensable qu'un chemin soit bordé de deux fossés
dans toute son étendue, mais il est peu de cas où l'on puisse
se dispenser de faire et d'entretenir un fossé de l'un des
deux côtés, c'est-à-dire du côté d'où peuvent venir les
eaux, afin de les réunir et de les évacuer sans qu'elles nuisent au chemin.

Les cassis, lorsqu'on emploie ce moyen pour faire traverser un chemin par l'eau, doivent être creusés profondément, c'est-à-dire jusqu'au niveau du fond du fossé qui y

amène l'eau ; mais les deux côtés doivent être ménagés en pente très-douce et presque insensible des deux côtés. Il faut donc prendre cette pente de très-loin, et la terre qu'on tire de ce déblai est employée à recharger le chemin sur les points où il a besoin d'être exhaussé. Le fond du cassis et même les pentes, jusqu'à une assez grande distance des deux côtés, doivent toujours être empierrés, comme je le dirai plus loin, même dans les chemins où l'on n'emploie-rait pas de matériaux étrangers pour le reste de leur éten-due. Les cassis sont préférables aux ponceaux, dans tous les cas où le terrain, du côté où l'eau s'écoule, est presque au niveau du chemin ; et si l'on emploie un ponceau dans une telle situation, il est nécessaire de creuser et d'entre-tenir dans les terrains inférieurs un fossé suffisamment profond pour évacuer l'eau, en sorte qu'elle ne soit jamais stagnante sous le ponceau.

En général, dans la construction des ponceaux, il est né-cessaire de creuser préalablement un fossé suffisamment profond pour bien déterminer le cours de l'eau, non-seule-ment dans la partie qui traverse le chemin, mais jusqu'à une certaine distance en amont ou en aval, c'est-à-dire au-dessus ou au-dessous du chemin, selon la pente natu-relle de l'eau. C'est seulement lorsqu'on a pu bien juger du cours de l'eau dans ce fossé, que l'on construit le ponceau sur la partie qui traverse le chemin. Sans cette précaution, on risque d'élever ou d'abaisser trop le sol sous le ponceau, comme cela se voit dans tant de constructions de ce genre, ce qui présente de graves inconvénients. La voûte doit être suffisamment élevée pour qu'il n'y ait pas d'engorgement dans les plus hautes eaux, et sa hauteur doit être rachetée des deux côtés par un remblai pris de loin sur le chemin, et en pente très-douce.

Au moyen des précautions que je viens de décrire, le chemin ne peut plus éprouver de dégradation que par l'effet de l'eau des pluies qui tombent sur sa surface. Il faut encore se ménager la facilité d'évacuer celle-ci le plus promptement possible : c'est pour cela qu'on donne à la surface du chemin une forme bombée arrondie, au lieu de le faire plat. Ce bombement, au reste, ne doit pas être trop fort, ce qui entraine d'autres inconvénients très-graves dans le service du chemin. Il suffit que le milieu du chemin soit exhaussé de trois centièmes de sa demi-largeur. Ainsi, si un chemin a 6 mètres ou environ 18 pieds de largeur, la demi-largeur étant de 3 mètres, le milieu du chemin sera exhaussé, au-dessus des accotements ou bas-côtés, de 9 centimètres ou 3 pouces 1/2 environ. Cette pente suffit pour l'écoulement de l'eau, tant que le chemin n'a pas d'ornières ; et lorsque les ornières existent, une pente beaucoup plus forte ne procurerait pas l'écoulement de l'eau qui y séjourne. On peut employer un niveau de maçon pour mesurer la pente que l'on veut donner ainsi aux côtés du chemin, mais on s'habitue bientôt à la juger à l'œil.

Tout ce que je viens de dire sur les chemins sans empierrement s'applique de même à ceux que l'on exécute en y formant une chaussée en pierres cassées ou en gravier. C'est là le cas le plus fréquent, car, à l'exception de quelques sols graveleux ou composés d'un sable grossier, il est préférable et réellement plus économique de former ainsi une chaussée, parce qu'il en coûtera beaucoup moins de frais d'entretien. C'est seulement dans les cantons où les matériaux manquent pour la construction de cette chaussée, qu'il faut bien savoir prendre les moyens de s'en passer. On emploie généralement aujourd'hui pour la construction de ces chaussées le procédé dit à la *Mac-Adam*, procédé extrêmement simple et réellement plus efficace, dans presque tous les cas, que les constructions dispendieuses dont on faisait usage autrefois. J'avertis ici que c'est ce genre de construction que j'appelle ici empierrement, quoique ce mot ait été quelquefois appliqué à d'autres manières de construire les chaussées. Les matériaux que l'on emploie pour *macadamiser* un chemin sont la pierre cassée en petits fragments, ou du gravier sans mélange de terre, ou du moins dans lequel la terre ne se trouve qu'en très-petites proportions. Les pierres siliceuses ou quartzeuses y conviennent fort bien, mais on peut y employer aussi avec un plein succès des pierres calcaires beaucoup moins dures que ces dernières ; et même, lorsqu'on n'a à sa disposition que des pierres calcaires tendres, on peut encore en faire de fort bons chemins. L'essentiel est que les pierres soient cassées uniformément en fragments fort petits, c'est-à-dire qui ne dépassent pas la grosseur d'un œuf de poule. Les pierres ainsi cassées se tassent et s'agglutinent ensemble par le passage des voitures, et la chaussée entière ne forme bientôt plus qu'une seule pièce qui ne se laisse pas pénétrer par l'eau des pluies. Ce cassage est la partie la plus importante de l'opération : on ne doit jamais employer à la construction des chemins aucune pierre qui n'ait été ainsi cassée,

si ce n'est dans les bas fonds, où la chaussée doit avoir une
grande épaisseur et où l'on peut former des couches inférieures de pierres cassées plus grossièrement, par exemple à la grosseur du poing. Mais cette couche doit toujours
être recouverte de pierres cassées menues, comme je l'ai
dit, sur une épaisseur d'environ six pouces. Si le gravier
qu'on emploie est mêlé de cailloux qui dépassent le volume
que je viens d'indiquer, il est nécessaire de les séparer en
passant le gravier à la claie : on peut les casser ensuite
pour les mêler à la masse. Le gravier trop fin, c'est-à-dire
celui qui se rapproche de la nature du sable, est inférieur,
pour la durée du chemin, à celui dont les grains sont plus
volumineux ; mais on est souvent forcé de l'employer lorsqu'on en a pas d'autre. On ne doit l'employer qu'en couches minces, que l'on ajoute successivement les unes aux
autres, parce que les couches épaisses restent mouvantes
pendant longtemps, ce qui forme de fort mauvais chemins.
Les graviers anguleux sont toujours préférables à ceux dont
les grains sont arrondis, parce qu'ils se consolident plus
promptement.

Avant de former la chaussée, on doit déterminer la largeur qu'il convient de lui donner ainsi qu'au chemin. Le
plus souvent on ne donne à la chaussée qu'une partie de
la largeur du chemin, en laissant des deux côtés le sol nu
et sans empierrement sur une certaine largeur. C'est cet
espace que l'on nomme les *accotements*, qui servent au passage des piétons, et où l'on dépose temporairement les
matériaux destinés aux réparations de la chaussée. Ainsi,
si un chemin a 20 pieds de largeur, on ne donnera à la

chaussée qu'une largeur d'une douzaine de pieds, et les accotements auront 4 pieds de largeur de chaque côté. Dans
ce cas, après avoir uni avec soin la surface du chemin sans
lui donner aucun bombement, si ce n'est sur les accotements, on établira la chaussée en formant au milieu du
chemin, sur une largeur de 12 pieds, une couche de pierres
cassées que l'on égalise avec soin au râteau, et à laquelle
on donne 4 ou 5 pouces d'épaisseur au milieu, en la diminuant progressivement jusque sur les accotements. L'é-
paisseur que j'indique ici est très-faible et ne peut convenir
qu'à des chemins ruraux fort peu fréquentés. Pour les autres, et spécialement pour ceux qui avoisinent les bâtiments
d'exploitation, et où la circulation est plus fréquente, il
vaut bien mieux donner immédiatement à l'empierrement
6 ou 8 pouces d'épaisseur au milieu, en réduisant cette
épaisseur à 3 ou 4 pouces près des accotements, que l'on
recharge d'un peu de terre près de la chaussée, pour leur
donner la pente convenable. Si l'on emploie à faire cette
chaussée du gravier siliceux, qui reste mouvant sous les
roues de voitures jusqu'à ce qu'il soit consolidé, il vaut
mieux faire le chargement en deux fois, en n'y mettant d'a-
bord qu'une couche de moitié d'épaisseur : on met la seconde couche lorsque la première a été tassée par la circulation. Lorsqu'on emploie des pierres cassées anguleuses,
de quelque nature qu'elles soient, on peut faire en une seule
fois le chargement de toute l'épaisseur de la chaussée.

Dans les pays où l'on a le plus perfectionné l'art de construire les chemins, par exemple en Angleterre et en Suisse,
on les réduit à la seule chaussée, c'est-à-dire qu'on a di-

minué leur largeur en les empierrant en totalité, et en supprimant ainsi les accotements. En Suisse, où nous pouvons aller prendre d'excellents modèles de ce genre, les grandes routes les plus fréquentées n'ont pas plus de 7 mètres, et l'on réduit à 4 mètres et même quelquefois à moins la largeur de beaucoup de chemins que l'on entretient dans un état parfait de viabilité. L'avantage que l'on trouve à supprimer ainsi les accotements consiste en ce qu'il est bien plus facile de procurer un écoulement constant à l'eau des pluies qui tombe sur la surface des chemins. Une observation attentive fait en effet bientôt remarquer que les accotements des chemins tendent sans cesse à s'exhausser, et que c'est là ce qui s'oppose le plus souvent à l'écoulement de l'eau, qui séjourne sur la chaussée ou sur la partie des accotements qui l'avoisine. Il se forme là des flaques, d'où l'eau, pénétrant dans l'intérieur du sol, amène une prompte dégradation du chemin. Lorsqu'au contraire le fossé se trouve immédiatement contigu à la chaussée empierrée, rien n'est plus facile que de construire cette dernière de manière que l'eau y ait un écoulement constant. Avec une largeur de 4 mètres ou 12 à 13 pieds, il y a rigoureusement assez pour que deux voitures chargées de foin ou de gerbes puissent se croiser, pourvu que l'une des deux s'arrête un instant lorsque l'autre passe, et pourvu que les roues puissent sans danger circuler dans toute la largeur du chemin et jusque près du fossé, comme cela arrive dans un chemin bien empierré sur toute sa largeur. Quant aux piétons, le chemin ainsi formé étant toujours exempt de boue, ils y circulent plus commodément que sur des accotements souvent détrempés. Mais une telle disposition exige que l'on prenne des mesures pour ne jamais déposer de matériaux sur le chemin : ainsi on doit disposer, d'espace en espace, des emplacements où l'on dépose les pierres et où on les casse pour les employer aux travaux d'entretien.

Dans beaucoup de cas, on peut mettre en bon état un chemin existant et fort détérioré, de quelque manière qu'il ait été primitivement construit, en se contentant d'extraire toutes les pierres qui font saillie pour les réunir aux matériaux que l'on amène pour recharger la chaussée, en établissant sur cette dernière une couche d'une épaisseur suffisante de pierres soigneusement cassées ou de gravier, et en écrétant les accotements de manière à donner à tout le chemin un bombement régulier. Le soin le plus important est toujours au reste d'évacuer par des fossés, des ponceaux ou des cassis, les eaux qui de l'extérieur pourraient arriver sur le chemin.

Ce n'est pas tout d'établir une fois des chemins bien construits ; il faut encore les entretenir avec soin, et l'on ne peut trop se pénétrer de l'idée que c'est l'entretien qui fait les bons chemins. Cet entretien est peu coûteux dans presque tous les cas pour des chemins qui ne sont pas fréquentés par un grand nombre de voitures, mais ils exigent des soins fréquents et des travaux exécutés à propos. Si l'on néglige cet entretien, le chemin le mieux construit sera bientôt détestable. Combler les ornières à mesure qu'elles se forment, enlever les pierres détachées qui peuvent se trouver sur le chemin, extraire celles qui formeraient saillie, écréter les accotements afin de conserver toujours au chemin son bombement, enfin curer les fossés de manière que l'eau y circule librement, tels sont les travaux qu'exige l'entretien des chemins.

Dans beaucoup de cas, on peut combler les ornières seulement en abattant les bourrelets qui se forment sur leurs côtés. Si cette opération est faite par un temps sec, et s'il ne survient pas de pluie pendant quelque temps, le passage des voitures consolide les matériaux, et l'ornière a disparu. Toutes les fois que cela est nécessaire, il faut employer à combler les ornières du gravier ou des pierres cassées, comme celles dont on forme les chaussées. Lorsque les ornières sont peu profondes, il faut même que les pierres ne dépassent pas le volume d'une noix ; mais on ne doit en mettre que ce qui est rigoureusement nécessaire pour combler l'ornière, car les matériaux que l'on emploierait en excédant nuiraient à l'égalité de la surface du chemin, soit en formant des bourrelets, soit en devenant la source de pierres détachées ou roulantes, qui sont toujours très-préjudiciables quelque petites qu'elles soient. Du reste, dès qu'un chemin a été bien construit, il ne faut plus y employer de matériaux que pour combler les ornières, et il est rarement utile d'y faire des rechargements sur toute la largeur de la chaussée. Si le chemin devient plat ou même creux par la suite, cela vient presque toujours de ce que les accotements tendent généralement à s'exhausser par diverses causes, et en particulier par l'effet de l'accumulation des éclaboussures de la boue qui se trouve sur la chaussée. C'est donc en écrétant les accotements qu'il convient de rendre au chemin son bombement. Pour les ornières, un des soins les plus importants de l'entretien consiste à les combler sans attendre qu'elles soient profondes, mais dès qu'elles se forment, c'est-à-dire aussitôt qu'elles ont deux ou trois pouces de profondeur. Les matériaux dont on les remplit peuvent déjà alors s'incorporer solidement à la chaussée, ce qui serait difficile si on voulait les employer plus tôt. Mais si l'on attend plus tard, l'eau qui s'amasse dans les ornières en détrempe le fond, où s'exerce particulièrement l'action destructive des roues de voitures, et la dégradation ultérieure devient extrêmement rapide. Ce que je viens de dire des ornières s'applique également au flaques, qui au reste ne se rencontrent guère sur des chemins bien construits. Mais s'il se trouve de ces flaques, c'est-à-dire des creux où l'eau des pluies se réunit et séjourne, on doit se hâter de les combler à l'aide de pierres menues dont on égalise avec soin la surface, sans employer plus de matériaux qu'il n'est nécessaire pour niveler chaque place avec les parties voisines. Si les flaques ou les ornières sont remplies de boue, il est nécessaire d'enlever d'abord cette dernière ; sans cela les matériaux resteraient mouvants et ne se consolideraient pas. Lorsqu'on fait ainsi à temps les réparations dont je viens de parler, il ne faut réellement qu'une fort petite quantité de matériaux pour entretenir les chemins dans un bon état de viabilité.

Les pierres saillantes fixes doivent être arrachées, et l'on remplit de pierres cassées la cavité qui en résulte. Quant aux pierres roulantes, on doit les amasser aussitôt qu'il s'en trouve, et les réunir aux matériaux qui doivent servir aux réparations du chemin. Ce n'est pas seulement pour la commodité des personnes qui voyagent en voiture que ce soin est nécessaire, mais les pierres roulantes accroissent considérablement la résistance que doivent vaincre les attelages dans tous les transports. En effet, chaque fois qu'une de ces pierres se rencontre sous une des roues, il faut que l'attelage fasse un effort suffisant, non plus pour vaincre une résistance de traction horizontale, mais pour soulever verticalement la charge du chariot, de manière à lui faire franchir cet obstacle. La force employée ainsi au contact de chaque pierre est anéantie l'instant d'après, par l'effet du choc de la roue retombant sur le sol après avoir franchi l'obstacle. C'est pour cela que les chemins à surface raboteuse exigent, pour un chargement égal, une force de tirage beaucoup plus considérable qu'un chemin uni. Lorsque cette inégalité de la surface est due principalement à des pierres roulantes, comme cela se voit dans une multitude de cas, il est si facile et si peu dispendieux d'amasser ces pierres pour en faire des dépôts temporaires, que la présence des pierres roulantes sur les chemins est toujours l'indice d'une impardonnable négligence dans les soins d'entretien.

On songe bien rarement à ébouer les chemins ruraux, si ce n'est lorsqu'il s'agit de nettoyer les ornières que l'on veut combler. Cependant il est une multitude de cas où l'on peut améliorer beaucoup la viabilité sans dépense, en enlevant la boue, qui a presque toujours, pour l'amélioration de certaines terres, une valeur supérieure à celle du travail nécessaire pour l'amasser et la charrier. Il convient dans ce cas de saisir un instant où la boue se trouve dans un état de demi-dessiccation, qui permet de la charger immédiatement sur des tombereaux.

Les matériaux destinés aux réparations ne doivent être amenés sur le chemin que très-peu de temps avant leur emploi : le mieux est, sans aucun doute, d'en former des dépôts sur des emplacements destinés à cet usage hors de la surface du chemin, pour ne les amener qu'au moment même où l'on veut les employer. Ce transport s'exécute à l'aide d'un tombereau que l'on fait arrêter fréquemment, et dont on tire à chaque fois par derrière la quantité de pierres cassées nécessaire pour emplir les ornières. Quant à ces dépôts de matériaux cassés ou non cassés, que l'on fait stationner pendant des mois entiers et quelquefois pendant des années, distribués en lots sur les accotements des chemins, et qui gênent la circulation peut-être pendant aussi longtemps que les matériaux pourront améliorer le chemin, c'est encore là une de ces négligences que l'on verra disparaître partout où l'on apportera des soins bien entendus à l'amélioration de la viabilité. Aucun dépôt d'autre nature ne doit non plus séjourner sur les chemins. Ainsi, lorsqu'on cure les fossés voisins, la terre qui en provient doit être enlevée immédiatement, si on la dépose sur le chemin, car elle nuirait essentiellement à l'écoulement de l'eau de la chaussée dans les fossés. En général, la surface entière du chemin doit rester constamment libre, pour la circulation des voitures et des piétons, et pour l'écoulement de l'eau des pluies.

Beaucoup de personnes trouveront sans doute que les soins dont je viens de présenter le détail sont trop minutieux pour être appliqués à la construction et à l'entretien des chemins ruraux. Il n'est pas étonnant qu'une telle opinion continue à persister dans un pays où ces chemins ont été voués de tout temps à un abandon complet. Mais l'époque n'est pas éloignée sans doute, où l'on comprendra mieux les conditions sans lesquelles il est entièrement impossible d'obtenir de bonnes communications. Déjà les hommes éclairés sentent généralement quels avantages pourrait trouver la production agricole dans l'existence de bonnes communications ; et, dans les tentatives que l'on fera pour atteindre ce but, l'expérience montrera bientôt que c'est seulement par ces soins de détails, peu dispendieux dans la plupart des cas, mais constants et assidus, que l'on peut obtenir de bons chemins. On est disposé à considérer ces soins comme du luxe pour des chemins ruraux, parce qu'on ne les a vus appliqués jusqu'ici qu'aux routes royales ou aux chemins de grande communication ; mais à mesure qu'on jouira des bienfaits d'une bonne viabilité dans les campagnes, à mesure que la population rurale se familiarisera avec ce genre de travaux, on comprendra que loin d'être une dépense de luxe, celle qu'entraînent ces soins de détails est la plus profitable que l'on puisse appliquer à l'amélioration de la propriété foncière.

Pendant longtemps on a cru en France qu'il était fort utile de border de deux lignes d'arbres les chemins de toute espèce. En Angleterre, au contraire, il est défendu de planter des arbres à une certaine distance des deux côtés des chemins. Dans l'intérêt du chemin lui-même, rien n'est plus raisonnable que cette défense ; car l'humidité est à bien dire la seule cause de détérioration des chemins, et les deux principaux agents de dessiccation, le soleil et le vent, sont interceptés par les arbres. Aussi l'on remarque que les chemins sont toujours fréquemment détériorés et d'un entretien fort difficile, sur les points où ils sont bordés de plantations épaisses. Les arbres plantés à une distance plus considérable qu'on ne le fait communément sont moins nuisibles aux chemins, mais le sont toujours beaucoup. Si l'on considère, d'un autre côté, le profit que l'on peut tirer des arbres, cette place est la plus mauvaise de toutes pour la plantation ; car c'est là qu'ils sont le plus exposés à toutes les dégradations accidentelles, et ils nuisent beaucoup à la culture des champs voisins. Quelques arbres çà et là sont utiles, afin de procurer aux voyageurs un lieu de repos ombragé ; mais il faut considérer purement comme un objet de luxe fort douteux et réserver aux routes royales la plantation de deux lignes régulières d'arbres, quelque agrément qu'il puisse en résulter relativement à l'aspect pittoresque du paysage.

CHAPITRE III

DES CLÔTURES ET DES PLANTATIONS

Les clôtures rurales ont une assez grande importance sous l'empire de la législation actuelle, puisqu'en faisant enclore un terrain on le soustrait à la vaine pâture et aux abus qui en sont la conséquence. Mais c'est à peu près à cela qu'il faut réduire les avantages des clôtures pour les terres arables ; car il est bien peu de localités où l'on puisse compter pour beaucoup la sécurité qu'elles pourraient offrir en écartant les malfaiteurs, du moins en ce qui concerne les récoltes ordinaires des champs.

En Angleterre, les clôtures sont très-multipliées, et on les considère généralement comme la condition la plus indispensable d'une bonne culture. Il est vraisemblable que c'est de l'exemple fourni par ce pays qu'est venue l'opinion si favorable aux clôtures, que l'on rencontre dans un grand nombre d'écrits publiés en France sur l'art agricole. Mais l'adoption des clôtures pour les pièces de terres arables en Angleterre est la conséquence du système généralement adopté dans ce pays pour l'entretien du bétail : les bestiaux étant presque toujours laissés le jour et la nuit dans les champs pendant toute l'année, il a bien fallu exécuter des clôtures qui pussent permettre de les y abandonner, sans faire les frais d'une garde continuelle. Dans le système d'assolements alternes, toutes les pièces de terres arables étant d'un autre côté successivement consacrées aux pâturages ou à la production de récoltes-racines destinées à être consommées sur place par des bestiaux qui y passent la nuit comme le jour, il est devenu nécessaire de convertir toutes les terres en des enclos distincts et séparés. Comme ce mode d'entretien du bétail n'existe pas en France, où l'on ne pourrait en aucune manière en conseiller l'imitation, l'avantage des clôtures est entièrement différent chez les deux nations, et l'exemple des propriétaires anglais n'est d'aucun poids pour nous en cette matière.

C'est donc par des considérations particulières à chaque localité et à chaque circonstance, et en vue d'avantages réels et bien définis, qu'un propriétaire pourra se déterminer à faire enclore une pièce de terre. Dans quelques parties du Centre et de l'Ouest de la France, les clôtures sont très-multipliées autour des pièces de terre qui doivent former des pâturages permanents pour le bétail. Elles sont mieux placées là sans doute qu'autour des pièces de terres arables. Cependant beaucoup de propriétaires éclairés de ces localités commencent à comprendre qu'on y fait souvent abus du système de clôtures, et qu'il en résulte un dommage considérable par la perte de terrain qu'elles occasionnent. Parmi les considérations les plus importantes à cet égard, on trouve l'étendue même de la pièce de terre et sa figure géométrique. En effet, les dépenses de clôture sont proportionnées, toutes choses d'ailleurs égales, à l'étendue de la ligne que décrivent les limites de la pièce. Mais cette ligne est beaucoup plus étendue, relativement à la surface du sol, dans les petites pièces que dans les grandes, en les supposant de figures semblables. Et, en écartant la supposition des lignes courbes dans les limites, plus la figure s'éloigne du carré parfait, plus l'étendue de la ligne de ceinture s'accroît relativement à la surface de la pièce. L'influence de ces deux causes combinées est telle, que sur une pièce de terre de peu d'étendue et d'une petite largeur relativement à sa longueur, la dépense qu'entraînerait la clôture serait énorme relativement à la surface de la pièce : la clôture occuperait une proportion trop considérable du terrain pour qu'on pût économiquement en faire le sacrifice. C'est donc pour les grandes pièces de terre que l'exécution des clôtures présenterait le plus d'avantages.

Les calculs suivants feront comprendre dans quelles limites peut s'étendre la différence des dépenses qu'entraîne la clôture, pour des pièces de terre de différentes contenances ou de diverses figures. S'il est question d'enclore une pièce de terre carrée de 100 mètres de côté, contenant par conséquent un hectare, le développement de la clôture est de 400 mètres. Sur toute cette ligne il faudra sacrifier un terrain d'un mètre et demi de largeur au moins, et quelquefois d'une dimension beaucoup plus considérable. En comptant un mètre et demi, le terrain occupé par la clôture sera de 600 mètres carrés ou 6 ares.

Si ce terrain vaut deux mille francs l'hectare, les 6 ares représentent une valeur de 120 francs. Et le mètre carré valant à ce prix 20 centimes, chaque mètre courant de clôture entraînera un sacrifice de 30 centimes pour la perte du terrain. Pour poser un chiffre qui ne s'éloigne pas beaucoup de la réalité, au milieu des circonstances diverses qui peuvent faire varier la dépense de l'établissement des fossés ou des haies, j'évaluerai cette dépense à 40 centimes par mètre courant, en y comprenant le capital dont l'intérêt annuel devrait couvrir les frais d'entretien. D'après ces données, c'est à 70 centimes environ qu'il faudra évaluer la dépense du mètre courant de clôture. Pour les 400 mètres, cela formera une dépense de 280 francs en principal, pour la clôture d'un hectare.

Supposons maintenant que la pièce carrée a 500 mètres de côté, ce qui offre une superficie de vingt-cinq hectares. Le développement de la ligne de clôture est ici de 2000 mètres, qui, à raison de 70 centimes le mètre courant, comme ci-dessus, entraîneraient une dépense de 1400 fr. Ces 1400 francs, répartis sur 25 hectares, donnent 56 fr. seulement par hectare de terre enclose.

Si une pièce de terre de la même contenance formait un carré long, par exemple si deux des côtés n'avaient que 250 mètres au lieu de 500, il faudrait que les deux autres eussent 1000 mètres chacun pour former les 25 hectares. Le développement de la clôture serait alors de 2500 mètres, et par le même calcul que ci-dessus on trouverait que la dépense totale se porterait à 1750 francs ou 70 francs par hectare.

Si l'on voulait enclore une pièce de terre de 20 ares formant un billon de 10 mètres de largeur sur 200 mètres de longueur, le développement de la clôture serait de 420 mètres, et la dépense de 294 : ce qui représente la proportion de 1470 francs par hectare de terre enclose. Dans ce dernier exemple, la surface du terrain occupé par la clôture, à raison de 1 mètre 1/2 par mètre courant, offrirait 6 ares 30 centiares ou presque le tiers de la surface totale de la pièce.

Ces divers exemples pourront faire apprécier la différence qu'entrainent, dans les frais de clôture, les deux considérations que j'ai mentionnées. Si l'on veut évaluer la dépense par mètre courant à des prix différents de ceux que j'ai exposés, la proportion restera toujours la même pour les diverses suppositions. Quant aux avantages positifs qui peuvent résulter de la clôture, un des plus importants est celui de l'agrément personnel ; question qui échappe à tout calcul, mais qui est bien permise aussi, dans beaucoup de circonstances, au père de famille le plus soigneux de ses intérêts.

Les fossés ou les haies sont, dans la plupart des cas, les seuls genres de clôtures rurales auxquelles on puisse économiquement songer. Les fossés sont plus promptement établis, et ordinairement moins coûteux que les haies, mais aussi ils exigent presque toujours plus de dépense pour l'entretien annuel. Là où les fossés sont utiles pour l'écoulement des eaux, il conviendra souvent de leur donner la préférence. On ajoute quelquefois une haie à un fossé, lorsqu'on veut que la clôture offre une forte résistance à l'accès du bétail. La dépense s'augmente beaucoup alors, ainsi que la surface du terrain occupé par la clòture. Je ne dirai rien des dimensions qu'il convient de donner aux fossés de clòture, ni des détails d'exécution, car tout cela peut varier beaucoup selon les usages des lieux, selon la nature du sol, et selon le but que l'on a en vue. Je me contenterai donc de présenter ici quelques règles relatives à la plantation et à l'entretien des haies. Ces détails me semblent d'autant plus importants, que si l'on excepte un très-petit nombre de cantons où ce genre de clòture est particulièrement bien soigné, on trouve partout des haies mal établies, mal entretenues, et qui ne forment en aucune façon une clòture qui mérite ce nom.

Les haies peuvent se diviser en *haies rurales* et *haies jardinières*. Je parlerai d'abord de ces dernières, qui sont plus généralement applicables à des enclos de peu d'étendue et attenantes aux habitations. J'indiquerai ensuite les différences que peuvent comporter les haies rurales pour leur établissement et leur entretien.

Les haies jardinières doivent occuper peu de terrain et offrir une forte résistance à l'accès des hommes et des animaux. On ne doit pas craindre d'y consacrer un peu plus de dépense et d'entretien : les haies de ce genre doivent aussi présenter à l'œil un aspect agréable et régulier. Un grand nombre d'espèces d'arbres et d'arbustes peuvent composer ces sortes de haies. Au premier rang il faut placer l'aubépine, surtout parce que ses pousses annuelles ont peu de longueur, en sorte qu'on peut entretenir la haie constamment propre, sans la tondre fréquemment. On

peut du reste établir, par le procédé que je vais décrire,
des haies tout aussi fortes et tout aussi impénétrables que
celles d'aubépine, avec le cornouiller commun, le cornouiller sanguin, le charme, l'érable et un grand nombre
d'autres arbres. On peut même, en exécutant avec attention ce procédé, faire des haies d'une assez bonne défense
avec les saules, le troëne et autres arbres ou arbustes à
rameaux très-flexibles. Il faut éviter avec soin, dans tous
les cas, d'entremêler dans la même haie des arbres de diverses espèces, parce que la végétation étant plus vigoureuse dans les uns que dans les autres, la haie ne peut
jamais avoir de régularité. Il faut donc composer d'une
même espèce une haie tout entière, ou du moins de longues parties de cette haie, si des différences dans la nature
du terrain déterminaient à employer diverses essences
dans les différentes parties : une des circonstances les plus
importantes pour le succès de la haie est, en effet, que
l'espèce d'arbres dont on la compose puisse développer
une végétation vigoureuse dans le sol où on la place.

Le plus souvent on forme les haies au moyen de jeunes
plants venus de semences et que l'on arrache dans les
forêts. On ne forme jamais ainsi que de haies très-défec-
tueuses, parce que ces plants ayant généralement peu de
racines, il s'en trouve un grand nombre qui languissent
pendant les premières années, ou qui manquent entièrement à la reprise. Comme il est difficile ensuite de remplir
ces lacunes, on doit s'efforcer, au contraire, d'obtenir dès
le début une végétation active et uniforme dans tous les
plants qui composent la haie. On ne peut atteindre ce but

qu'à l'aide de plants élevés en pépinière dans un bon terrain où ils forment des racines fortes et nombreuses. On peut former ces pépinières à l'aide de semis ; ou, afin d'en jouir plus promptement, on peut y transporter des plants enlevés dans les forêts et que l'on mettra en place après un ou deux ans, lorsqu'ils auront formé de belles et nombreuses racines, ce qu'on reconnaît à la vigueur des rameaux qu'ils poussent. On doit choisir pour ces pépinières un terrain riche, mais sans excès : rien n'est plus mal calculé que de les placer en terrain pauvre, sous le prétexte que les plantes y viendront plus rustiques. On ne forme ainsi que des plants rabougris, mal pourvus de racines, et incapables d'acquérir une belle végétation dans quelque terrain que ce soit.

Pour planter la haie, on pratique d'abord, sur la ligne qu'elle doit occuper, un fossé d'un pied de profondeur au moins sur autant de largeur. Dans les terrains légers et déjà en état de culture, on peut exécuter ce fossé en automne et planter immédiatement. Dans les sols argileux ou exposés à l'humidité, il vaut mieux préparer le fossé en automne pour ne planter qu'après l'hiver : pendant cet intervalle, la terre du fossé, que l'on avait déposée sur un des côtés, s'ameublit et s'émiette de manière à assurer bien mieux la reprise du plant. Si le terrain était un gazon, il serait indispensable de mettre en culture au moins une année à l'avance le terrain que doit occuper la haie, sur une largeur de deux ou trois pieds, afin d'y détruire les racines de plantes vivaces qui seraient très-nuisibles à la végétation du plant, et qui embarrasseraient beaucoup dans les cultures qu'il est nécessaire de lui donner pendant les premières années. On exécuterait ensuite le fossé comme je viens de le dire.

Pour la plantation, on prépare les plants en raccourcissant proprement à la serpette, mais en ménageant autant qu'on le peut le chevelu, et l'on ne laisse à chaque plant qu'une seule tige s'il en avait plusieurs. On tire ensuite dans le fossé un peu de terre meuble, sur laquelle on place les tiges au milieu de la largeur du fossé ; puis on recouvre les racines du reste de la terre, que l'on foule modérément pour la faire pénétrer dans tous les interstices, et l'on rabat le plant en coupant la tige à 3 ou 4 pouces au-dessus du niveau du sol. On doit avoir soin dans cette opération que les racines soient suffisamment couvertes de terre, mais sans être enfoncées trop profondément ; car alors le plant végéterait mal. On peut prendre pour règle de cette profondeur, pour chaque espèce de plant, la profondeur à laquelle se trouvaient les racines formées dans la pépinière. Les plants doivent être rapprochés pour former une belle et bonne haie : l'épargne du plant est une des causes les plus fréquentes de la défectuosité des haies. On ne doit pas mettre plus de 3 ou 4 pouces de distance entre les plants, car lorsqu'on les a plantés à 6 pouces, la perte d'un seul forme déjà une lacune très-préjudiciable. La plantation doit être faite au cordeau avec une grande régularité, et en ne plaçant les uns à côté des autres que des plants d'une grosseur et d'une vigueur égales.

Si la plantation a été faite avec ces précautions, la reprise de presque tous les plants est assurée ; mais on ne doit pas omettre, dès la première année, de remplacer exactement tous les plants qui auraient manqué et même ceux qui n'auraient plus qu'une végétation languissante, car ceux-ci, dominés bientôt par leurs voisins, ne pourraient jamais arriver à une uniformité de végétation que l'on doit s'efforcer d'obtenir. Ces remplacements sont au reste une des parties les plus difficiles de la besogne ; car dès que les racines des plants bien repris s'étendent sous le sol, elles tendent à affamer les jeunes plants qu'on veut leur associer. Cette difficulté augmente chaque année, avec la croissance de la haie : on doit donc faire tous ses efforts pour mettre tous les plants dans les conditions les plus favorables pour la reprise, et opérer les remplacements dès le début, lorsqu'ils deviennent nécessaires.

Les remplacements doivent se faire avec du plant un peu plus fort que celui de la haie, et que l'on aura réservé à cet effet dans la pépinière. On doit consacrer à ces nouveaux plants des soins particuliers : ainsi, des arrosements pourront leur être donnés en cas de besoin ; on étendra à leurs pieds de la terre riche ou un peu d'engrais consommé ; et afin de garantir leurs racines de la voracité de leurs voisins, on placera aux deux extrémités de la petite fosse ou du petit encaissement dans lequel on met le nouveau plant des morceaux de vieilles planchettes minces, qui s'opposeront, du moins pendant la première année, à la communication des racines des plants voisins.

Pendant cette année, il est indispensable de donner les binages nécessaires pour détruire toutes les plantes étrangères, sur un pied de largeur au moins de chaque côté de

la jeune haie. Ce binage devra être continué pendant plusieurs années, jusqu'à ce que le bas de la haie soit bien
garni de branches.

Lorsque la végétation des plants qui composent la haie a
pris une certaine vigueur, ordinairement dans l'hiver de la
seconde année de la plantation, on taille les deux côtés, en
ne laissant à la haie que très-peu d'épaisseur ; et l'on rabat
tous les brins montants à 6 pouces au-dessus du sol, en
réservant néanmoins, à la distance de 10 à 12 pouces l'un
de l'autre, des brins choisis parmi les vigoureux, et auxquels on conserve toute leur longueur. On courbe ensuite
ces brins sur la longueur de la haie, en les réunissant les
uns aux autres, de manière à former à 6 pouces au-dessus
du sol un cordon horizontal de pliants qui s'étend ainsi d'une
extrémité de la haie à l'autre. Afin de les assujettir dans
cette position, on les entrecroise en les enroulant légèrement les uns sur les autres, et en les fixant sur quelques
liens d'osier. Les branches qui partiront de ces pliants dans
les années suivantes s'entremêleront, et rendront leur position parfaitement solide et invariable. Les branches ainsi
pliées continueront de grossir et rendront la haie impénétrable dans cette partie pour les poules, de même que pour
les animaux les plus robustes. On laisse ensuite la haie
croître en hauteur pendant une année ou deux, en taillant
toujours de très-près sur les côtés. Lorsque les brins montants sont assez longs, on en forme un second étage en
cordons de pliants, à un pied environ au-dessus du premier, en rabattant tous les autres brins à la hauteur de ce
second cordon. On peut former ainsi successivement trois

ou quatre étages de cordons : le plus élevé se trouvera à la hauteur qu'on veut donner à la haie, ce qui lui assurera pour toujours une extrême solidité ; mais cette opération ne doit être faite que lentement et dans l'espace d'un nombre d'années plus ou moins considérable, selon la fertilité du terrain et la vigueur des pousses. En général, c'est de la lenteur avec laquelle on laisse croître les haies en hauteur que dépend essentiellement leur beauté et leur solidité pour l'avenir, car en rabattant les brins montants on force les plants à produire au-dessous beaucoup de branches latérales, ce qui garnit bien la haie par le bas. On aura pour très-longtemps une excellente haie en mettant, selon la fertilité du sol et les espèces d'arbres, de 5 à 8 ans pour lui faire atteindre une hauteur de 4 pieds 1/2 ; tandis qu'on n'aurait obtenu qu'une haie fort défectueuse, si l'on eût voulu gagner la moitié de ce temps pour lui faire prendre la même hauteur. Si l'on n'adoptait pas la méthode des cordons ou pliants, il faudrait toujours rabattre fréquemment la haie dans sa jeunesse, afin de ne lui laisser acquérir que lentement la hauteur désirée. Il conviendrait souvent, dans ce cas, de placer, dans les parties de la haie dont les montants ne se disposeraient pas régulièrement en ligne droite, des perches ou longs bâtons d'un pouce de diamètre environ, qu'on pose horizontalement dans l'intérieur de la haie en y fixant les montants par des liens d'osier.

Dans une bonne haie, les branches latérales les plus basses doivent s'étendre horizontalement sur la surface même de la terre ; et la haie, dans toute son épaisseur, doit sembler sortir du sol de même qu'une muraille, sans qu'au-

cune place claire laisse apercevoir les souches des plants
qui la composent. Un des soins les plus importants pour
obtenir ce résultat consiste à débarrasser exactement la haie,
pendant toute sa jeunesse, de toutes les herbes qui peuvent
croître dans tout son intérieur et même à une certaine distance de ses deux faces. Au premier rang des plantes qu'il
importe de détruire ainsi, il faut compter la bryonne, la
vigne vierge, les liserons et les autres plantes grimpantes ;
mais il en est de même des orties et de toutes les plantes
vivaces ou annuelles quelconques. Le tort que ces plantes
font à la haie consiste bien moins encore dans la soustrac-
tion des sucs nourriciers du terrain, que dans l'avortement
qu'elles occasionnent de tous les yeux des rameaux qui se
trouvent étouffés par la masse des feuilles de ces plantes. Ce
n'est donc pas en été qu'on doit en opérer la destruction,
mais au printemps, à mesure qu'elles poussent, car le mal
serait déjà fait si l'on avait permis qu'elles arrêtassent, dans
quelques parties, la première végétation des jeunes bour-
geons qui doivent garnir et épaissir le bas de la haie. Plus
tard, elle étouffera elle-même les plantes qui pourraient végéter dans son intérieur ; mais c'est presque toujours au
défaut de soins dans la destruction de ces plantes pendant
la jeunesse des haies, que l'on doit de voir un si grand nombre de ces dernières dégarnies de branches par le bas, et
entièrement défectueuses dans plusieurs de leurs parties.
Par le même motif on doit éviter avec grand soin d'employer, pour boucher les vides ou lacunes qui peuvent se
rencontrer dans les haies, des branchages de bois mort,
comme on le fait souvent, car on occupe ainsi la place qui

doit se remplir par de jeunes pousses. Ces ouvertures ou lacunes ne doivent se remplir qu'en y appelant des branches mêmes des plants voisins, que l'on plie à cet effet, en les assujettissant, soit entre elles par la méthode des cordons de pliants dont j'ai parlé, soit à une perche que l'on place en travers de l'ouverture. L'emploi de ces moyens est d'ailleurs nécessaire pour interdire aux hommes et aux animaux le passage par ces ouvertures ; et jamais ces dernières ne peuvent se fermer par les pousses des plants voisins, si ce passage n'est pas complétement interdit.

Le ciseau des jardiniers est le meilleur instrument que l'on puisse employer pour tailler ou tondre les haies de cette espèce, et il faut généralement les tondre deux fois par année, l'une en juin ou juillet et l'autre à l'automne. On peut cependant y employer aussi une serpe légère bien tranchante et munie d'un manche un peu long. La douille de la serpe doit être un peu courbée de côté, de manière que le tranchant se trouve dans le plan de la haie, pendant que l'ouvrier travaille commodément en tenant les mains à quelques pouces de distance en dehors de ce même plan.

Comme on ne peut couper les nouvelles pousses exactement à leur naissance sur les anciennes, la haie tend constamment à prendre plus de largeur et de hauteur. Au bout de 15 ou 20 ans, on peut la rajeunir en coupant à la serpette toutes les branches latérales, à deux pouces environ de distance du tronc, mais en ménageant soigneusement toutes celles qui remplissent des vides en croissant dans le plan de la haie. En même temps on étête toutes les souches,

en leur laissant une hauteur uniforme de deux ou trois
pieds, ou même moins dans les sols qui ne sont pas très-
riches. La haie repousse immédiatement avec vigueur, mais
on la taille, du reste, comme une jeune haie ; et sa croissance est beaucoup plus prompte, et dès la deuxième ou
troisième année, on peut lui redonner à peu près sa première hauteur. Le recepage à 6 pouces ou 1 pied de hauteur, ou même rez terre selon les cas, offre le seul moyen
de remettre en bon état les haies qui ayant été primitivement mal dirigées, se trouvent dégarnies par le bas.

Les haies rurales doivent se traiter de même pour ce qui
concerne la préparation du plant et la plantation ; mais on
pourra dans beaucoup de cas employer la charrue pour la
culture préparatoire qu'il faut donner au terrain sur la ligne
que doit occuper la haie, et même pour exécuter la plus
grande partie du travail nécessaire pour creuser le fossé de
plantation. Seulement il ne faut confier cette besogne qu'à
un laboureur en état de tracer des sillons parfaitement
droits. Pour ces haies, on a le choix entre un plus grand
nombre d'espèces d'arbres ou arbustes, parce qu'il n'est pas
nécessaire de se borner aux espèces qui se prêtent bien
à une taille propre et annuelle. L'aubépine fait d'excellents
tracés de ce genre, ainsi que la plupart des espèces de
plants que j'ai indiqués pour les haies jardinières. On peut
y en joindre beaucoup d'autres, et on peut faire de bonnes
haies rurales avec presque toutes les espèces d'arbres appropriées à la nature du sol. On doit toutefois éviter, pour
toute espèce de haie, les espèces traçantes et qui poussent
des rejetons de leurs racines, parce qu'elles infesteraient les

terres voisines. Dans cette classe je citerai particulièrement
le robinier ou faux acacia, le tremble et le prunier sauvage
ou épine noire. Le sureau, dont la croissance est très-
prompte, peut former de très-bonnes haies dans les argiles
marneuses, où il se plaît de préférence; mais ses longues
branches croissant très-rapidement dans toutes les directions, forment des haies très-larges, en sorte qu'on ne doit
l'employer que dans les situations où le terrain a peu de
valeur. On ne doit non plus l'associer à aucune espèce
d'arbres ; et en général il convient, pour les haies de ce
genre de même que pour les haies jardinières, de ne pas y
entremêler les espèces. La plus belle et la meilleure haie
que j'aie jamais vue était composée exclusivement de cor-
nouillier commun planté dans un sol d'argile marneuse de
peu de fécondité. Cette haie était plantée depuis plus de 60
ans, et la vigueur de sa végétation promettait une durée
presque indéfinie. La plantation avait été faite à 4 pouces
de distance ; les souches avaient généralement alors 3 pouces
de diamètre environ sur une hauteur de 3 pieds 1/2,
point où on les étêtait tous les trois ans ; en sorte que lorsque l'étêtement était opéré et toutes les branches latérales
coupées, les souches seules formaient une muraille qu'un
chat n'eût pu traverser. Il ne se trouvait pas une seule lacune ou un plant manquant dans toute la longueur de cette
haie, qui était fort étendue ; et dès que les branches avaient
poussé, elles formaient la clôture la plus impénétrable. Tous
les ans on la taillait à la serpe sur tous les côtés. Certainement cette haie avait été plantée et élevée par un homme
soigneux et jaloux de la perfection de son œuvre, car, en

général, c'est une condition indispensable pour faire de bonnes haies, plus encore peut-être que pour la réussite de tout autre genre de culture. Je suis fier de dire ici que le planteur de cette haie, que j'ai admirée si souvent dans mon jeune âge, était mon aïeul paternel. Le goût de la bonne culture s'est donc propagé dans sa famille.

Il n'est pas nécessaire pour les haies rurales de rabattre souvent les tiges dans les premières années, afin de ne laisser la haie s'élever que lentement ; car dès qu'on doit laisser les branches supérieures prendre leur croissance plusieurs années avant d'éléter la haie, il ne faut plus songer à avoir une haie bien garnie de branches par le bas, la séve se portant toujours par les branches supérieures, lorsqu'on les abandonne à leur croissance. Dans ces haies, ce sont donc les souches elles-mêmes qui doivent former la clôture, bien plus que les branches qui en partent. On n'étête ordinairement ces haies que tous les trois ou même tous les quatre ans : alors les fagots que produisent les branchages ont une certaine valeur, en sorte que l'entretien n'entraîne pas de dépense. Mais aussi il ne faut pas compter dans ce cas pour les dépenses d'établissement, selon le calcul que j'ai présenté plus haut, sur la perte d'un mètre et demi seulement en largeur : la surface de terrain perdu est beaucoup plus considérable, et l'on voit souvent s'étendre jusqu'à trois ou quatre mètres de chaque côté le préjudice causé dans les récoltes, et surtout dans celles de céréales, par les haies qu'on laisse ainsi croître beaucoup en hauteur. Je sais que beaucoup de personnes ont préconisé les avantages de l'abri qui en résulte pour les récoltes : cet abri contre les grands vents est certainement une chose très-agréable pour les promeneurs; les abris sont recherchés aussi dans les jardins pour la culture des primeurs; mais dans la culture rurale et spécialement pour toutes les plantes dont les graines forment la récolte, les abris sont plus dommageables qu'utiles, et la grenaison des céréales sera toujours faible dans le voisinage d'une haie élevée.

Je n'ai que quelques mots à dire des plantations autres que les haies, attendu que je ne veux les considérer ici que sous le rapport des avantages ou des inconvénients qu'elles présentent dans l'intérieur et dans le pourtour des terres arables ou des prés. L'influence des arbres est toujours plus ou moins nuisible aux récoltes des pièces de terre dans lesquelles on les place. Quelques espèces, toutefois, causent plus de dommages que d'autres; on doit ranger parmi les plus nuisibles les frênes et les peupliers. Si l'on examine les récoltes dans le voisinage de ces arbres, on trouvera qu'elles offrent une diminution marquante jusqu'à une distance assez considérable; et lorsqu'on songe qu'il faut chaque année cultiver, fumer et ensemencer comme le reste de la pièce, des étendues qui ne donnent qu'un très-faible produit, on trouve qu'on a payé bien chèrement, pendant 40 ou 50 ans peut-être, le bois d'un arbre que quelques personnes aiment à considérer comme un accroissement gratuit des produits du sol. Les arbres fruitiers paient peut-être dans beaucoup de cas la place qu'ils occupent dans les champs, mais je ne pense pas qu'il puisse jamais en être ainsi des arbres dont le produit ne consiste que dans le bois qu'ils fournissent. Il faut sans aucun doute semer, planter

et élever des arbres, et c'est là une industrie rurale à laquelle on ne se livre pas assez en France, et dans laquelle
on réussit rarement, parce qu'on la pratique généralement
avec beaucoup moins de perfection que chez nos voisins les
Allemands. Mais il convient presque toujours de consacrer
à ces plantations des terrains spéciaux où l'on réunit toutes
les conditions les plus favorables pour leur réussite et leur
conservation, et où la garde devient facile, parce que les
plantations sont isolées. C'est pour cela que je considère la
culture des arbres comme une industrie spéciale et distincte
de l'agriculture proprement dite. Autour des pièces de terre
et le long des fossés, il convient le plus souvent, si l'on veut
les garnir de plantations, de n'y placer que des arbres que
l'on exploite en têtards, et qui sont beaucoup moins nuisibles à la végétation des récoltes environnantes que ceux
qu'on laisse croître à haute tige. Parmi les espèces qui
supportent bien la forme du têtard, on peut citer les saules
et les aulnes comme causant le moins de dommage aux
récoltes voisines.

DEUXIÈME PARTIE

DEUXIÈME PARTIE

DES ENGRAIS ET DES AMENDEMENTS

CHAPITRE I

PREMIÈRE SECTION

Des Fumiers

§ 1ᵉʳ. *Nature et composition des fumiers.*

Les gros excréments et l'urine des animaux domesti-
ques, mêlés aux substances végétales qui ont été employées pour servir de litière à ces derniers, constituent
le *fumier* : c'est la substance que l'on emploie le plus
généralement pour rendre à la terre la fécondité que les
récoltes ont épuisée. On peut bien trouver des suppléments
au fumier, et il est bon que chaque cultivateur s'efforce
de se les procurer; mais, dans presque toutes les circonstances, le fumier forme la base de la fertilité des terres
dans une exploitation. Non-seulement c'est l'engrais qu'on
peut presque partout se procurer le plus facilement et en
plus grandes masses, mais c'est aussi l'engrais le plus précieux, parce que le mélange des substances animales et
végétales qui s'y rencontrent le rend éminemment propre

à servir à la nutrition des végétaux, tandis que les engrais de nature purement animale ou végétale peuvent offrir à la longue des inconvénients, si l'on a pas la précaution de les alterner.

Les animaux herbivores, qui sont à peu près les seuls dont nous recueillions le fumier, ne se nourrissent que de substances végétales ; mais ces substances, en subissant la digestion et en traversant le canal intestinal, se chargent de parties animales, en sorte que les excréments, considérés indépendamment de la litière à laquelle ils sont mêlés, forment déjà un engrais mixte. Cet engrais est, au reste, d'autant plus fécondant qu'il est plus riche en parties animales, car ces dernières offrent en général un engrais beaucoup plus actif que les substances végétales. Les aliments végétaux se chargent, en traversant le corps des animaux, d'une quantité de matières animales d'autant plus grande qu'ils sont eux-mêmes plus riches en matières nutritives, et que l'animal était auparavant en meilleur état d'embonpoint ; car les molécules animales ainsi évacuées ne sont que des sécrétions, d'autant plus abondantes que le corps de l'animal était déjà plus riche en principes intérieurement assimilés, et que l'alimentation est plus forte. Aussi l'on remarque que des animaux maigres, entretenus par des aliments très-peu nourrissants, comme la paille, ne rendent que des excréments très-peu animalisés, et produisent un fumier de peu de valeur. Si les mêmes animaux sont nourris de bon foin, le fumier est déjà évidemment de meilleure qualité, et il est encore plus riche si les animaux reçoivent du grain outre le foin ; mais les plus riches de tous les fumiers sont ceux qui sont produits par des animaux déjà dans un haut état d'embonpoint et nourris avec des aliments très-substantiels, comme cela a lieu pour les animaux qu'on livre à l'engraissement.

Les urines en particulier possèdent une propriété fertilisante très-énergique, mais qui pourrait facilement devenir trop stimulante. Leur meilleur emploi consiste vraisemblablement dans leur mélange avec les autres matières qui composent le fumier, et elles contribuent puissamment à donner à ce dernier ses qualités les plus précieuses.

L'analyse chimique nous démontre que le fumier se compose des mêmes principes que les végétaux qu'il est destiné à alimenter, savoir le *carbone*, *l'oxygène*, *l'hydrogène* et *l'azote*, auxquels sont combinées quelques substances terreuses ou alcalines, avec de très-petites proportions de substances métalliques et spécialement de fer. Les quatre principes dont je viens de parler, et qui composent les substances organiques, forment, dans le fumier, des combinaisons qui se modifient considérablement, sans aucun doute, aux diverses périodes de la fermentation spontanée de ce dernier. Ces principes, diversement combinés entre eux, peuvent former des substances fixes plus ou moins solubles dans l'eau, et aussi des substances volatiles, telles que *l'acide carbonique* et *l'ammoniaque :* tout nous indique que ces diverses substances se transforment les unes dans les autres, de mille manières diverses, dans les diverses phases de la fermentation du fumier, et selon que cette fermentation a lieu dans telle ou telle condition. Les substances gazeuses qui se forment se dégagent quel-

quefois dans l'air atmosphérique ; mais les faits nous prouvent que dans la plupart des cas que l'on rencontre dans
la pratique, elles sont absorbées de nouveau par la masse,
et y rentrent dans de nouvelles combinaisons fixes. Tout
nous porte à penser même que dans certaines circonstances,
les principes contenus dans l'air atmosphérique peuvent
entrer en combinaison avec les principes contenus dans le
fumier, pour y constituer des substances fixes ou non volatiles. Il est même vraisemblable que l'eau dont le fumier
est imprégné se décompose dans certaines circonstances,
et que les principes qui la composent entrent dans de nouvelles combinaisons, et forment ainsi des substances fixes
qui serviront à la nutrition des végétaux. On remarque en
effet que l'air atmosphérique se compose des mêmes principes que le fumier, puisqu'il est formé *d'oxygène, d'hydrogène, d'azote* et *d'acide carbonique*. Ce dernier se
compose lui-même de carbone et d'oxigène. Nous retrouvons donc dans l'air tous les principes qui entrent dans
la composition des corps organisés et des fumiers. Seulement les proportions sont différentes et les mêmes principes forment d'autres combinaisons. L'eau elle-même se
compose d'oxygène et d'hydrogène ; et comme les eaux
naturelles sont toujours imprégnées d'acide carbonique, il
se trouve que si l'on en excepte l'azote, qu'elle ne contient pas mais qu'elle rencontre en grande abondance
dans les matières animales des fumiers, l'eau contient
encore les principes qui, en passant dans de nouvelles
combinaisons, peuvent former toutes les substances qui
composent les engrais.

Tant que l'on reste ainsi dans le domaine des généralités, la doctrine des engrais est claire, et l'on explique assez bien l'assimilation des principes qu'ils contiennent par l'effet des forces vitales des végétaux, phénomène analogue à celui que nous offre la nutrition des animaux ; mais lorsqu'on veut transporter ces doctrines dans la pratique de l'art, on trouve que, pour presque tous les faits particuliers, la science est impuissante à nous guider dans cette application. On connaît encore très-peu de chose sur la diversité des combinaisons qui constituent les différentes espèces de fumiers, ainsi que sur les diverses substances qui se forment ou se décomposent dans les fumiers aux diverses périodes de leur fermentation, et selon les circonstances qui accompagnent celle-ci. On cherche bien à donner à quelques faits une explication plus ou moins plausible ; mais d'autres faits ne sont pas d'accord avec ces explications, en sorte qu'elles ne peuvent nous être d'aucun service pour la prévision des résultats que nous pouvons attendre dans telle ou telle circonstance. Quelque jour, sans doute, la science viendra répandre plus de lumières sur les faits de cet ordre : en attendant, nous devons nous contenter des faits que nous offre la pratique agricole, et de l'application de ces faits dans les limites que nous trace l'expérience. C'est à ce cercle que je bornerai ce que j'ai à dire sur les fumiers.

§ 2. *De la production du fumier dans ses rapports avec l'étendue des terres et la quantité des fourrages.*

Un des problèmes les plus importants que doit se proposer l'homme qui se place à la tête de l'exploitation d'une ferme, est de déterminer la quantité de fumier dont il aura besoin pour fertiliser ses terres, le nombre de bestiaux qui lui sera nécessaire pour produire ce fumier, et l'étendue de terre qu'il devra consacrer à la nourriture de ces bestiaux, ainsi qu'à la production des pailles qui doivent être employées en litière. Sans doute, aucun cultivateur expérimenté ne croira qu'on puisse arriver sans tâtonnement à la solution de ces questions, et ce ne sera communément qu'après plusieurs années d'expérience qu'on parviendra à établir l'équilibre entre les diverses opérations qui se rapportent à la production des fumiers dans une exploitation donnée. Cependant il est bon que chacun se forme d'avance à cet égard des idées propres du moins à guider sa marche dans ce genre de recherches. C'est dans ce but que je présenterai les données suivantes.

La quantité de fumier dont on a besoin dans une exploitation dépend beaucoup de l'assolement qu'on veut y adopter, puisque, si l'on consacre par exemple une grande partie de l'exploitation à des pâturages permanents, ou à des prairies artificielles qui améliorent le sol, on aura besoin de moins de fumier. On pourrait croire aussi qu'une ferme composée de terres épuisées aura besoin de beaucoup plus de fumier que celles qui se trouvent déjà à un haut état de fertilité. Cela serait vrai si l'on voulait soumettre l'une et l'autre au même mode de culture. Cependant l'inverse a lieu partout dans la pratique, et l'on produit généralement beaucoup plus de fumier dans les fermes en bon état de culture que dans les exploitations en sol pauvre. Il ne peut en être autrement, puisqu'une production abondante de fourrages et de paille est elle-même un effet de la fécondité du sol. C'est là certainement la plus grave des difficultés qu'on éprouve dans l'amélioration des sols épuisés par une mauvaise culture, car si la production des engrais est le principe de la fécondité du sol, elle en est aussi la consé-quence; et dans les circonstances dont je viens de parler, ce n'est guère que graduellement que l'on peut s'élever à une production suffisante de fumier.

Dans les sols légers, sablonneux ou calcaires, les fumu-res doivent être peu abondantes, mais fréquemment réité-rées; tandis que dans les sols argileux, on peut fumer plus copieusement et moins fréquemment, parce que l'humus, entrant en combinaison avec l'argile, se conserve mieux pour les récoltes suivantes; mais, en définitive, la quantité de fumier qu'on doit consacrer aux sols de diverses espé-ces est à peu près la même sur une série d'un certain nom-bre d'années, en supposant égalité de production et égalité dans l'état primitif de fécondité. Si l'on donne tous les deux ans à un sol léger et sablonneux une fumure de 20 voitures à un cheval de bon fumier par hectare, la fumure pourra déjà passer pour abondante. Je suppose que les voitures sont du poids d'environ 700 kilogrammes chacune, et c'est cette unité que j'adopterai dans ce que je dirai à l'avenir sur la production et l'emploi des fumiers; ainsi, toutes les fois que je parlerai d'une voiture de fumier, j'entends une voiture de 700 kilogrammes, charge que l'on donne communément à un fort cheval. Dans un sol argileux, une fumure de 40 voitures par hectare, réitérée tous les quatre ans, ou de 60 voitures tous les six ans, formera de même un engrais abondant et qu'il conviendra rarement de dépasser pour la culture des céréales. Dans ces divers cas, la consommation du fumier équivaut à 10 voitures par année pour chaque hectare de terre soumise à la culture. Il convient en effet de distraire de l'étendue de la ferme, dans ce calcul, les prairies naturelles, si on ne leur applique pas de fumier, ainsi que les prairies artificielles pérennes, comme pâturages, luzerne et sainfoin, parce que ces prairies subsistent sur les fumures que le sol a reçues antérieurement, et améliorent le terrain au lieu de l'épuiser. Il convient même d'en distraire l'étendue de terre que l'on consacre à des prairies artificielles annuelles, comme le trèfle, parce que l'existence des récoltes de cette nature, non-seulement suspend le besoin du fumier pour le sol qui les porte, mais tend aussi à fertiliser ce dernier. Ainsi, dans une ferme de 200 hectares, si 60 hectares sont consacrés en moyenne à des prairies naturelles ou artificielles, il restera 140 hectares en culture qui réclament du fumier; et, à raison de 10 voitures par hectare, la consommation annuelle sera de 1400 voitures. Cette quantité fournira le moyen de soumettre cette ferme à une culture très-active, sans jachère si le sol est de nature à pouvoir s'en passer, ou avec des jachères revenant chaque cinq à sept ans, si la nature du terrain réclame cette pratique. Dans un grand nombre d'exploitations soumises à une culture très-parfaite, la consommation du fumier dépasse la quantité que je viens d'indiquer ; mais dans l'immense majorité des fermes, elle reste beaucoup au-dessous, et c'est là une des principales causes de l'exiguité des produits qu'on en tire.

Si nous considérons maintenant les moyens par lesquels on peut produire cette quantité de fumier, nous partirons de la base indiquée par *Thaër*, savoir que le fourrage sec employé à la nourriture des animaux, en y joignant la paille qu'on leur donne comme litière, double de poids en se convertissant en fumier. Les aliments frais, comme les fourrages verts et les racines, ne doivent entrer dans ce calcul que pour la portion de foin ou de fourrages secs qu'ils représentent par leur valeur nutritive. Cette donnée se vérifie assez généralement dans la pratique, pourvu que les animaux soient tenus constamment à l'étable, qu'on leur donne une litière assez abondante pour absorber toutes les urines, et que les étables soient disposées de manière qu'aucune partie de ces dernières n'en sorte, si ce n'est sous forme de fumier.

On ne peut sans doute considérer le principe que je viens d'énoncer comme d'une exactitude rigoureuse dans tous les cas ; mais il est suffisamment exact pour qu'on puisse partir de cette donnée dans les appréciations relatives à la production du fumier. Ainsi, une vache d'assez forte taille, qui reçoit par jour une ration de 15 kil. de foin ou l'équivalent en d'autres aliments, et à laquelle on applique 10 kil. de paille par jour pour litière, produira par jour 25 kil. de fumier, soit 9125 kil. ou environ 13 voitures de fumier par année. Un bœuf à l'engrais, dont la ration est communément double ou triple de celle d'une vache, produira de même une quantité double ou triple de fumier. Les chevaux reçoivent ordinairement une ration plus forte que les vaches; mais comme ils passent une partie de la journée hors de l'écurie, on ne doit pas compter sur une production plus abondante de fumier. Quant aux bêtes à laine, dix animaux de taille moyenne équivalent généralement, pour la consommation des aliments et la production du fumier, à une tête de gros bétail, c'est-à-dire un cheval ou une vache, pourvu que, d'après le régime du troupeau, ils ne passent pas hors de la bergerie une partie considérable des journées; mais il faut comprendre dans la consommation des troupeaux la nourriture que les animaux trouvent au pâturage, en convertissant cette nourriture en fourrages secs, comme je l'ai dit tout à l'heure pour les racines.

On comprend facilement, d'après ce que je viens de dire, que la production du fumier est en rapport avec la quantité des fourrages consommés, et non pas avec le nombre des bestiaux : la tête de vache que j'ai supposé produire 13 voitures de fumier dans l'année n'en donne peut-être pas plus de 3 ou 4, dans beaucoup d'exploitations où les animaux ne reçoivent presque rien que de la paille pendant l'hiver, et sont nourris pendant l'été dans de maigres pâturages où ils passent une grande partie de la journée; et encore, dans ce cas, cette petite quantité de fumier est d'une qualité très-inférieure à celui qui est produit par des animaux bien nourris. Ainsi, toutes les fois que l'on compte par tête d'animaux pour la production du fumier, il faut supposer qu'ils reçoivent une nourriture déterminée.

Dans la ferme dont je viens de parler, où j'ai évalué la consommation du fumier à 1400 voitures par an, il faudra donc entretenir 107 têtes de vaches ou de chevaux, nourris comme je l'ai indiqué, ou l'équivalent en bœufs à l'engrais ou en bêtes à laine, pour faire face à cette consommation d'engrais. Pour nourrir cette quantité de bestiaux, et produire les 1400 voitures de fumier qu'ils doivent nous fournir, dont le poids équivaut presque à 2 millions de livres, nous avons besoin, selon le calcul que j'ai établi, d'une quantité de fourrages de toute espèce et de paille, qui représente, en fourrages secs, la moitié de ce poids. Les pailles en formeront généralement un peu moins de la moitié, et je supposerai, pour présenter des nombres ronds, que la consommation annuelle consistera en 600 milliers de fourrages supposés à l'état sec, et à 400 milliers de paille. La consommation de cette dernière pourra être à peu près uniforme dans toutes les saisons ; mais, pour les fourrages, la consommation se partage en deux périodes bien distinctes : celle d'été, qui doit, pour l'économie, se composer pour la plus grande partie de fourrages verts ou de pâturages, et celle d'hiver, qui se composera de fourrages secs et de racines. La proportion peut varier entre ces deux périodes, selon le climat, les localités, le genre de bétail entretenu, et le genre de nourriture. Pour les bêtes à laine, la période de la nourriture d'hiver est un peu inférieure à la moitié de l'année : dans la plupart des circonstances, on peut l'évaluer à quatre ou cinq mois environ. Au contraire, pour le gros bétail nourri à l'étable, la période de nourriture d'hiver est un peu plus longue que celle d'été. Je supposerai ici que pour tous les bestiaux de la ferme pris en masse, la période de nourriture d'hiver représente la moitié de la consommation totale de l'année : ce sera donc un approvisionnement de 300 milliers de fourrages secs, ou l'équivalent en racines, qu'il faudra se procurer pour y faire face. Pendant l'autre moitié de l'année, le bétail sera nourri, comme je l'ai dit, de fourrages donnés en vert à l'étable pour le gros bétail, et de pâturages pour les bêtes à laine.

Il est impossible de fixer l'étendue de terre qui sera nécessaire pour produire ces diverses espèces de fourrages, car cette étendue dépend de la fertilité du sol, et aussi du genre de produit auquel on le consacre. De bonnes prairies naturelles donnent ordinairement, en deux coupes, 5000 kilogrammes de foin par hectare ; dans un sol riche, le trèfle, les vesces, ou d'autres fourrages analogues, pourront donner en moyenne un produit égal à celui des prairies ; une luzernière, bien établie dans un excellent sol, donnera ordinairement un produit de moitié supérieur à celui des bons prés ; et, si l'on cultive des betteraves, on pourra presque toujours compter, à l'aide de bons procédés, même dans des sols médiocres, sur un produit double en matières nutritives du produit du meilleur pré d'une égale surface. Chacun devra donc calculer, d'après les produits présumés de son terrain en fourrages de diverses espèces, l'étendue qu'il devra leur consacrer pour nourrir son bétail. En général, dans les sols de fertilité moyenne, il est nécessaire de consacrer la moitié de l'étendue totale de la ferme à des récoltes destinées à la nourriture des bestiaux, en y comprenant les prairies naturelles, pour s'assurer d'une production suffisante de fumier. Dans les sols très-riches, une moindre proportion suffit, surtout si l'on se livre en grand à la culture des racines, qui sont de tous les genres de récoltes celui qui produit la plus grande quantité de fourrages sur un espace de terrain donné. Dans les sols très-médiocres, au contraire, la proportion serait trop faible si l'on ne consacrait aux animaux que la moitié de l'étendue de la ferme, d'autant plus que, dans ce cas, il convient communément de laisser beaucoup de terres en pâturages, qui fournissent, à surface égale, moins de fumier que les prairies à faucher.

J'ai supposé que, des 200 hectares qui composent cette ferme, 60 hectares étaient consacrés aux prairies naturelles ou artificielles. Pour compléter la moitié de l'étendue à consacrer à la nourriture des bestiaux, il resterait donc 40 hectares, que l'on cultiverait en racines, en féverolles, en vesces, etc., et dans lesquels on peut comprendre l'étendue de terres qui produira l'avoine destinée à la nourriture des bestiaux de l'exploitation.

C'est dans l'autre moitié de la ferme, c'est-à-dire dans environ 100 hectares, que nous devons trouver la paille qui doit concourir à la production du fumier, et que j'ai évaluée à 400 milliers. Si le sol est de fertilité moyenne, cette étendue y suffira amplement, car il n'est pas nécessaire qu'une récolte de céréales soit bien belle pour donner un produit de quatre milliers par hectare. On calcule communément, quoique cette proportion soit sujette à beaucoup de variations, que, dans le froment, le grain forme environ le tiers du poids de la récolte, et la paille les deux autres tiers. Ainsi, lorsqu'un terrain produit communément par hectare *quinze hectolitres* de froment, dont le poids est d'environ 1150 kilogrammes ou 2300 livres, la production de la paille sera en moyenne de 4600 livres par hectare. La proportion du poids de la paille à celui du grain est un peu plus forte dans le seigle; et comme ce dernier donne à qualité égale de terrain un produit total plus considérable en poids, on peut bien évaluer le poids de la paille à 5500 ou 6000 livres par hectare dans un sol de fertilité moyenne. En revanche, pour l'avoine et l'orge, le poids de la paille est moins considérable que pour le froment, relativement au grain : dans les terrains du degré de fertilité dont je parle ici, on ne peut guère compter sur un produit moyen de plus de 3000 livres par hectare pour ces céréales. On comprend bien, au reste, que toutes ces évaluations ne doivent être regardées que comme des données approximatives, et qui peuvent varier beaucoup selon les saisons, la nature du terrain, et le genre de culture auquel on soumet chaque espèce de céréale.

C'est par des calculs du genre de celui que je viens de présenter, qu'on cherche à établir le niveau, dans une exploitation rurale, entre la production et l'emploi des fumiers, entre le nombre de bestiaux qui doivent produire ces fumiers et l'étendue de terre nécessaire pour fournir à ces bestiaux la nourriture et la litière. C'est par la disposition des assolements qu'on réalise les résultats de ces calculs, et c'est par l'observation des faits recueillis dans la pratique des premières années d'exploitation que l'on rectifie les bases de ces calculs qui pourraient en avoir besoin selon les circonstances.

§ 3. *Des diverses espèces de fumier et de leur mélange entre eux.*

Les fumiers des divers bestiaux ne produisent pas des effets entièrement semblables sur toutes les espèces de récoltes, et dans les sols de diverses natures. On a cependant exagéré quelquefois la diversité des propriétés des fumiers; et il est vrai de dire en général que, sauf de très-rares exceptions, toute espèce de fumier fait du bien partout. Pourtant, c'est à condition que l'on observe, relativement à la nature de chaque fumier et de chaque espèce de terre, certaines précautions que tout cultivateur doit connaître. On a souvent distingué les fumiers en *chauds* et en *froids*. Dans la première classe, on range ceux des chevaux ou mulets et des bêtes à laine, et dans la seconde ceux du bétail à cornes et des porcs. On doit entendre, par ces expressions, que les uns développent leur action plus promptement, donnent plus d'activité à la végétation dans les premiers instants après leur application, mais s'épuisent plus promptement; tandis que les autres exercent une action plus lente et plus durable. Il est facile de comprendre, d'après cette différence, que les engrais chauds conviennent mieux aux sols argileux, d'abord parce que la végétation est naturellement plus lente dans les terrains de cette espèce, mais surtout parce que l'argile, possédant la propriété d'entrer en combinaison avec les principes du fumier, corrigera les mauvais effets qui pourraient résulter d'une action trop prompte de ces principes, en les conservant pour les besoins futurs de la végétation. Dans les terrains légers et sablonneux, au contraire, de même que dans les terrains crayeux, qui ont la propriété de décomposer très-promptement les fumiers, et aussi de produire par eux-mêmes une végétation plus rapide que les sols argileux, les fumiers chauds peuvent facilement donner lieu à de graves inconvénients, si on les y emploie en trop grande quantité. La végétation s'y développera avec trop d'activité, les céréales seront exposées à se rouiller ou à se verser si la saison est humide; dans les saisons sèches, au contraire, elles périront souvent sur pied, et se brûleront, suivant l'expression des cultivateurs, comme il arrive lorsque le tissu lâche des plantes, produit pendant une végétation trop active dans leur jeunesse, ne peut plus tirer du sol la masse d'aliments qui lui serait nécessaire. Les céréales, dans un sol léger ainsi amendé, donneront généralement, en supposant même les circonstances de température les plus favorables, une récolte plus riche en paille qu'en grain. D'un autre côté, dans les sols argileux, les fumiers froids pourront produire peu d'effets sur la première récolte; mais l'engrais se retrouvera dans le sol pour les récoltes suivantes.

Il est facile d'éviter ces inconvénients, en n'employant

qu'en très-petite quantité à la fois les fumiers chauds sur les terrains légers. C'est là une règle de conduite générale dans les terrains de cette espèce, pour les fumiers de toute nature ; mais elle doit être observée encore bien plus rigoureusement pour les fumiers qui exercent promptement leur action. Quant aux sols argileux, si on doit leur consacrer des engrais froids, il faut les leur appliquer à l'avance, et sans attendre l'époque de l'épuisement des fumures antérieures.

Les avis des cultivateurs praticiens sont très-divers relativement aux qualités du fumier de porc. Dans beaucoup de cantons, on ne lui attribue que très-peu de valeur, tandis que dans d'autres on le regarde comme fort riche. Cette différence tient vraisemblablement à la disposition et à la tenue des loges dans lesquelles on nourrit ces animaux : lorsque, pour tenir ces derniers très-proprement, on dispose les loges de manière que les urines s'en écoulent presque sans salir la litière, et lorsqu'on donne cette dernière en grande abondance, le fumier ainsi produit possède réellement peu d'énergie. Mais lorsque les urines sont recueillies et absorbées par la paille qui sert de litière aux animaux, ce fumier devient très-énergique, surtout lorsqu'il provient de porcs à l'engrais, car il existe, sous ce rapport, une énorme différence entre le fumier des porcs nourris d'aliments très-substantiels, et celui des mêmes animaux maigrement entretenus. Une circonstance a pu contribuer aussi à répandre de la défaveur sur le fumier de porc : c'est que, comme on donne communément à ces animaux les vannures et les criblures de tous les grains, il se mêle nécessairement à leur fumier une multitude de semences de plantes nuisibles qui infestent le champ où on les transporte.

Lorsque les étables d'une exploitation sont disposées de manière qu'on puisse mêler entre eux les fumiers des diverses espèces d'animaux, en n'en formant qu'un seul tas à mesure qu'on les recueille, cette méthode sera la meilleure dans presque toutes les circonstances, parce que le fumier se fait mieux en un gros tas qu'en plusieurs petits tas isolés, et parce que les qualités du fumier d'une espèce corrigeront les défauts que pourrait avoir une autre espèce pour certaines circonstances : on obtiendra ainsi un fumier qu'on pourra employer indifféremment dans toutes les espèces de terres. Si l'exploitation se composait néanmoins de terrains de diverses natures bien tranchées, il pourrait convenir de recueillir à part les fumiers de diverses espèces, pour employer chacune dans les sols auxquels elle convient le mieux ; mais ceci présente de très-grandes difficultés dans la pratique, car, dans le cours des assolements adoptés pour chaque espèce de terrain, il est presque impossible que les choses soient réglées de telle façon qu'on trouve à employer utilement le fumier sur chacune des espèces de terre, deux ou trois fois dans le courant de l'année ; en sorte que l'on est forcé, dans ce système, d'amasser une espèce de fumier pendant une année entière. Lorsqu'au contraire on peut employer indifféremment le fumier que l'on produit sur les terres de diverses espèces, on trouve bien plus fréquemment l'occasion de l'employer en totalité.

§ 4. — *Des composts.*

On a souvent conseillé de composer des mélanges
de fumier avec d'autres substances dont la terre forme
habituellement la base. On a donné à ces mélanges le nom
de composts ; et quelques personnes ont prétendu que l'on
pourrait accroître beaucoup par là la masse et la valeur des
fumiers. Les mélanges de ce genre doivent être faits avec
un but déterminé, celui communément de hâter la décomposition de certaines substances qui n'exerceraient qu'imparfaitement leur action comme engrais, si on ne les sou-
mettait pas à une fermentation préalable : on doit bien se
persuader qu'on ne retrouvera dans le compost que ce
qu'on y a mis, c'est-à-dire que le mélange ne pourra jamais
créer de nouveaux principes de fécondité, et ne pourra être
utile qu'en facilitant la décomposition de certaines substances
organiques qu'on y aura fait entrer. Ainsi, si l'on a des
terres provenant des curures de fossés, des gazons, ou
d'autres matières de ce genre formées de débris d'animaux
ou de végétaux mêlés à de la terre, on pourra bien imprégner cette terre de nouveaux principes de fécondité, en la
stratifiant par couches alternatives avec du fumier, ou en
plaçant une couche de ces terres sur l'emplacement où on
dépose des tas de fumier, comme on a fréquemment recommandé de le faire. On conçoit que cette opération
puisse être utile, si l'on suppose que les tas de fumier sont
disposés avec négligence, en sorte que le liquide, chargé de
principes fécondants que la terre doit absorber, se fût écoulé

sans cela en pure perte ; mais si ce liquide est recueilli avec soin, le rôle que joue la terre ici n'est d'aucune utilité, car le mélange de cette terre avec le fumier n'aura de propriétés fécondantes que celles qui étaient particulières à ces deux substances, si on les avait employées séparément. On perd donc complétement alors les frais que l'on a faits pour transporter la terre près du tas de fumier, pour opérer le mélange, pour brasser la masse une ou deux fois, comme cela est généralement nécessaire, enfin pour transporter de nouveau la terre dans les champs avec le fumier. Il vaut donc bien mieux, dans presque tous les cas, employer à proximité du lieu où elles se trouvent, les terres riches en principes fécondants. Si ce sont des gazons, des herbes provenant du nettoyage des champs ou autres matières du même genre, il suffira de les laisser en tas pendant quelque temps pour qu'elles se décomposent ; et on les emploiera ensuite sur les champs voisins.

On a conseillé quelquefois aussi de faire entrer la marne dans les composts, mais cette pratique ne présente pas en général plus d'utilité que l'emploi à cet usage des terres chargées de débris végétaux. La marne n'a rien à gagner par son mélange avec le fumier, si ce n'est en absorbant les principes du fumier lui-même, qui de son côté ne peut être amélioré par ce mélange. Il est donc bien convenable d'employer ces deux substances séparément, en appliquant la marne seulement aux terrains où elle peut être utile. On peut ainsi, plus facilement et avec bien moins de frais, établir la proportion de l'une ou de l'autre substance que l'on veut appliquer à chaque terrain, les employer à la fois ou séparément, selon l'exigence des cas, et l'on évitera un double transport et des frais de manipulation.

Mais, pour quelques substances qui ont besoin d'une certaine préparation afin de développer leurs propriétés fécondantes, le mélange avec le fumier peut être fort utile. Les chiffons de laine, par exemple, ou les débris de cuir, se décomposent très-lentement si l'on se contente de les enterrer dans le sol, surtout dans les terrains qui ne contiennent pas de substances calcaires. S'ils restent à la surface du sol, la décomposition est encore beaucoup plus lente. Ainsi, lorsqu'on désire obtenir de ces matières un engrais d'une action prompte, il est bon de les mélanger quelques mois à l'avance avec du fumier, afin d'opérer ainsi un commencement de décomposition. Si l'on veut accélérer cette dernière, on brassera le tas en le changeant de place une ou deux fois pendant qu'il subsistera; car en introduisant ainsi de l'air dans la masse du fumier et des autres substances putrescibles, on hâte beaucoup la fermentation et la décomposition. Les os concassés en poudre grossière peuvent être traités de même, en les mélangeant avec du fumier : lorsqu'ils auront subi un commencement de décomposition, ils formeront un engrais beaucoup plus énergique que s'ils étaient employés dans leur état naturel.

L'emploi de la tourbe qu'on mélange avec du fumier pour en former des composts, est aussi une pratique que l'on ne peut trop recommander aux cultivateurs qui ont cette substance à leur disposition. On peut mêler ces substances par parties égales, ou mettre seulement un tiers ou un quart de fumier pour les tourbes qui sont d'une décomposition facile. La tourbe, entrant en putréfaction avec le fumier, forme ensuite un engrais précieux, et l'on peut par ce procédé accroître considérablement la masse des engrais d'une ferme, dans le voisinage des tourbières.

On a souvent conseillé de faire entrer la chaux dans les composts. Je dirai encore ici que lorsqu'on y ajoute cette substance, on doit toujours avoir un but déterminé, par exemple de hâter la décomposition des substances qui forment le compost. Dans les fumiers ordinaires qui entrent facilement en fermentation, l'addition de la chaux serait presque toujours plus nuisible qu'utile. Il en sera de même dans les composts où il entre une proportion assez considérable de fumier pour que la masse s'échauffe et fermente spontanément sans cette addition. Mais une petite quantité de chaux pourrait être utile dans le cas où un compost, formé par exemple avec de la tourbe, ne contiendrait qu'une quantité de fumier insuffisante pour faire entrer la masse en fermentation; ou si les matières qui entrent dans le compost contenaient des acides qui pourraient en retarder la décomposition, et qui seraient saturés par la chaux. La chaux seule, ajoutée à la tourbe, suffit pour déterminer la décomposition de cette dernière et la transformer en engrais; mais il faut alors que la proportion de chaux soit un peu considérable. Des tâtonnements peuvent seuls indiquer, pour chaque espèce de tourbe, la quantité de chaux qu'il convient d'y ajouter afin que la masse s'échauffe et que la tourbe se décompose. Cette quantité pourra varier du dixième au quart de la tourbe en volume.

Quant au *sel commun*, que quelques personnes ont conseillé aussi de faire entrer dans les composts, il n'existe aucun motif raisonnable de croire qu'il puisse y être utile dans aucun cas.

Lorsqu'on forme un compost, les substances dont on le compose doivent être mélangées avec soin, soit en formant des lits alternatifs de chacune d'elles, soit en opérant le mélange dans toute la masse ; mais, dans tous les cas, on doit faire en sorte que les diverses substances soient bien divisées, et qu'elles se trouvent le plus intimement qu'on le peut en contact les unes avec les autres. Il est presque toujours nécessaire d'arroser la masse, jusqu'à ce que toutes ses parties soient bien pénétrées d'humidité, et que le liquide commence à s'en écouler par les parties inférieures. On entretiendra ensuite cette humidité par des arrosements, selon que le besoin l'exigera, car rien n'est plus important que d'empêcher les matières de se dessécher, si l'on veut que la fermentation s'y établisse régulièrement. Si l'on désire activer la fermentation, afin que le compost soit plus tôt en état d'être employé, on pourra brasser le tas une ou deux fois pendant qu'il subsistera, en le changeant de place à chaque fois, comme on le fait pour une couche de grain que l'on remue. Les tas de compost pourront être disposés comme je le dirai plus loin pour les tas de fumier, afin de recueillir le liquide qui peut s'en écouler.

Les composts s'emploient comme les fumiers, et en quantité proportionnée à la nature des substances qui sont entrées dans leur composition. Ainsi, du compost de tourbe, dans lequel il n'entrerait qu'une petite proportion de fumier, s'appliquera en quantité plus considérable que ce fumier pur, parce que la tourbe est moins riche en principes fécondants que le fumier. Les chiffons de laine contenant au contraire une très-grande quantité de principes fécondants sous un petit volume, on distribuera le compost qui en sera formé de manière à mettre par hectare la quantité de chiffons qu'on lui destine, selon la proportion dans laquelle ces derniers sont entrés dans le compost. Quelques composts très-riches en principes fécondants, très-avancés dans leur décomposition, et sous forme pulvérulente, peuvent être employés avec beaucoup de succès en couverture, c'est-à-dire en les répandant sur la surface de la terre, et souvent même lorsque les plantes d'une récolte sont déjà en végétation. Une fort petite quantité de compost produit souvent alors des effets très-prompts et très-énergiques; mais cette action se prolonge peu.

§ 5. *Des engrais liquides.*

Les urines des animaux, ainsi que les eaux qui s'écoulent du tas de fumier, et que l'on nomme *purin,* peuvent être employées sous forme liquide. Dans quelques cantons même, et particulièrement en Suisse, on délaie la masse entière du fumier, à mesure qu'elle se produit dans les étables, dans une certaine quantité d'eau, et l'on sépare ce liquide de la litière et de la partie des excréments qui n'a pas été dissoute, pour l'employer à part comme engrais, sous le nom de *lizée.* A cet effet, les étables sont disposées de manière qu'une rigole profonde ou espèce d'auge en bois ou en maçonnerie, règne dans toute leur longueur, immédiatement derrière les animaux. Cette rigole a un peu de pente vers une de ses extrémités. Une ou deux fois par jour on y introduit de l'eau par l'extrémité supérieure, et ensuite on tire dans la rigole tous les excréments des animaux, ainsi que la litière. Lorsqu'on a mélangé et agité le tout, on ouvre la bonde qui ferme l'extrémité inférieure de la rigole, et on laisse alors couler le liquide dans une fosse, espèce de citerne couverte disposée à cet effet à l'extrémité de l'étable. La partie du fumier qui ne s'est pas dissoute est ensuite recueillie et mise en tas à l'ordinaire. La lizée obtenue ainsi ne s'emploie qu'après avoir été soumise à la fermentation pendant un temps plus ou moins long, selon la saison, ordinairement un mois ou deux. A cet effet, la citerne est double, et l'on en emplit une fosse pendant que l'autre est en fermentation.

Les cultivateurs suisses font grand cas de cet engrais liquide, qu'ils répandent ordinairement sur leurs prairies, et prétendent qu'ils enlèvent peu des propriétés fertilisantes du fumier par ce lavage ; mais il est impossible d'admettre une telle supposition. Toutefois il est certain, d'un côté, que le fumier mis en tas ainsi humecté fermente très-régulièrement, et peut encore être de fort bonne qualité, bien qu'on lui ait enlevé beaucoup de principes fertilisants ; et, d'un autre côté, l'engrais liquide agit d'une manière tellement prompte et tellement énergique, que ses effets se font sentir immédiatement, en sorte que l'on est naturellement porté à exagérer l'action des engrais employés ainsi : mais cette action est peu durable. Cependant, en employant ainsi de l'engrais liquide à produire des fourrages ou des racines que l'on consomme immédiatement, on établit une progression qui reproduit les engrais avec beaucoup plus de rapidité que sous toute autre forme, et l'on peut, par cette méthode, dans un espace de temps donné, arriver à une étonnante multiplication des engrais.

C'est donc sur les prairies qu'il est le plus convenable d'employer les engrais liquides, et c'est là aussi qu'ils produisent de meilleurs effets; car, pour les céréales, cette espèce d'engrais favorise plus le développement des parties vertes des végétaux que la production des semences : on ne pourrait du moins l'y employer qu'en petite quantité et avec beaucoup de précautions, sans lesquelles la récolte serait exposée à se rouiller ou à se verser. On applique aussi quelquefois des engrais liquides aux récoltes racines, et spécialement aux pommes de terre : on les répand alors sur le sol à l'aide de tonneaux, immédiatement avant le buttage. Dans des sols sablonneux et pauvres, on peut accroître ainsi favorablement les produits de la récolte de pommes de terre; mais si le sol était déjà riche, on ferait produire aux plantes une excessive abondance de tiges, avec peu de tubercules. On répand encore parfois le purin ou la lizée sur les luzernières, et par là on leur fait produire une grande abondance de fourrages; mais l'opinion générale des cultivateurs est que cette espèce d'engrais abrège beaucoup la durée de la luzernière.

Dans les prairies, on répand l'engrais liquide à l'aide d'un tonneau monté sur une charrette et percé dans sa partie inférieure, près d'un des deux fonds, d'un trou qui se ferme par une bonde introduite par dedans. A cet effet, une des douilles du tonneau doit être un peu épaisse, pour recevoir le trou de cette bonde qui doit s'y ajuster solidement. Cette bonde est fixée à un long manche en bois dont elle ferme l'extrémité inférieure, et dont l'autre extrémité vient sortir au-dessus du tonneau par un trou placé verticalement au-dessus de celui de la bonde. Le manche s'élève un peu au-dessus du tonneau, en sorte qu'en le soulevant on ouvre la bonde : on la ferme en frappant légèrement sur l'extrémité supérieure de ce manche. Une autre ouverture, placée aussi à la partie supérieure du tonneau, sert à l'emplir au moyen d'un entonnoir en bois. Au-dessus de l'ouverture inférieure par où s'écoule le liquide, on fixe à la charrette une planche un peu large ou un panneau formé de deux planches et incliné en arrière. Le jet du liquide, tombant obliquement sur ce plan incliné, se divise et se répand assez uniformément sur une largeur de 4 à 5 pieds, pendant que la charrette marche avec plus ou moins de rapidité, selon que l'on veut étendre l'engrais à une plus ou moins grande surface. Cette disposition est beaucoup plus commode que les caisses ou les tuyaux percés de trous, qui présentent divers inconvénients dans la pratique.

En Flandre, où l'art de l'emploi des engrais liquides est porté à un point très-avancé, on emploie fréquemment un moyen encore plus parfait, mais plus long et plus dispendieux. La charrette qui porte le tonneau s'arrête sur divers points dans le champ : on fait alors couler, à l'aide d'un robinet, une portion du liquide dans un baquet large et peu profond, que l'on place à terre derrière le tonneau; et un homme armé d'une pelle courbe, creusée en forme de gouttière très-allongée, répand l'engrais liquide autour de lui et le distribue ainsi avec beaucoup d'égalité. Les engrais liquides que l'on emploie dans ce pays sont communément des vidanges de fosses d'aisance dans lesquelles on fait souvent encore dissoudre des tourteaux de graines oléagineuses. Pour les prairies soumises à l'irrigation, on peut aussi verser la lizée que contiennent les tonneaux, dans la maîtresse rigole en tête de la prairie, et l'eau se charge ainsi de distribuer l'engrais avec égalité sur toute la surface du sol. Seulement, on doit alors ménager l'eau d'irrigation, et n'en employer dans cet instant que la quantité qui peut être absorbée par la terre.

On se sert dans quelques cantons d'une pompe en bois pour puiser l'engrais liquide dans les fosses, et le faire couler dans les tonneaux. Le tuyau de cette pompe est carré et formé de quatre planches clouées ensemble et assujetties extérieurement par des liens en bois. Le piston est fait d'un bloc carré en bois, qui joue librement dans ce tuyau et qui est garni sur ses quatre faces, à la partie supérieure, de bandes d'un cuir épais placées de manière que le liquide qui charge le piston les tient pressées contre les parois du tuyau. Ce bloc est percé verticalement dans son centre d'un trou de deux pouces environ de diamètre, par où le liquide s'introduit dans le corps de la pompe, et qui est surmonté d'un clapet formé d'un morceau de plomb garni de cuir. Ce piston est manœuvré à l'aide d'une tige en bois et d'un balancier ou levier également en bois, en sorte qu'il n'entre presque pas de fer dans la construction de tout l'instrument. Une autre soupape munie d'un clapet est placée au bas du tuyau.

Les pompes de cette espèce, fort usitées en Suisse, sont d'une construction très-économique, lorsque les cultivateurs eux-mêmes ou leurs valets savent les construire et y faire les réparations qui, je dois le dire d'après une longue expérience, sont très-fréquentes. Partout où l'on n'est pas accoutumé à ce genre de construction et où il faudra y employer des ouvriers appelés exprès, on finira par reconnaître que l'entretien d'une telle pompe est assez dispendieux ; et en définitive il sera plus économique de faire construire une pompe en métal, qui sera un peu plus coûteuse d'achat, mais qui coûtera beaucoup moins en réparations. On observera, au reste, que pour cet usage toutes les ouvertures des soupapes doivent être fort larges, afin de ne pouvoir s'obstruer par les débris de paille ou autres corps étrangers que contient toujours l'engrais liquide. Toutes les fois que le purin se trouve dans une fosse ouverte, il sera plus économique de faire emplir les tonneaux par deux hommes travaillant avec deux seaux. L'un des deux se place sur le brancard de la charrette et verse un seau dans l'entonnoir fixé sur le tonneau, tandis que l'autre, placé sur le bord de la fosse, y puise du liquide dans l'autre seau, qu'il échange ensuite contre le seau vide que lui rend son compagnon. Le service ainsi fait par deux hommes n'exige pas la moitié du temps qu'il faudrait à un seul ouvrier pour emplir le tonneau à l'aide d'une pompe, quelque bonne qu'elle soit, à cause des frottements inévitables dans cette dernière.

§ 6. *Des moyens de recueillir et de conserver le fumier.*

J'ai déjà dit que les étables doivent être disposées de telle manière qu'il ne s'écoule en dehors aucune portion des urines, à moins qu'on ne veuille recueillir celles-ci dans des citernes, pour les employer sous forme d'engrais liquide. Je supposerai, dans ce que je vais dire, que l'on recueille tous les excréments du bétail, y compris les urines, sous forme de fumier, en faisant absorber ces dernières par une suffisante quantité de litière. Pour le bétail à cornes, on laisse quelquefois le fumier s'accumuler sous les animaux pendant plusieurs semaines, ou même pendant plusieurs mois. Il est certain que le fumier gagne ainsi en qualité ; mais il serait impossible d'adopter cette méthode, si l'on ne facilitait l'écoulement d'une partie des urines, surtout lorsque les animaux sont nourris à l'étable de fourrages verts ou de racines : on serait du moins forcé de leur appliquer une énorme quantité de litière pour absorber les excréments, si l'on ne voulait pas que les bestiaux eussent constamment les pieds dans la fange. Il est donc préférable de tirer chaque jour le fumier de dessous les animaux, soit pour le déposer dans une fosse creusée derrière eux dans l'étable même, selon la méthode belge, soit pour le placer en tas hors de l'étable. La première de ces deux méthodes est certainement préférable sous le rapport de la qualité du fumier, car ce dernier, fermentant

ainsi dans un lieu chaud et dans une atmosphère impré-
gnée des émanations des animaux, gagne en qualité pendant tout le temps qu'il y séjourne ; et la fosse étant disposée de manière à ce que toutes les urines s'y écoulent, le
fumier s'assimile les principes fécondants qu'elles contiennent. Cette méthode ne présente d'autre inconvénient
qu'une grande perte d'espace dans les étables, car le bâti-
ment qui aurait une largeur suffisante pour y loger deux
rangs d'animaux, si l'on évacuait le fumier tous les jours,
n'en pourra plus contenir qu'un dans l'autre système,
puisque la place qui aurait été occupée par le second rang
sera prise par la fosse à fumier qui doit régner dans toute
la longueur de l'étable derrière les animaux. Il est nécessaire aussi, lorsqu'on adopte cette méthode, que les étables
soient plus élevées et plus aérées que lorsqu'on évacue le
fumier tous les jours, parce qu'il se dégage, de la masse du
fumier qui y séjourne, de la chaleur et des vapeurs ammo-
niacales qui pourraient rendre l'étable insalubre, si elle ne
contenait un grand volume d'air et des courants qui renouvellent constamment ce dernier. Il est nécessaire toutefois que ce renouvellement d'air soit modéré, car les
vaches laitières, aussi bien que les bœufs à l'engrais, doivent être tenus fort chaudement : l'expérience montre que
les animaux peuvent se conserver en bonne santé dans un
air imprégné des vapeurs qui se dégagent du fumier,
pourvu qu'il n'y ait pas stagnation complète de l'air, et
même lorsque l'odorat des hommes est fortement affecté
par l'odeur de ces gaz. Dans cette méthode, on laisse
séjourner le fumier dans l'étable le plus longtemps qu'on

le peut, et, toutes les fois que cela est possible, jusqu'au moment de l'emploi. Dans quelques localités où l'on manque de paille, on ne donne pas ou presque pas de litière au bétail à cornes : on évacue tous les jours les gros excréments, et les urines s'écoulent dans des citernes. Avec des soins minutieux, il est réellement possible de tenir des animaux très-proprement par cette méthode ; et ils s'habituent bientôt à être couchés sur le plancher un peu incliné disposé à cet effet.

Pour les chevaux, on n'a jamais, je pense, employé la méthode de laisser séjourner le fumier dans les fosses derrière les animaux : dans toutes les écuries bien soignées, on transporte le fumier tous les jours sur la place qui lui est destinée à l'extérieur. Ces écuries, au reste, doivent, de même que les étables de bêtes à cornes, être disposées de manière qu'aucune partie des urines ne puisse s'écouler à l'extérieur.

Dans les bergeries, on laisse généralement séjourner le fumier sous les animaux pendant plusieurs mois, quelquefois même pendant une année entière. Cependant, lorsque les bêtes à laine sont nourries copieusement, principalement avec des racines pendant l'hiver, il devient indispensable de vider la bergerie plus souvent, parce qu'à raison de la grande quantité de litière que l'on est forcé de donner, la masse du fumier s'éleverait beaucoup trop. Au reste, le fumier s'améliore beaucoup pendant ce séjour, qui ne pourrait avoir d'inconvénient pour la santé des animaux que dans les bergeries basses et peu aérées, ou dans les saisons chaudes de l'année. Lorsque les bêtes à laine sont nourries exclusivement de fourrages secs, il devient souvent nécessaire d'arroser la couche du fumier qui s'y trouve, parce que celui-ci manque de l'humidité nécessaire pour pouvoir fermenter convenablement. On reconnait cette nécessité à l'inspection du fumier que l'on retire à cet effet de la masse. Lorsqu'il *prend le blanc*, c'est-à-dire lorsqu'il s'y forme une espèce de moisissure, et qu'il manque de l'humidité suffisante pour se putréfier, il faut alors l'arroser modérément, en répandant l'eau avec égalité, à l'aide de la pomme d'un arrosoir de jardin ou par tout autre moyen analogue, pendant que les animaux sont hors de la bergerie. On vide cette dernière, soit pour employer le fumier immédiatement, soit pour le déposer sur la place à fumiers.

C'est un objet de fort haute importance que la disposition des *places à fumier,* c'est-à-dire des lieux où l'on dépose ce dernier, depuis l'instant où il sort des étables jusqu'au moment de l'emploi ; car cette disposition exerce une puissante influence sur la qualité de l'engrais, et il peut facilement en résulter aussi une grande diminution sur sa quantité. Les places à fumier sont communément situées à proximité immédiate des écuries et des étables, afin de diminuer le travail que nécessite le transport à bras du fumier. Quelquefois aussi on établit des dépôts provisoires de fumier dans les champs, à proximité des pièces de terre où il doit être employé, mais ces places à fumier ne sont jamais disposées avec autant de soin que celles que l'on établit dans les cours de fermes, surtout pour ce qui concerne les moyens de recueillir le purin. Il me semble convenable, par ce motif, de n'avoir recours à ce moyen qu'en cas de nécessité, c'est-à-dire lorsqu'on a une surabondance de fumier que l'on ne peut plus loger dans les dépôts ordinaires près des étables. D'ailleurs, ces dépôts temporaires sont beaucoup moins économiques qu'ils ne le paraissent au premier aperçu, car si le fumier est placé là de manière à pouvoir être transporté avec promptitude dans les champs voisins, les frais de chargement sont doubles, puisqu'il faut transporter une fois le fumier de l'étable dans les dépôts, et une autre fois du dépôt sur les champs.

Les places à fumier que l'on forme près des étables doivent être établies avec beaucoup de soin, pour que le fumier y fermente convenablement et qu'il ne perde aucune partie de l'engrais. On creuse quelquefois pour cet usage des fosses de quelques pieds de profondeur ; mais cette disposition est fort incommode pour le chargement du fumier, parce que les chariots ne peuvent descendre dans la fosse pour être placés à proximité immédiate de la partie que l'on doit charger ; ou si on les y fait descendre à vide, ils ne peuvent plus en sortir chargés qu'à l'aide d'efforts excessifs de la part des animaux. D'ailleurs, la place à fumier doit toujours être accompagnée d'un réservoir où se rend le liquide surabondant, et ce réservoir doit être placé au-dessus du niveau du sol où repose le fumier, afin que ce dernier ne reste jamais détrempé par une trop forte humidité. Ce réservoir doit donc être très-profond, lorsque le fumier est déposé dans une fosse ; ce qui rend la construction dispendieuse et l'extraction du purin plus embarrassante.

On a souvent conseillé aussi de couvrir les tas de fumier d'une toiture ou hangar destiné à les garantir des pluies ou du soleil. L'action du soleil sur eux est nuisible, à la vérité; mais, pour la pluie, quand le fumier ne reçoit que celle qui tombe à sa surface, il est bien peu de cas où la quantité d'eau qu'elle lui transmet soit trop considérable, et presque toujours l'arrosement qui en résulte est plus utile que nuisible. Il est même indispensable, lorsque le tas de fumier est placé à l'abri de la pluie, de remplacer fréquemment l'action de cette dernière par des arrosements artificiels; car la chaleur qui se développe dans la masse suffit pour faire évaporer promptement une grande partie de l'humidité qu'elle contient, et le fumier se détériorerait beaucoup si on le laissait poursuivre ainsi sa fermentation dans un état de demi-dessiccation. D'ailleurs, le chargement et la circulation des voitures sont fort entravés par l'existence de ces hangars. Je pense donc que la dépense des toitures est au moins inutile; mais si l'on pouvait placer le tas de fumier dans un lieu ombragé par quelques grands arbres ou par un mur élevé, cette disposition serait la meilleure. On peut, au reste, toujours corriger l'action nuisible des rayons du soleil au moyen d'arrosements artificiels sur le tas, car le soleil n'est nuisible ici que parce qu'il favorise une trop forte évaporation de l'humidité.

Je supposerai donc que le tas de fumier repose sur la surface naturelle du sol, et sans être recouvert par une toiture. On fera choix, à cet effet, d'une place où il soit facile de la garantir des eaux qui y seraient amenées par la pente naturelle du terrain ou par la gouttière des toitures voisines : on en unira la surface, ainsi que les alentours. Il n'est presque jamais nécessaire de paver cette place, ou de faire aucune disposition pour empêcher que le jus du fumier s'infiltre sous le sol, car, même sur un terrain sablonneux, si l'on fouille dans une place qui a été occupée par un tas de fumier pendant de longues années, on peut reconnaître que le sol ne s'est imprégné de jus de fumier qu'à la profondeur de quelques pouces ; et l'infiltration ne fait plus aucun progrès, lorsqu'elle est arrivée à ce point. Cependant, sur un terrain extrêmement perméable, on pourrait enlever 3 ou 4 pouces d'épaisseur de la terre, dans la place que doit occuper le tas de fumier, et remplacer la terre enlevée par de l'argile ou par une terre argileuse.   .

Au pourtour du tas de fumier, et en contact immédiat avec le pied du tas, doit régner une rigole, que l'on tient constamment nettoyée et qui conduit tout le liquide s'écoulant du tas dans le réservoir à purin placé à la partie la plus basse du terrain, en dehors du carré marqué pour y déposer le fumier. Ce réservoir, établi au pied même du tas, ou à quelque distance, selon la localité, peut consister en une simple fosse ouverte, creusée à deux pieds environ de profondeur, avec les côtés en talus pour éviter les éboulements. On forme aussi les parois de cette fosse en murs verticaux de bonne maçonnerie, que l'on peut élever jusqu'à deux ou trois pieds au-dessus du niveau du sol, pour empêcher que les enfants ou les bestiaux tombent dans cette fosse ; mais, si l'on doit charger le purin à bras, ce mur devra avoir une ouverture de 4 pieds de largeur au moins, du côté le plus commode à l'approche des voitures

qui devront transporter le purin dans des tonneaux. Les dimensions de la fosse seront proportionnées à celles de la
place à fumier; et il faudra la faire d'autant plus grande
qu'on voudra enlever les purins plus rarement. Une fosse
carrée, de 8 ou 10 pieds de côté sur 2 pieds de profondeur,
suffira, dans la plupart des cas, pour un très-gros tas de
fumier. Il sera superflu, si ce n'est dans les sols extrème-
ment perméables, de prendre aucune précaution pour empêcher l'infiltration du purin au fond de la fosse ou sur les
parois, car les matières contenues dans le purin ont bientôt
obstrué tous les pores du sol.

La rigole dont j'ai parlé tout à l'heure, et qui règne au
pourtour du tas de fumier, n'est pas creusée dans le sol,
mais elle est formée par une petite levée de terre, qui règne
aussi tout autour, en dehors de la rigole, afin d'empêcher
qu'aucune portion des eaux venant de l'extérieur ne puisse
se mêler au liquide qui s'écoule du tas. Cette levée doit être
plate, et haute seulement de 3 ou 4 pouces dans son milieu,
sur une largeur de 3 ou 4 pieds, en formant un talus des
deux côtés, afin qu'elle ne fasse nulle part obstacle au passage des voitures qui doivent circuler librement sur toute
la place à fumier. Cette levée étant toujours maintenue dans
un état sec, puisqu'elle excède le niveau du sol, on trouvera partout des matériaux convenables pour lui donner
une solidité suffisante.

On peut y employer des galets roulés, de la grosseur
d'une noix au plus, ou des pierres d'une nature quelconque
cassées en très-petits morceaux, comme on devrait toujours le faire pour la construction des chemins. Il est bon

d'entremêler ces matériaux d'une petite quantité de terre ou de boue recueillie sur les routes, mais avec le soin de n'en employer que la quantité nécessaire pour remplir les interstices que les pierres laissent entre elles. On peut, à cet effet, commencer par construire la levée en pierrailles, et en couvrir ensuite la surface de terre détrempée en bouillie très-claire, en sorte qu'elle s'insinue dans les interstices des pierres. Aussitôt qu'une telle levée est sèche, elle prend une extrême solidité : j'en ai sous les yeux une, construite ainsi il y a dix ans, autour d'une place d'où l'on a charrié plusieurs milliers de voitures de fumier, et qui n'a pas exigé de réparations depuis cette époque. En dehors de la levée, on creuse un peu le terrain en cassis, sur les points d'où les eaux pourraient arriver de l'extérieur, afin de les conduire loin du tas de fumier et du réservoir à purin.

Là où l'on recueille une grande quantité de fumier, il serait très-bon de diviser en deux compartiments la place destinée à recevoir le tas. Cette division serait établie au moyen d'une levée semblable à celle dont je viens de parler, et l'on disposerait les choses de manière que l'eau des pluies qui tombe sur chaque compartiment puisse être conduite par des rigoles, soit dans la fosse à purin, soit au dehors, lorsqu'un des compartiments se trouverait vide. Par cette disposition, en achevant le tas dans un des compartiments avant de commencer celui de l'autre, on éviterait un inconvénient que l'on éprouve presque toujours dans l'emploi du fumier, celui d'avoir du fumier pailleux et tout récent dans la partie supérieure du tas que l'on charrie, tandis que le bas du tas est bien consommé, ce qui tend à répandre de l'inégalité dans la fumure des pièces de terre.

Le fumier des étables se transporte sur la place ainsi disposée, à mesure qu'on l'évacue : on ne doit pas permettre que les valets l'y déposent par monceaux, mais il doit être étendu à la fourche, très-également sur toute la surface, en mélangeant bien les diverses espèces de fumier entre elles. C'est surtout vers le pourtour du tas qu'il faut diriger ces soins : on doit y déposer le fumier de manière à ce que les faces du tas s'élèvent verticalement comme des murailles. Le même valet doit toujours être chargé de soigner le tas de fumier ; et il est bien de faire en sorte que cet homme place son amour-propre dans la régularité et la symétrie que présente le tas vu de l'extérieur, et dans la propreté du terrain à l'entour, où aucune parcelle de fumier ne doit demeurer. Le plus grand ennemi de cette propreté dans la disposition des tas de fumier, c'est la volaille : les poules, grattant à la surface du tas, en font constamment tomber quelques parcelles en dehors. Cependant ce serait faire un grand tort à la basse-cour que d'interdire les tas de fumier aux volailles, car celles-ci y trouvent une nourriture abondante de grains perdus ou de vers. Les jeunes poussins, en particulier, ne profitent jamais mieux que lorsqu'ils peuvent passer une partie de la journée sur la surface des tas, autant peut-être à cause de la chaleur du terrain sur lequel ils marchent, qu'à cause des vers dont ils s'y nourrissent. C'est donc en balayant fréquemment le terrain à l'entour du tas, et surtout la rigole à purin, que l'on doit remédier à cet inconvénient ; et les excréments, si riches en principes fertilisants, que la volaille dépose sur le tas de fumier, compenseront bien le léger travail nécessaire pour réparer les dommages qu'elle y cause.

Lorsque le tas s'élève, on ménage sur un des côtés une ouverture en pente douce dans le fumier lui-même, de sorte qu'on puisse arriver à la partie supérieure du tas avec des civières ; et en face de cette ouverture, on couvre de quelques planches la rigole qui règne autour du tas, afin que l'écoulement du purin soit toujours libre par-dessous. On peut élever ainsi le tas de fumier jusqu'à la hauteur de 6 ou 8 pieds, c'est-à-dire jusqu'à ce qu'il devienne trop pénible de porter le nouveau fumier à la partie supérieure : les dimensions des places à fumier doivent être fixées de manière que le tas soit ainsi plutôt élevé en hauteur qu'étendu en superficie, car dans ce dernier cas on obtient de trop grandes masses de purin dans le temps des grandes pluies, ce qui enlève au fumier une grande partie de ses principes fertilisants ; et la sécheresse agit trop fortement sur une surface étendue. Lorsque les tas de fumier ont 5 ou 6 pieds de hauteur au moins, il n'arrive presque jamais que la quantité d'eau qui tombe sur la surface soit trop considérable pour cette masse, et l'on n'a pas besoin de l'arroser souvent, ce qu'on ne doit pas néanmoins négliger de faire toutes les fois que le fumier commence à se dessécher. Cet arrosage exige une grande quantité d'eau, et chacun pourvoira, selon la localité, au moyen de se la procurer. Dans beaucoup de cas, lorsqu'on trouve l'eau à peu de profondeur dans le sol, il serait fort utile de creuser un puits à proximité du tas, et d'établir une pompe au moyen de laquelle on amènerait l'eau jusqu'au niveau de la surface supérieure, où on la distribuerait à l'aide de chéneaux portatifs, que l'on dirige vers les diverses parties du tas. Là où l'on possède une pompe à incendie, et lorsqu'un cours d'eau se rencontre à proximité du tas de fumier, il est fort utile d'employer cette pompe à opérer cet arrosement, car c'est un moyen de s'assurer qu'elle est constamment en bon état. Le tas de fumier doit toujours être arrosé à fond, s'il contient beaucoup de paille. L'eau pénètre bien dans toute la masse, si la surface du tas sur laquelle on la verse est horizontale ; mais si la masse est fort compacte, il est nécessaire d'y pratiquer d'espace en espace des trous verticaux, à l'aide d'un pieu en fer, afin que l'eau puisse y pénétrer. On ne cessera d'en verser à la partie supérieure, que lorsqu'on reconnaîtra qu'elle commence à s'écouler de toutes les faces au pied du tas.

On a souvent recommandé de brasser les tas de fumier en les changeant de place, afin de remuer toute la masse. Cette opération accélère infiniment la fermentation du fumier : on pourrait donc l'employer dans le cas où l'on aurait des motifs pour désirer d'obtenir promptement du fumier décomposé ; mais elle ne peut avoir aucun autre but d'utilité.

On a quelquefois conseillé aussi de faire passer des chariots chargés sur le tas de fumier ou de le faire piétiner par le gros bétail, afin de tasser la masse et de ralentir ainsi la décomposition. Mais le tassement d'un tas de fumier par les voitures et les attelages est un mode barbare d'emploi de la force de ces derniers ; et il suffit d'avoir été témoin une fois

des efforts que nécessite dans ce cas la traction d'un chariot, pour qu'un homme raisonnable renonce à un semblable moyen, dont l'action s'exerce d'ailleurs fort inégalement sur les diverses parties du tas. Quant au séjour des
bestiaux sur le tas, on ne peut y songer lorsqu'on veut
tenir le tas avec ordre et régularité. C'est seulement par
rapport aux habitudes de négligence qui règnent dans les
exploitations les plus mal tenues, que l'on a pu recommander de semblables pratiques.

§ 7. *De l'emploi du fumier et de sa valeur.*

On a beaucoup discuté sur les avantages que l'on peut
trouver à employer les fumiers ou frais ou dans un état de
décomposition. Ces discussions ont moins d'importance
qu'il ne le parait au premier aperçu, parce que dans les
opérations d'une exploitation rurale il n'est guère possible
d'employer constamment les fumiers dans leur état frais.
Dans l'assolement triennal, le fumier, s'appliquant en totalité à la même sole, ne se charrie qu'à une seule époque de
l'année : il faut donc bien, dans ce système, conserver le
fumier d'une année à l'autre. Dans les assolements alternes,
on applique souvent le fumier à deux ou même à trois soles, par conséquent à deux ou trois espèces de récoltes, ce
qui permet d'en employer à diverses époques de l'année ;
mais cela se réduit communément à deux ou trois périodes
d'emploi, en sorte qu'il faut bien amonceler le fumier qu'on
recueille pendant quatre ou six mois, pour l'appliquer à la
sole à laquelle on le destine.

On a cru pendant longtemps que la fermentation du fumier était indispensable, ou du moins qu'elle en améliorait beaucoup les propriétés. C'est une erreur parfaitement reconnue aujourd'hui : la décomposition du fumier n'est utile que comme moyen de détruire la faculté germinative des graines de plantes nuisibles qui se trouvent presque toujours dans la litière des animaux. Mais on est tombé dans une autre erreur, lorsqu'on a prétendu que la fermentation est toujours nuisible au fumier, et qu'elle diminue beaucoup la masse des principes fertilisants. Il est certain que si l'on abandonne un tas de fumier à la décomposition spontanée pendant deux ou trois ans, il n'offrira plus qu'une petite masse de terreau, qui ne possèdera qu'une faible partie des principes fertilisants que contenait originairement le fumier. Mais si, pendant cet espace de temps, on eût recueilli avec soin tout le liquide qui s'est écoulé de ce tas, on eût obtenu, je pense, en purin, l'équivalent de ce que la masse solide a perdu sous le rapport des propriétés fécondantes ; car l'effet de la décomposition étant de convertir en substances solubles une grande partie des principes solides du fumier, ces substances sont constamment entrainées par les eaux des pluies. D'un autre côté, si on laisse un tas de fumier fermenter dans l'état de demi-humidité, en sorte qu'il prenne le blanc ou la moisissure, sa propriété fertilisante pourra diminuer aussi : c'est là, du moins, l'opinion générale des praticiens. Il serait fort difficile d'expliquer ce fait, parce que nous ignorons la nature des composés qui se forment ou se détruisent dans les fermentations de cette espèce ; mais, d'après les observations recueillies dans ma pratique, j'ai lieu de croire que l'opinion des cultivateurs est très-fondée sur ce point.

Il est donc vrai que le fumier peut perdre dans sa fermentation beaucoup des principes fertilisants qu'il contient, s'il est question de tas disposés avec négligence et mal soignés ; et dans ce cas il vaudrait toujours mieux employer le fumier en sortant des étables. Mais avec une bonne disposition des tas, et à l'aide de soins peu coûteux, on peut certainement conserver le fumier pendant 4 ou 6 mois sans éprouver de pertes sensibles sur ses propriétés fécondantes. Lorsque le fumier est maintenu dans un état convenable d'humidité, il s'y développe d'abord une chaleur plus ou moins forte, selon son espèce. Le tas s'affaisse bientôt. Lorsque cette première fermentation est terminée, la paille qui entrait dans la composition du fumier a perdu sa consistance et ses apparences extérieures, et toute la masse est réduite à l'état homogène d'une substance noirâtre, qui se coupe facilement à la pelle. Dans cet état, le fumier a perdu peut-être moitié de son volume, mais très-peu de chose de son poids : il n'y a aucune raison de croire qu'il ait perdu, en principes fertilisants, beaucoup plus que la quantité dissoute dans le liquide qui s'en est écoulé. La fermentation a, sans doute, donné naissance à beaucoup de gaz, mais ces derniers ont été réabsorbés en presque totalité dans la masse, où ils sont entrés dans de nouveaux composés. C'est dans l'état que je viens d'indiquer, que la plupart des cultivateurs soigneux emploient communément le fumier ; et c'est ainsi qu'il convient de le faire, pour toute la portion que l'on ne charrie pas sur les champs aussitôt après la sortie des étables.

Pour le charriage du fumier, de même que pour tous les transports intérieurs d'une ferme, on doit veiller avec attention à ce que le nombre des ouvriers qui chargent soit proportionné au nombre des chariots et à la distance, en sorte que les attelages n'attendent jamais. Dans les pays de plaine, les chariots à quatre roues, conduits par un seul cheval, sont encore le moyen de transport le plus commode et le plus économique ; mais il faut toujours qu'il se trouve un chariot chargé d'avance lorsqu'il arrive un chariot vide, afin que le charretier puisse dételer, réatteler et partir immédiatement avec l'autre chariot. Pour quatre ou cinq chariots roulants, il est nécessaire d'avoir deux chariots de rechange stationnant près du tas, si l'on veut que le service ne soit jamais interrompu. Si les chemins sont passables, on pourra facilement charger chaque chariot de 700 kil. de fumier ; et si l'on conduit dans une pièce de terre déjà labourée ou dans un état humide, on placera à l'entrée de la pièce un cheval de relai conduit par un enfant : par ce moyen, on doublera l'attelage pour le transport dans la pièce de terre. Avec un service ainsi organisé, chaque chariot roulant conduira aisément par journée, dans un travail de 9 heures, de 10 à 15 voitures de fumier, selon la distance des pièces de terre. Afin de donner ici quelque chose de précis, je dirai qu'on conduit constamment à Roville de 13 à 15 voitures par chariot roulant dans des pièces de terre dont la distance de la ferme jusqu'à l'entrée de la pièce est d'environ 800 mètres.

On doit exiger que les ouvriers occupés au chargement

du fumier mettent le plus grand soin à arranger la masse sur les chariots, et à la battre sur toutes ses faces avec une pelle de bois allongée, lorsque le chargement est terminé : sans cette précaution, on perd une grande quantité de fumier le long des chemins. Le meilleur moyen d'obtenir une bonne exécution des ordres relatifs à ces soins, est d'organiser le transport de manière que le même charretier reçoive toutes les voitures au lieu du chargement. Il conduit une voiture chargée jusqu'à ce qu'il rencontre un autre charretier ramenant une voiture vide; ils changent alors de voitures, et le premier revient au lieu du chargement, où il doit trouver une autre voiture chargée et prête à être attelée. De cette manière, un seul charretier recevra les instructions nécessaires pour qu'il exige des ouvriers les soins convenables, relativement à l'égalité du chargement et à l'arrangement du fumier sur les voitures. C'est ce même homme qui sera chargé de compter les voitures conduites. Si ces soins étaient répartis entre tous les charretiers, il serait entièrement impossible de compter sur quelque exactitude dans l'exécution.

Lorsqu'une voiture est arrivée sur le lieu où elle doit être déchargée, le charretier la remet entre les mains de l'ouvrier à qui en a été confiée la distribution, et s'en retourne en prenant la conduite du dernier chariot vide. Un seul homme, en effet, doit avoir la tâche de distribuer le fumier en petits monceaux qui seront ensuite répandus sur toute la surface du terrain, car c'est de la grosseur de ces monceaux et de la distance que l'on met entre eux que dépend l'abondance de la fumure : si tous les charretiers étaient chargés de ce soin, on ne pourrait compter sur rien à cet égard, et la fumure serait toujours fort inégale. Il est très-important que ce service soit constamment confié à un homme soigneux de l'exploitation, car il exige une certaine habitude; et il faut que cet homme sache distribuer également, selon les ordres qu'il a reçus, 20, 25, 30, etc., voitures par hectare. Les tas que l'on forme ainsi doivent être assez rapprochés pour qu'un homme ou une femme puissent facilement en répandre le contenu, en le jetant à la fourche sur la moitié de l'espace qui sépare chaque tas du tas voisin.

Lorsque le fumier est ainsi distribué en tas, on doit le répandre immédiatement. Pour que cette opération soit bien faite, elle doit s'exécuter en deux fois : quelques ouvriers, marchant en avant, répandent le fumier comme je viens de le dire, sur toute la surface du terrain, en l'y distribuant le plus également qu'il est possible, mais sans chercher à le briser en petits fragments. Les autres ouvriers qui viennent ensuite brisent et éparpillent les morceaux ou fragments de fumier, soit à l'aide de fourches, soit en y employant les mains, selon l'état et la consistance du fumier. Il est fort important que cette dernière opération soit faite pour ainsi dire minutieusement, en sorte qu'il ne reste guère de morceaux de fumier plus gros qu'un œuf, et que toute la surface du terrain en soit couverte bien également : l'efficacité de la fumure dépend de cette précaution beaucoup plus qu'on ne le croit généralement. On ne doit jamais permettre que les tas de fumiers restent déposés sur le terrain, même pendant une seule nuit, sans être répandus;

car s'il survient une pluie, la place où sont les tas sera beaucoup trop fortement amendée et la fumure sera très-inégale. Lorsque le fumier a été répandu, il peut sans aucun inconvénient rester ainsi pendant fort longtemps, pourvu qu'il ait été répandu sur un terrain sec, de façon que ce dernier puisse absorber l'eau des pluies, qui se chargeront des sucs fertilisants du fumier.

Quant à l'évaporation des principes fertilisants par les rayons du soleil, on ne doit nullement la redouter : l'expérience montre que le fumier ainsi placé communiquera au terrain toute sa propriété fertilisante s'il n'est enfoui par un labour que longtemps après, de même que s'il eût été enfoui immédiatement. Il se desséchera peut-être à la surface du terrain, mais les pluies lui rendent l'eau que l'évaporation lui avait fait perdre. Je sais bien qu'on a souvent professé des doctrines contraires, en se fondant sur des suppositions théoriques, mais on reconnaîtra que la pratique justifie toujours ce procédé ; et c'est seulement dans les terrains situés en pente très-rapide qu'il serait prudent d'éviter de laisser pendant longtemps du fumier répandu à la surface, parce que les pluies abondantes pourraient entraîner hors du champ une grande partie des sucs fertilisants.

Lorsqu'on enfouit le fumier par le labour, on doit apporter le plus grand soin à ce qu'il soit également réparti dans la terre que l'on retourne. Cela ne présente aucune difficulté pour le fumier consommé, et il suffit qu'il ait été répandu également à la surface du sol. Mais le fumier pailleux s'amoncelle souvent au-devant de la charrue, et se trouve enfoui fort inégalement. Il ne faut pas hésiter, dans ce cas, à faire précéder la charrue par une femme qui tire le fumier dans la raie ouverte à l'aide d'un râteau. On obtient le même but en faisant accompagner la charrue par un jeune garçon qui dégage le coutre et le corps de la charrue, à l'aide d'un bâton, toutes les fois que cela est nécessaire.

La quantité de fumier que l'on répand par hectare varie selon la nature de la terre et du fumier, et selon l'espèce de récolte à laquelle on le destine : on ne donne guère de fumure moindre de 20 voitures de 700 kil. par hectare. Les fumures légères de 20 à 25 voitures conviennent aux sols sablonneux ou crayeux dans lesquels l'engrais dure peu, et où il est préférable par ce motif de ne mettre du fumier qu'en petite quantité à la fois, en réitérant les fumures tous les deux ou trois ans. Dans les sols très-brûlants, il conviendrait même souvent encore mieux de diminuer la proportion du fumier, en la réduisant à 10 ou 15 voitures par hectare; mais alors il faudrait renouveler la fumure pour chaque récolte. Dans les terrains plus consistants et dans les sols argileux, une fumure de 30 à 40 voitures par hectare peut être considérée comme complète : cette quantité ne pourrait même, presque jamais, être dépassée sans inconvénient, lorsque la fumure doit être suivie immédiatement d'une récolte de céréales; car, pour les récoltes de cette espèce, l'excès de fécondité du sol est aussi nuisible que le défaut contraire. Sur une terre trop fortement fumée, le froment courra tant de risques de la verse, de la rouille ou d'autres accidents, que le produit n'en sera pas

en moyenne plus considérable que sur un terrain moins riche. Pour d'autres récoltes, en revanche, il ne peut pas en
quelque sorte y avoir excès de fertilité; ainsi, du colza, du
chanvre, des betteraves, des pommes de terre, des navets, etc., pourront très-bien supporter une fumure de 50
à 60 voitures par hectare, et du froment ou de l'orge pourront donner de très-riches produits après cette récolte. Il
est bien rare, au reste, que l'on porte la fumure à ce point:
on ne l'observe guère que dans les cantons les plus
avancés en culture, où la terre est constamment chargée
de récoltes et où le procédé des jachères est inconnu.

Quant à l'époque à laquelle on doit conduire le fumier
sur les terres, on peut assigner, comme règle générale,
qu'il doit être enterré par le dernier labour, pour toutes
les récoltes autres que les céréales. Mais pour ces dernières, et en particulier pour le froment que l'on sème sur
jachère fumée, on évite de charrier le fumier à une époque trop peu distante de celle de la semaille, parce qu'on
a reconnu que, lorsque les principes actifs du fumier n'ont
pas eu le temps de s'incorporer avec le sol et d'entrer en
combinaison avec la terre, ils provoquent une trop forte
végétation du froment dans la première période de la croissance : les plantes sont alors exposées à plusieurs accidents,
et donnent communément plus de paille que de grain. Par
ce motif, on préfère enfouir le fumier par l'avant-dernier
labour de jachère, ou même par le précédent lorsqu'on
est dans l'usage de donner le dernier labour très-peu de
temps avant la semaille; mais lorsqu'on donne ce dernier
labour un mois ou deux avant la semaille, comme on le fait

lorsqu'on enterre la semence à l'aide de l'extirpateur ou du scarificateur ; c'est par ce labour qu'il faut enfouir le fumier. Au reste, c'est surtout lorsqu'on ne donne ainsi qu'un seul labour après l'application du fumier, qu'il convient de soigner particulièrement l'opération par laquelle on le divise sur la surface du sol.

On emploie aussi quelquefois le fumier en couverture sur les prés et sur divers genres de récoltes, c'est-à-dire qu'on l'épand sur la surface du sol sans l'enterrer, soit immédiatement après la semaille ou la plantation, soit pendant le cours de la végétation des plantes. L'époque de l'application peut alors varier beaucoup selon les circonstances ; mais il importe que le fumier soit répandu dans ce cas sur un sol sec, afin que ce dernier absorbe l'eau des pluies qui se chargeront des sucs fertilisants de l'engrais. Le fumier ainsi employé développe une action au moins aussi énergique et aussi durable que lorsqu'on l'enfouit dans le sol par le labour ; et ce fait, que tous les praticiens ont pu observer, prouve combien est peu fondée la théorie de l'évaporation des sucs fertilisants.

§ 8. *Du parcage des bêtes à laine.*

Le parcage offre un moyen d'utiliser immédiatement les excréments des animaux sans employer de litière, et en s'épargnant les frais de transport du fumier dans les champs. Il reste toutefois beaucoup d'incertitude sur la question économique de cette opération : des praticiens attentifs assurent qu'ils préfèrent le fumier fait à la bergerie pendant une seule nuit, à l'engrais résultant de deux nuits de parcage du même troupeau. L'emploi du fumier se concilie aussi beaucoup mieux avec les travaux d'une culture active, parce qu'il faut un espace de temps fort long pour soumettre au parcage une grande pièce de terre qui doit rester nue pendant tout ce temps, tandis qu'on charrie dans une seule journée, sur un terrain étendu, le fumier qui a pu être recueilli à la bergerie pendant que ce terrain était couvert d'une récolte. Aussi l'emploi du parcage sur une grande échelle n'est-il guère applicable qu'aux assolements avec jachère. Cependant, la paille atteint souvent un prix tellement élevé dans le voisinage des grandes villes, que le parcage peut devenir réellement économique dans ces circonstances. On peut aussi l'employer très-utilement sur des terres élevées, ou situées de manière que le transport du fumier y est difficile et fort coûteux.

L'étendue du parc doit être plutôt petite que trop grande, relativement au nombre de bêtes dont se compose le troupeau. Il faut que les animaux s'y couchent fort à l'aise, mais il faut qu'ils en occupent toute la surface. Si le parc est trop grand, les animaux sont disposés à se réunir dans une partie de son étendue, et la fumure est fort inégale. Lorsqu'on ne veut donner qu'un parcage léger, il vaut mieux changer le parc une fois pendant la nuit, que de lui faire occuper une surface double. Pour exécuter cette opération avec facilité, on fait deux parcs égaux et contigus, séparés par une cloison de claies : il suffit au berger d'enlever une de ces claies au milieu de la nuit, et de faire passer le troupeau d'un parc dans l'autre.

Pour des bêtes à laine de race moyenne, un mètre carré par tête est une étendue convenable pour le parc. Si on laisse le troupeau passer la nuit entière dans un parc de cette étendue, le parcage est fort énergique; et si l'on donne deux coups de parc dans la nuit, comme je viens de le dire, c'est ce qu'on nomme un parcage léger, qui suffit néanmoins dans la plupart des cas pour une récolte de céréales. On ne doit guère compter alors que l'action de cette fumure s'étende au delà de la première récolte, tandis qu'un fort parcage peut encore faire sentir ses effets pendant la seconde année, surtout dans les sols argileux. Du reste, le parcage convient moins aux terrains de cette dernière espèce qu'aux terrains sablonneux et légers, parce qu'on est forcé d'interrompre l'opération dès que la terre est humectée, sous peine de faire piétiner de la manière la plus fâcheuse un sol argileux, tandis que le même inconvénient n'est pas à craindre pour un sol léger, auquel le piétinement des animaux est au contraire favorable.

On doit faire labourer les billons d'une pièce de terre à mesure qu'ils sont parqués, et sans attendre que la pièce entière soit terminée; car l'opinion générale est que cet engrais se laisse très-facilement entraîner par les pluies, en sorte qu'il importe de l'enfouir le plus tôt qu'il est possible. Si ce labour doit être suivi d'un autre, on le fait peu profond, et l'on donne au labour suivant la profondeur ordinaire.

L'engrais produit par le parcage agit avec beaucoup d'énergie et de promptitude. Par ce motif, il arrive souvent que la récolte de froment qui suit est défectueuse, parce que les plantes poussent trop en herbe et sont plus sujettes à la rouille et à d'autres maladies que lorsqu'elles ont reçu du fumier. En revanche, le parcage convient parfaitement au colza, et produit communément des récoltes d'avoine très-abondantes lorsqu'on l'applique à cette récolte. Les prairies artificielles semées dans une céréale faite sur parcage ont généralement aussi une fort belle réussite, pourvu que la céréale ne soit pas versée, accident assez commun dans ce cas. On parque quelquefois des terrains sablonneux emplantés en pommes de terre avant la levée de ces dernières, et l'on obtient généralement ainsi des produits fort abondants.

<hr>

DEUXIÈME SECTION

Des diverses autres substances qui peuvent s'employer comme engrais

§ 1. *Des matières fécales et des diverses préparations de cette substance.*

Les *excréments humains, matières fécales, vidanges de fosses d'aisance, gadoues*, etc., pourraient former partout un supplément très-important aux fumiers provenant du bétail ; et dans le voisinage des grandes villes, on peut se procurer ces matières à bas prix et en quantité très-considérable. Pourtant, ce n'est que dans quelques localités qu'on sait en tirer le parti le plus utile, en les employant en nature comme engrais : c'est en Flandre que cet engrais a reçu le plus d'extension, en sorte qu'on désigne souvent cette matière sous le nom d'*engrais flamand*. Employées ainsi en nature, les matières fécales forment une des fumures les plus puissantes et les plus actives que l'on connaisse : la mauvaise odeur qui en accompagne l'emploi, dans le voisinage des terrains ainsi amendés, a pu seule empêcher que l'usage en devînt général. Cependant cette odeur, quoique fort incommode pour les organes délicats, n'a rien d'insalubre, comme le démontrent une multitude de faits ; et tous les cultivateurs qui auront pu observer les admirables résultats produits par cet engrais seront certainement disposés à s'efforcer de vaincre les obstacles qu'ils rencontrent dans l'adoption de cette pratique.

En Flandre, on conduit sur les champs, dans des tonneaux montés sur des charrettes, les matières fécales seules ou mélangées avec d'autres engrais liquides. Arrivé sur le terrain, on s'arrête et l'on fait couler une certaine portion de la matière dans un baquet portatif que l'on pose à terre derrière le tonneau. Un homme, armé d'une pelle en forme de gouttière allongée et un peu courbe, puise alors la matière dans le baquet, et la répand à une assez grande distance autour de lui ; on la projette ainsi très-également, si l'instrument est manié par une main exercée. On place ensuite la charrette et le baquet plus loin pour continuer l'opération. C'est là certainement le moyen le plus parfait de répandre cet engrais avec égalité. On peut cependant employer à cet usage la planche inclinée placée sous le tonneau, que j'ai décrite en parlant du purin.

On n'applique guère immédiatement cet engrais qu'aux récoltes auxquelles on ne craint pas d'imprimer une végétation très-active, telles que le colza, le chanvre, le lin, etc. Il convient parfaitement aux houblonnières. Quant aux céréales, il leur convient beaucoup moins, et ne devrait, en tous cas, y être employé qu'avec la plus grande circonspection. On met ordinairement 120 à 140 hectolitres de matière fécale par hectare.

Dans le voisinage de Paris et de plusieurs grandes villes, on fait dessécher les matières fécales pour les employer sous forme pulvérulente, et l'on donne communément à ce produit le nom de *poudrette*. On perd, par ce procédé, une partie très-considérable des principes fertilisants de cette substance; mais on peut, à l'aide de ce moyen, transporter les matières à une bien plus grande distance, car on diminue aussi beaucoup le poids de la quantité nécessaire pour amender une certaine surface de terrain donnée. La poudrette peut s'employer sur toute espèce de récolte, même sur les céréales, parce que cet engrais est beaucoup moins actif que les matières fécales en nature, et parce qu'on peut avec plus de facilité le distribuer en petites quantités; mais dans ce cas on ne doit pas l'appliquer à doses considérables. Les quantités que l'on emploie le plus communément sont, selon l'espèce de récolte et la nature du terrain, de 10 à 20 hectolitres par hectare. Pour les récoltes de printemps, on répand la poudrette en même temps que la semence; mais pour les céréales d'automne, on peut attendre à la fin de l'hiver ou au commencement du printemps, lorsque la récolte commence à entrer en végétation.

On prépare aussi, dans le voisinage des grandes villes, des mélanges de matière fécale avec différentes substances, et on les vend aux cultivateurs sous diverses dénominations. Chacun fera bien d'étudier, par des expériences comparatives, les résultats qu'il peut se promettre de l'emploi de ces substances, avant de se livrer à de grandes dépenses pour en faire l'acquisition.

Je ne veux pas terminer cet article sans faire remarquer aux cultivateurs que si l'on recueillait avec soin, dans tout le cours de l'année, les excréments de tous les individus employés dans une exploitation rurale, on se procurerait ainsi une masse d'engrais fort importante. Il ne faudrait communément que quelques dispositions simples et très-peu coûteuses pour réunir ainsi ces excréments, qui sont généralement perdus et disséminés dans le voisinage des bâtiments d'exploitation. Le cultivateur qui voudra s'en donner la peine imaginera facilement les moyens d'atteindre ce but. Ce n'est jamais par des ordres ou des défenses qu'on pourra y parvenir ; cependant rien ne sera plus facile, si l'on a le soin de disposer des lieux commodes, et placés convenablement de manière à ce que chacun s'y rende sans qu'on le lui prescrive. Par des dispositions de ce genre, on pourra même recueillir les excréments d'un grand nombre d'individus étrangers à l'exploitation. Lorsqu'on veut vider les fosses qui les contiennent, on peut mélanger à la matière de la chaux, de la terre, ou toute autre substance

sèche, afin d'en faciliter l'extraction; mais alors il est nécessaire de laisser ces matières se déssécher complétement
à l'abri de la pluie, et de les pulvériser ensuite : sans cela
on ne pourrait les répandre avec égalité. On peut aussi les
étendre d'eau, si elles en ont besoin, afin de les employer
comme engrais liquide.

§ 2. *Des fientes de volailles.*

Les fientes de pigeons et de poules forment un des engrais les plus actifs et les plus puissants que l'on connaisse.
Les premières s'emploient fréquemment sous le nom de
colombine, dans les pays où l'on élève un grand nombre
de pigeons fuyards; et dans quelques cantons où l'on a eu
le bon esprit de renoncer à ces animaux si nuisibles à l'a-
griculture sous d'autres rapports, on va au loin pour se procurer cette substance. Pour employer la colombine de la
manière la plus utile, il est nécessaire de l'amener à un
grand état de division, afin de pouvoir la répandre également. A cet effet, on la fait dessécher complétement en
l'étendant au soleil, on la réduit en poudre à l'aide de
fléaux, et on la sépare de la paille et des autres impuretés
qu'elle contient au moyen d'un crible grossier. On l'emploie
ensuite comme la poudrette. On peut aussi délayer la colombine dans l'eau, soit seule, soit mélangée avec des
tourteaux, etc., et l'employer à l'état liquide. Les fientes
de poules ont à peu près les mêmes propriétés que la colombine. Ces substances perdent une grande partie de leur

valeur lorsqu'on se contente de les déposer sur les tas de fumier, parce qu'elles sont ainsi répandues fort inégalement sur les terres.

§ 3. *Des chiffons de laine, des plumes, de la bourre, des poils des animaux et des rognures de cuir.*

Les *chiffons de laine*, qu'on peut se procurer presque partout à un prix modéré, forment un engrais très-puissant ; mais ils se décomposent lentement dans le sol, et par ce motif il est très-convenable d'opérer un commencement de décomposition dans les chiffons, en en formant des composts avec du fumier de chevaux ou de bêtes à laine, dont la fermentation est rapide. Il faut commencer par découper les chiffons par petits morceaux, ce qui se fait promptement en fixant solidement par le manche une vieille lame de faux à la hauteur convenable, dans le lieu où les chiffons sont emmagasinés. Un homme, placé en face de la pointe de cette lame, dont le tranchant est horizontal et tourné vers le haut, prend un des lambeaux de vêtement dont les chiffons se composent, et, en l'étendant des deux mains, il l'appuie en glissant le long du tranchant de la lame. En très-peu de temps on les réduit ainsi en petits morceaux de la largeur de la main au plus. Sans cette précaution préalable il serait impossible de distribuer ensuite l'engrais avec égalité.

On stratifie les chiffons découpés ainsi par lits alternatifs avec le fumier, que l'on peut mettre en poids égal à celui des chiffons, ou en poids double, mais autant qu'on le peut dans une proportion connue, afin qu'on puisse savoir, lorsqu'on conduit l'engrais sur les champs, combien on met de chiffons et de fumier sur un espace donné. La couche doit être épaisse plutôt qu'étendue en surface, afin qu'elle conserve mieux son humidité. Aussitôt que le compost est ainsi préparé, il est indispensable d'humecter la masse à fond, pour qu'elle puisse bien fermenter : on l'arroserait de nouveau, si l'on s'apercevait qu'elle se desséchât dans le cours de la fermentation. Après un mois ou deux, selon la saison, lorsque la masse s'est fortement affaissée, il est bon de la brasser entièrement, en changeant le tas de place, et en l'humectant de nouveau, si cela est nécessaire. Cette opération hâte beaucoup la décomposition des chiffons : au bout de quatre ou six mois, ils ont perdu une grande partie de leur consistance, et sont propres à agir promptement avec efficacité. On peut alors conduire le compost sur les champs. Il faut mettre le plus grand soin à l'égalité de la distribution, car la masse à étendre est beaucoup moindre que dans les fumures ordinaires : 2000 à 2500 kilog. de chiffons secs par hectare forment une forte fumure, en supposant qu'on les emploie seuls ; ainsi, on peut réduire cette quantité en proportion de celle du fumier qui s'y trouve mélangée. On remarquera au reste que les chiffons, étant humectés dans le compost, sont beaucoup plus pesants qu'à l'état sec. D'après ces données, on calculera à quelle étendue de terre peut suffire un tas de compost dans lequel les chiffons et le fumier sont entrés en quantité connue, et l'on répartira le tas sur cette surface, toujours avec le plus d'égalité qu'il sera possible. On pourrait aussi employer la chaux pour commencer la décomposition des chiffons, soit en l'y mettant seule, soit en l'ajoutant au mélange du fumier ; mais je ne pense pas que cela puisse être utile.

Les *rognures de cuir*, les *vieilles chaussures*, etc., forment aussi un puissant engrais, et il est vraisemblable qu'on peut les assimiler sous ce rapport aux chiffons de laine ; mais leur décomposition dans le sol est beaucoup plus lente, en sorte qu'il convient encore mieux de les employer à l'état de compost. Pour les objets de cuir, de même que pour les chiffons, on peut se contenter de les enfouir aux pieds des grands végétaux vivaces dont on veut activer la végétation, comme les arbres fruitiers, la vigne, le houblon, etc. : ces matières produisent ainsi des effets plus durables. La vieille bourre et tous les poils des animaux peuvent être employés de même que la laine. Les plumes des volailles sont aussi de même nature, et ont vraisemblablement une valeur semblable, à poids égal : elles peuvent être employées au même usage.

§ 4. Des rognures ou rapures de cornes.

Les *rognures* ou *rapures de cornes,* que l'on peut se procurer en assez grande quantité dans le voisinage de certaines fabriques, s'emploient aussi fréquemment comme engrais : il est vraisemblable que la valeur de cette substance peut être assimilée, à poids égal, à celle des chiffons de laine. On pourrait en former de même des composts :

mais, lorsque cette substance est divisée en fragments très-fins, on l'emploie communément à l'état sec et sans mélange, en la répandant sur la surface du terrain, dans la proportion de 1200 à 2000 kilog. par hectare. Les sabots des chevaux, les ongles des bêtes à cornes ou des moutons, sont composés d'une substance entièrement semblable à la corne : on les emploie quelquefois dans leur entier, en les déposant en terre au pied des arbres, à cause de la lenteur de leur décomposition. On enterre aussi quelquefois les sabots de bœufs ou de chevaux dans les prés, à la profondeur de quelques pouces seulement, et en les espaçant à environ un mètre de distance.

§ 5. *Des os réduits en poudre.*

Les _os_ réduits en poudre sont employés en très-grande quantité comme engrais, dans quelques parties de l'Angleterre. Les essais qu'on en a fait sur le continent ne sont pas aussi heureux ; dans la Grande-Bretagne même, il est beaucoup de localités où l'on n'en a éprouvé presque aucun effet. Cela montre qu'il existe dans l'emploi de cette matière quelque particularité qui n'a pas encore été suffisamment étudiée, et qui exerce une grande influence sur son efficacité. Plusieurs personnes ont cependant indiqué les circonstances dans lesquelles on avait cru reconnaître que cet engrais est ou n'est pas efficace ; mais on rencontre si peu de coïncidences entre les diverses observations qui ont été publiées sur ce sujet, qu'elles méritent en général peu de confiance. Les personnes qui se trouveront à portée de se procurer une masse d'os d'une certaine importance feront donc bien de se livrer préalablement à des essais en petit, afin de reconnaître les effets qu'elles peuvent attendre de cet engrais sur les terres qu'elles cultivent. Je me contenterai de dire ici que le mode d'emploi qui paraît devoir réussir dans le plus grand nombre des circonstances, consiste à convertir les os en compost avec du fumier, comme je l'ai indiqué pour les chiffons. Il est vraisemblable, en effet, que si les os agissent imparfaitement comme engrais dans certaines circonstances, cela tient à la difficulté de leur décomposition, car ils sont formés, pour plus de la moitié de leur poids, de gélatine à l'état sec et de graisse, qui doivent former de puissants engrais; et l'on peut croire que ces substances se décomposeraient facilement dans tous les sols, lorsqu'elles auraient éprouvé un commencement d'altération par l'effet de la fermentation dans le compost.

De quelque manière qu'on emploie les os, il faut toujours commencer par les réduire en poudre grossière, ce qui peut se faire à l'aide de bocards. En Angleterre, on exécute cette opération au moyen de machines destinées spécialement à cet usage, et qui agissent sur des masses très-considérables. Lorsque les os sont réduits par ces machines en une poudre assez fine, on en emploie communément de 800 à 1200 kilog. par hectare. Lorsqu'ils sont moins divisés, par exemple lorsqu'ils contiennent encore des fragments de la grosseur d'un grain de maïs au plus, on en met une quantité à peu près double; mais alors l'effet est plus durable, car la décomposition des fragments dans le sol est d'autant plus rapide qu'ils sont plus petits.

On a dit et répété souvent qu'en stratifiant des os avec
de la chaux vive, ils s'attendrissent et se réduisent facilement en poudre. J'ai essayé de placer ainsi dans une fosse
quelques quintaux d'os avec un volume à peu près égal de
chaux vive en pierres : le tout a été recouvert de terre.
J'ai visité souvent les os pendant l'espace de plusieurs années, et j'ai reconnu qu'ils n'ont rien perdu de leur dureté :
leur substance ne paraissait aucunement altérée, si ce n'est
à une épaisseur de moins d'un millimètre de la surface qui
avait été immédiatement en contact avec la chaux.

§ 6. *Du sang des animaux et du noir animal.*

Le *sang* est peut-être le plus puissant de tous les engrais ; mais dans la plupart des grandes villes, où l'on pourrait recueillir cette substance en quantité un peu considérable, elle acquiert une valeur assez élevée par son emploi
dans divers arts industriels, et en particulier dans les
procédés de la teinture et dans le raffinage ou la fabrication
du sucre. Cependant on a quelquefois soumis le sang à la
dessiccation pour l'employer en poudre comme engrais : il
possède ainsi les propriétés les plus énergiques, distribué à
de très-petites doses. Mais c'est surtout sous forme de
résidu des raffineries de sucre, que le sang est fréquemment employé comme engrais. C'est seulement la partie
albumineuse du sang qui est utilisée ainsi, car l'albumine,
en se coagulant dans la clarification des sirops, se mêle au
charbon animal qui entre dans la même opération, ainsi

qu'aux impuretés contenues dans le sucre. Toutes ces substances se réunissant sous forme d'écume, sont enlevées, desséchées dans les appareils disposés à cet effet, puis réduites en poudre. C'est là ce qu'on vend aux cultivateurs, sous le nom de *noir animal*; mais il paraît que le noir, c'est-à-dire le charbon qui y est contenu, n'entre pour rien dans les propriétés fertilisantes de cette substance : il est certain, du moins, que le charbon animal, recueilli dans les opérations de raffinage où il n'a pas été employé de sang, ne développe aucune propriété fertilisante, quoiqu'il soit mêlé de quelques portions de sucre, et des impuretés contenues dans ces deux dernières substances.

Aucun fait, jusqu'ici, n'autorise à penser que par le mélange du charbon avec l'albumine du sang, le premier puisse acquérir un certain degré de solubilité, ou entrer dans des combinaisons qui lui permettent de servir d'aliment aux plantes. Nous savons bien que le carbone, base constituante du charbon, est un des principaux éléments de la nutrition des végétaux, ainsi que des divers engrais que l'on emploie pour favoriser cette végétation ; mais le carbone forme dans toutes ces substances diverses combinaisons plus ou moins solubles ou décomposables. Lorsque le carbone a été isolé, et en quelque sorte soustrait au règne organique par la calcination, il n'est plus propre à servir d'aliment aux végétaux, car il devient une des substances les plus inaltérables que l'on connaisse. Cet isolement n'est toutefois que temporaire : par la combustion au contact de l'air, le carbone, formant de l'acide carbonique, peut rentrer ainsi dans la circulation de la matière dans les êtres vivants. Cependant, nos connaissances sont si peu avancées sur ce qui se rapporte aux diverses modifications que peuvent éprouver les substances d'origine organique, dans l'action lente des compositions et des décompositions spontanées, qu'on ne peut assurer que dans aucun cas, le charbon ne puisse entrer dans des combinaisons propres à servir d'aliment aux végétaux : en rapprochant l'extrême activité que nous voyons développer au noir animal employé comme engrais, de la petite proportion d'albumine qu'il contient, on serait tenté de croire que le charbon joue quelque rôle dans les propriétés fertilisantes; mais, je le répète, c'est là une supposition qui n'est autorisée par aucun fait positif.

L'action du noir animal comme engrais est encore enveloppée d'une certaine obscurité relativement à la pratique agricole, aussi bien que sous le rapport de la théorie, car cette substance développe une très-grande énergie dans certains terrains et dans certaines circonstances, tandis que son effet est à peu près nul dans d'autres, sans qu'on puisse bien indiquer les causes de cette différence. Ce qui paraît le mieux établi jusqu'ici par les faits de la pratique, c'est que c'est aux sols nouvellement défrichés, et surtout aux terres précédemment en landes ou bruyères, que le noir animal s'applique avec le plus de succès. Dans le Centre et l'Ouest de la France, on en emploie de très-grandes quantités sur des terres nouvellement mises en culture, et cette substance est une source de fertilité pour d'immenses étendues de terrain. On la répand en poudre, ordinairement en même temps que la semence, et seulement à la dose de 6 à 12 hectolitres par hectare. On a remarqué, au reste, que non-seulement l'action de cet engrais est peu durable, mais qu'après en avoir réitéré plusieurs fois l'emploi, le sol se trouve fortement épuisé, si on ne lui a pas appliqué dans l'intervalle des engrais plus substantiels. Cette observation donne lieu de croire que le noir animal n'agit ici qu'en modifiant, soit les organes des végétaux, soit les substances organiques déjà contenues dans le sol, de manière à accroitre la puissance des plantes à tirer de la terre, pour leur nourriture, les substances qu'elles contenaient déjà. C'est donc un engrais dont ne doivent user qu'avec beaucoup de circonspection les cultivateurs qui songent à l'avenir ; et, en bonne culture, un engrais semblable ne doit guère être employé qu'à accroître la production des récoltes qui doivent servir à la nourriture des bestiaux, et qui seront ainsi la source d'une nouvelle production d'engrais.

On ne doit pas confondre le noir animal dont je viens de parler avec le noir animalisé que l'on prépare en grand près de Paris pour servir aussi d'engrais. Cette dernière substance est formée d'un mélange de vidanges de fosses d'aisance avec des matières terreuses calcinées. Le noir animal lui-même est depuis quelque temps l'objet de beaucoup de sophistications qui en ont restreint l'emploi, parce que les cultivateurs ne peuvent plus être assurés de s'en procurer de pur.

§ 7. *Des débris des animaux morts par accident ou abattus.*

La chair et les diverses parties du corps des animaux qui meurent par accident ou qui sont abattus pour diverses causes pourraient, sans aucun doute, présenter dans mainte circonstance des ressources fort importantes pour la fertilisation des terres ; mais on ne peut se dissimuler que l'emploi de ces substances est accompagné de beaucoup de difficultés dans la pratique. On pourrait évidemment former de très-riches composts en mélangeant les chairs des animaux avec trois ou quatre fois leur volume de terre, et en y ajoutant de la chaux vive, si l'on voulait hâter la décomposition ; mais il faut pour cela dépecer le corps des animaux, détacher les chairs des os, et les diviser en fragments assez petits, afin que le mélange soit complet et que toutes les parties de la terre puissent s'imprégner des produits de la décomposition des substances animales. Ces opérations sont pénibles, et c'est par ce motif qu'on les pratique rarement. D'ailleurs, il faudrait encore couvrir ces composts d'une grande épaisseur de terre, afin de mettre les chairs à l'abri des recherches des chiens et des autres animaux carnassiers. Si l'on se contente de couvrir de terre les corps entiers des animaux, ou de les enfouir, on ne peut recueillir ensuite qu'une trop petite quantité de sucs fertilisants, pour que l'opération soit profitable. Il est vraisemblable qu'un des moyens les plus économiques et les plus efficaces d'employer comme engrais les corps des animaux morts, consiste à les placer dans des réservoirs d'eau destinée à l'irrigation. Cette eau se charge ainsi des substances qui proviennent de la décomposition des chairs, et deviennent elles-mêmes un puissant engrais, qui n'exige aucune dépense de manipulation et de conduite, puisqu'il est charrié sur toute la surface des prairies par l'eau même de l'irrigation. On ne retire les corps du réservoir que lorsqu'ils sont réduits à l'état de squelette. On comprend bien, au reste, que ce moyen ne peut être employé que dans le cas où les réservoirs sont fort éloignés des habitations, et même des lieux fréquentés.

Sur les bords de la mer, et aussi près des grands fleuves, on peut quelquefois se procurer en grande masse des poissons morts, avec lesquels on compose un riche engrais, si on en forme des composts avec de la terre, comme je l'ai dit pour la chair des animaux terrestres. On peut employer par le même procédé les débris des boucheries, composés des intestins et d'autres parties des animaux.

§ 8. *Des résidus des fabriques de colle forte et des tanneries.*

Les fabriques de colle forte fournissent en grande masse des *résidus* sous forme pâteuse et comme gélatineuse, consistant dans les portions de matières animales qui ont échappé à la dissolution dans les chaudières. C'est un engrais extrêmement puissant, mais qu'on ne peut guère employer dans son état naturel, à cause de la difficulté qu'on éprouve à diviser convenablement cette substance pour la répandre également et en petites proportions sur toute la surface du sol. Si l'on mélange cette substance avec trois ou quatre fois son volume de terre, on forme un compost très-riche. Il s'échauffe promptement, et on doit en imprégner d'eau la masse, lorsqu'on reconnaît qu'elle tend à se dessécher, ou lorsque la chaleur devient trop forte. Lorsque la décomposition est terminée, toute la terre est dotée de sucs fertilisants, et forme un riche engrais que l'on peut appliquer à toute espèce de récolte, en quantité à peu près égale à celle du fumier qu'on y emploierait.

Les raclures des cuirs et des peaux, dans les tanneries, sont formées de débris de peau et de chair, ainsi que de poils des animaux ; et ces débris sont souvent mêlés à la chaux que l'on emploie dans les procédés de préparation. Ces substances offrent un engrais très-actif, et peuvent s'appliquer comme je viens de le dire pour les résidus des fabriques de colle forte.

§ 9. *Des boues des villes.*

Les *boues des villes* sont composées, pour une grande proportion, des débris de substances alimentaires animales ou végétales que l'on jette hors des maisons sous forme d'immondices. Les propriétés de ces boues comme engrais varient considérablement selon la diversité des habitudes alimentaires de la population, selon les dispositions des rè-

glements de police qui permettent ou interdisent d'y mêler certaines substances, selon la nature du pavé des rues
et les habitules de propreté que l'on y observe. Dans la
même ville, on établit souvent une différence de valeur
considérable entre les boues recueillies dans divers quar-
tiers. Mais, en général, les boues de ville forment un excellent engrais, que ne doivent pas négliger les cultivateurs
à portée de s'en procurer. On doit les mettre en tas à
mesure qu'on les recueille, et les laisser dans cet état
pendant six mois au moins, afin que les substances organiques qui s'y rencontrent se décomposent complétement, et
que toute la masse s'imprègne de principes fertilisants.
Cela forme un compost très-riche que l'on emploie principalement en couverture.

§ 10. *De l'engrais produit par les plantes qui ont végété
sur le sol même.*

Les engrais dont je viens de parler sont formés par le
règne animal; il me reste à indiquer quelques substances
végétales que l'on doit classer aussi parmi les engrais. Au
premier rang de celles-ci, il faut placer les *plantes qui
ont végété sur le sol même*, et dont les débris enrichissent le terrain, lorsqu'on ne consacre pas les plantes
entières à accroître la fertilité du sol. Les racines, et les
parties inférieures des tiges des céréales et des autres
plantes qui se coupent à la faulx ou à la faucille, restituent
au sol, en s'y décomposant, une portion des principes qui

ont servi à l'alimentation des végétaux. Cette portion est assez faible en général, lorsque les plantes ont amené leurs graines à maturité avant la récolte, parce que les sucs nutritifs des végétaux se portant vers les parties de la fructification, à l'époque de la maturation des semences, pour se concentrer dans la substance de ces dernières, les autres parties du végétal restent fort épuisées. C'est pour ce motif que le sol gagne beaucoup plus à l'enfouissement des racines et des parties inférieures des tiges, lorsque les plantes ont été coupées vers l'époque de la floraison, c'est-à-dire lorsque les forces de la végétation n'ont pas encore accumulé une grande portion des principes nutritifs du végétal dans les parties de la fructification.

Les plantes basses qui forment souvent une espèce de gazon dans les céréales mal cultivées, rendent aussi au sol, tant par leurs racines que par leurs tiges, dont une grande partie échappent à la faucille, une certaine quantité de principes nutritifs. C'est pour cela que, dans un mauvais système de culture, la terre peut souvent produire indéfiniment de chétives récoltes, au moins une tous les deux ans, presque sans qu'on lui rende aucun engrais. Les mauvaises herbes sont véritablement alors la principale source de production de fertilité dans le sol. Les récoltes, à la vérité, ne paient souvent pas les frais qu'elles occasionnent, parce qu'elles doivent constamment partager avec les plantes nuisibles un sol épuisé; mais enfin la production peut se perpétuer ainsi pendant fort longtemps, sans que le sol tire rien du dehors; tandis que si l'on tenait constamment propres les récoltes cultivées sur un tel terrain, sans lui rendre d'engrais, la stérilité deviendrait complète après un petit nombre d'années.

Dans les prés dont le produit se fauche avant la maturité des semences, du moins pour la plupart des plantes qui le composent, et où un grand nombre de feuilles tombent et pourrissent chaque année sur le sol, le terrain s'enrichit généralement plutôt qu'il ne s'appauvrit; en sorte qu'un sol qui a été longtemps en prés acquiert ordinairement une haute fertilité. Il en est de même des pâturages, dont l'herbe est broutée par les bestiaux, ainsi que des forêts, pourvu qu'on n'enlève pas les feuilles qui tombent chaque année sur le sol. Toutefois, l'humus fourni par ces feuilles présente souvent des caractères particuliers, dont je ne dois pas m'occuper ici. C'est par le même principe que l'on explique l'accroissement de fertilité que procurent au sol les prairies artificielles fauchées avant la maturité de leurs semences. Dans tous les cas, il faut peut-être compter pour plus qu'on ne le croit généralement l'immense quantité d'insectes qui se multiplient dans le sol lorsqu'il n'est pas cultivé, ou qui vivent à sa surface, sous l'abri d'un épais ombrage, et dont les générations, périssant successivement, enrichissent la terre de leurs débris.

On accroit encore bien plus la fertilité du sol, lorsqu'on sacrifie les végétaux entiers pour les enfouir dans le terrain où ils ont végété : c'est ce qu'on fait dans la pratique des *engrais verts*. Beaucoup de plantes ont été préconisées pour cet usage, mais il faut dire que l'on sait encore fort peu de choses sur le mérite relatif de la plupart d'entre elles. Il est clair que ce mérite doit dépendre de la pro-

priété que peut posséder chaque espèce de plante, de
tirer du sol et de l'atmosphère des proportions diverses de
sa nourriture. Celle qui se nourrit plus dans l'air que
dans la terre doit évidemment rendre plus qu'une autre à
cette dernière, toutes les autres circonstances étant d'ailleurs égales ; mais les connaissances que nous possédons
relativement à la nutrition des végétaux sont encore très-
peu étendues, et nous ne savons guère dans quelle proportion chaque espèce puise ses aliments, soit dans le
sol, soit dans l'atmosphère. La pratique agricole nous a
néanmoins fourni quelques résultats certains : parmi ces
faits, on doit compter la prééminence du lupin blanc
sur les plantes les plus propres à servir d'engrais. Cette
plante a été employée à cet usage dans les temps reculés,
et l'expérience confirme chaque jour l'éminente propriété
qu'elle possède de fertiliser le sol dans lequel on l'enfouit
à l'époque de sa floraison, et lorsqu'elle a atteint presque
tout son développement Le lupin blanc ne convient au reste
qu'aux pays méridionaux : dans nos départements du Nord,
il végète bien lorsqu'on le sème au printemps, s'élève
beaucoup et peut produire tout son effet comme engraissement ; mais les semences arrivent rarement à maturité,
en sorte qu'il faudrait tirer chaque année des graines
du Midi. La plante est d'ailleurs trop sensible au froid pour
qu'on puisse la semer avant l'hiver, afin d'avancer l'époque
de la maturation des semences.

Dans nos climats, c'est le sarrasin que l'on cultive le
plus communément pour l'enfouir comme engrais : le motif de cette préférence est vraisemblablement la faculté que

possède cette plante de prendre un développement satisfaisant dans les sols pauvres. C'est une des conditions les plus importantes ici ; et c'est cette propriété, qui distingue éminemment le lupin, qui lui a fait accorder la préférence dans les pays du Midi. En effet, on le voit produire des récoltes touffues et hautes de près d'un mètre, dans les terrains fort maigres. Le sarrasin n'atteint néanmoins à la même hauteur que dans des sols qui possèdent déjà une certaine proportion d'humus ; cependant, à l'aide d'une saison favorable, il peut encore parvenir à la hauteur de 40 à 50 centimètres dans des terrains extrêmement pauvres, et y produire un engrais qui n'est nullement à dédaigner.

La spergule est aussi quelquefois cultivée comme engrais vert, et elle partage avec le sarrasin la propriété de croître dans les sols sablonneux très-maigres. Cette plante n'atteint pas une grande hauteur, mais elle parait être éminemment fertilisante sous un petit volume. Comme sa croissance est très-rapide, de même que celle du sarrasin, on peut souvent les enfouir sans perdre la récolte principale de l'année. Ainsi, après une récolte de seigle, on peut fort bien semer du sarrasin ou de la spergule, pourvu que le sol soit suffisamment meuble, et l'on enterrera ces plantes en automne. On peut aussi enfouir successivement deux récoltes et quelquefois trois dans la même année, ou bien semer en mars de la spergule qu'on enfouira en mai, et il restera encore assez de temps pour semer et enfouir deux récoltes de sarrasin. Le terrain traité ainsi acquerra vraisemblablement autant de fertilité que s'il avait reçu une bonne fumure. En indiquant ici ces deux plantes, je n'ai l'intention d'en exclure aucune· autre : toutes celles qui peuvent prendre un assez grand développement sur le terrain auquel on a à faire, et dans l'état de fertilité où il se trouve, peuvent très-bien y être cultivées pour y être enfouies comme engrais.

C'est presque toujours aux terrains légers et naturellement meubles que l'on applique les récoltes enfouies comme engrais. Ce n'est pas que les engrais de cette nature ne puissent produire des effets aussi satisfaisants dans les sols argileux, mais la dépense des labours préparatoires entrant pour beaucoup dans les frais qu'entraine l'emploi des engrais verts, on comprend que cette dépense serait beaucoup plus forte dans les sols argileux : il faudrait d'ailleurs beaucoup plus de temps pour les préparer à recevoir la semence. Tels sont les motifs qui ont généralement limité aux sols légers l'emploi des engrais verts.

Lorsque les plantes que l'on veut enfouir ne sont pas très-élevées, le labour peut s'exécuter sans aucune précaution particulière, et la récolte s'enterre facilement, pourvu qu'on emploie une charrue qui détache et renverse bien la bande de terre. Mais lorsque les plantes ont 2 ou 3 pieds, et sont très-touffues, ces opérations exigent quelque habitude. Quelquefois on fait passer sur les plantes un rouleau avec une herse renversée, afin de les coucher dans le même sens que doit suivre la charrue sur les deux côtés du billon; mais il suffit communément de disposer sur la charrue un corps quelconque qui couche les plantes un peu en avant du point où le versoir commence son action.

Avec les charrues à avant-train, on place un morceau de bois qui traîne sur terre au-dessous de l'essieu. Avec les charrues simples, on se sert d'un billot de bois de 50 cent. (18 pouces) de longueur, et plus ou moins pesant, selon la résistance que doit offrir la récolte, et l'on fixe ce billot par une de ses extrémités, à l'aide d'un lien de cordeau très-court, à l'âge de la charrue, près du point où est fixé le coutre. Le billot traîne ainsi sur la terre à côté et un peu en avant du versoir, et couche les plantes à l'instant le plus favorable pour qu'elles soient saisies par la bande de terre qu'on retourne. On peut aussi remplacer le billot par une poignée des plantes mêmes du champ, qu'on lie en forme de balai, et que l'on fixe comme je viens de l'expliquer pour le billot. Enfin, si les plantes sont trop grandes ou trop fortes pour qu'on puisse les enfouir correctement par les moyens que je viens d'indiquer, on les fait préalablement faucher, et des femmes les distribuent ensuite à la main dans les raies ouvertes par la charrue.

§ 11. *Des diverses parties de végétaux recueillies pour servir d'engrais.*

Outre les plantes qui ont végété sur le sol même qu'elles doivent enrichir de l'humus provenant de leurs décompositions, on peut utiliser aussi comme engrais tous les *végétaux* ou les *parties de végétaux* que l'on peut se procurer, et qu'on amoncèle ordinairement en les mélangeant entre elles, ou qu'on mélange avec les fumiers. Cette ressource est toutefois de peu d'importance dans les cas ordinaires, car il faut une bien grande masse de végétaux herbacés ou autres pour produire une petite quantité d'humus. On doit aussi, dans ce cas, mettre le plus grand soin à éviter d'employer ainsi des végétaux portant leurs semences arrivées à maturité, ou dans un état voisin de ce point ; autrement on risquerait d'infester la terre d'une multitude de graines de plantes nuisibles. Les débris de végétaux se trouvent quelquefois mélangés naturellement avec la terre, par exemple dans les curures de beaucoup de fossés ou de mares : si leur décomposition n'est pas complète, il suffit de mettre en tas pendant quelque temps les terres qui en contiennent, pour produire un engrais précieux. Il en est de même des gazons que l'on obtient par un moyen quelconque, ainsi que du chiendent et des autres racines traçantes extraites des terres arables. Ces racines étant communément mêlées d'une certaine quantité de terre, l'usage le plus profitable qu'on puisse en tirer est d'en former des tas ou couches de 4 à 5 pieds de hauteur, en choisissant pour les déposer un lieu gazonné et un peu éloigné des terres cultivées où ces plantes pourraient se propager. Lorsque ces tas sont bien retroussés et placés sur un sol durci, les racines ne peuvent y pénétrer et périssent bientôt. Au bout d'une année, la masse forme un terrain très-fertilisant. Cette pratique vaut bien mieux que celle de broyer le chiendent comme on le fait souvent.

§ 12. *De la tourbe.*

La *tourbe* est un composé de débris de végétaux qui varie beaucoup selon les tourbières dont on l'extrait, mais les substances organiques y sont toujours dans un état particulier qui s'oppose à leur décomposition immédiate, en sorte qu'il faut employer certains procédés pour les rendre propres à servir d'engrais. La tourbe peut produire un engrais d'autant plus riche qu'elle est moins terreuse, c'est-à-dire qu'elle laisse moins de résidu lorsqu'on la brûle, mais elle peut contenir aussi des substances minérales, qui, quoiqu'en assez petite quantité, nuiraient beaucoup à son action comme engrais si elles n'étaient pas préalablement décomposées. Ordinairement, il suffit d'amonceler la tourbe pendant longtemps hors du lieu où elle s'est produite, pour faire disparaître les principes qui s'opposaient à sa décomposition : la tourbe qui se réduit en poussière, par l'effet de la décomposition qu'elle éprouve ainsi par son exposition à l'air pendant quelques années, peut très-bien être employée comme engrais dans cet état. Cet effet se produit plus ou moins promptement, selon la nature de la tourbe.

On peut accélérer beaucoup cette décomposition en mélangeant la tourbe, soit avec des fumiers, soit avec de la chaux. Lorsqu'on forme ainsi un compost de tourbe avec du fumier, on doit mélanger les deux substances le plus intimement qu'il est possible, en les stratifiant par couches alternatives, et en les divisant avec soin. Afin que la masse s'échauffe par la fermentation, on la tient dans un état modéré d'humidité au moyen d'arrosements, si cela est nécessaire, et il convient souvent de brasser le mélange en le changeant de place, après quelque temps de séjour. En introduisant ainsi de l'air dans le mélange, on accélère la fermentation, et l'engrais est plus tôt prêt à être employé.

Quant à la proportion dans laquelle on peut mélanger la tourbe et le fumier, tout ce qu'on peut dire à cet égard, c'est que ce dernier doit être en assez grande quantité pour que la masse s'échauffe, circonstance qui accélère beaucoup la décomposition. Selon la nature de la tourbe et du fumier, et aussi selon le soin que l'on mettra à opérer le mélange, le fumier pourra déterminer la fermentation dans deux, trois ou quatre fois son volume de tourbe. Les composts de tourbe qu'on obtient ainsi ne sont pas aussi fertilisants que le seraient les fumiers purs, à volume égal; cependant, dans les exploitations où l'on a des tourbières à proximité, on peut accroître beaucoup par ce moyen la masse d'engrais qu'offrent les fumiers.

On peut employer la chaux au lieu du fumier pour hâter la décomposition de la tourbe. A cet effet, on réduit en poudre la chaux vive par l'addition d'une petite quantité d'eau, et on la mélange dans cet état avec la tourbe le plus intimement qu'il est possible. Il faut, au reste, pour que cette pratique soit économique, qu'on puisse obtenir la chaux à bien bas prix, ou que la tourbe dont on peut disposer soit de nature à pouvoir être décomposée par l'addition d'une très-petite quantité de chaux. En effet, on ne peut guère évaluer à moins de 60 à 80 voitures de tourbe décomposée la quantité qui sera nécessaire pour remplacer, sur un hectare de terre, la moitié ou le tiers de la même quantité de fumier; mais si l'on avait mêlé à cette tourbe seulement le dixième de son volume de chaux pour en obtenir la décomposition, la dépense serait beaucoup trop forte, si ce n'est peut-être dans quelques terrains où la chaux agirait elle-même comme amendement durable, ainsi que je le dirai en parlant de cette substance.

Il est, au reste, beaucoup d'espèces de tourbe dont on pourrait hâter la décomposition par le mélange d'une proportion de chaux, même moins considérable que celle que je viens d'indiquer. Ici, comme pour le compost de tourbe et de fumier, il est indispensable, pour la promptitude de l'effet, qu'on ait soin de tenir la masse modérément humide, en l'arrosant lorsque cela est nécessaire : on peut accélérer de même la décomposition en brassant avec soin le mélange par un déplacement complet du tas, lorsqu'on reconnaît que ce dernier s'est fortement tassé par le repos.

§ 13. *Des tourteaux de graines oléagineuses.*

Les *tourteaux* sont le marc exprimé des graines dont on a extrait l'huile. On emploie généralement comme engrais ceux de ces tourteaux que l'on n'applique pas à la nourriture du bétail : ce sont les tourteaux de colza ou de navette que l'on affecte le plus communément à cet usage, quoiqu'ils puissent aussi être employés à la nourriture des bestiaux. Ceux de lin, de noix ou de pavots sont trop précieux pour ce dernier usage pour qu'on les emploie comme engrais, mais ceux de caméline, que le bétail ne mange pas, ne peuvent servir que pour engrais. On y destine généralement aussi ceux de chènevis, qui ne forment pas une très-bonne nourriture pour le bétail. Ceux de faines sont aussi plus fréquemment employés comme engrais que comme nourriture des bestiaux, quoique ces derniers s'en accommodent fort bien lorsqu'ils y sont accoutumés; toutefois, pour ces deux usages, il faut les employer en quantité double en poids, à cause de la grande proportion des enveloppes des graines qu'ils contiennent.

Les tourteaux qu'on veut employer comme engrais sont d'abord écrasés grossièrement par un moyen quelconque; on les répand ensuite à la main, comme on le fait pour les graines que l'on sème. Lorsqu'on les répand avant l'hiver sur les blés ou les colzas en végétation, il n'est pas nécessaire que les tourteaux soient réduits complétement en poudre : des morceaux gros comme des noisettes, ou un peu plus, ont alors un temps suffisant pour se décomposer et pour développer leur action fertilisante. Mais lorsqu'on ne les répand qu'au printemps sur des plantes semées à l'automne ou sur des récoltes qui commencent seulement à lever, la pulvérisation doit être plus complète, parce que l'action doit se développer plus promptement.

La quantité de tourteaux de colza que l'on emploie communément varie de 1,000 à 2,000 kilog. par hectare, et l'effet de cet engrais est si énergique, que les cultivateurs flamands en consomment de très-grandes quantités pour cet usage, quoique le prix des tourteaux soit rarement au-dessous de 8 à 10 fr. les 100 kilog. Souvent aussi ils délayent les tourteaux dans les engrais liquides, afin d'augmenter l'énergie de ces derniers, et ils laissent le tout fermenter ensemble.

Le tourteau de colza réduit en poudre possède la propriété de détruire la faculté germinative de beaucoup de semences, lorsqu'on le met en contact immédiat avec ces dernières au moment de la semaille. J'ai constaté ce fait par des expériences multipliées. C'est surtout dans les semailles en ligne qu'on peut reconnaitre cette propriété délétère de la poussière des tourteaux, lorsqu'on répand cette dernière, même en assez petite quantité, dans les lignes en même temps que la semence. M. Vilmorin a publié quelques faits analogues qu'il a observés. Il est vraisemblable que c'est à la matière àcre contenue dans l'enveloppe des grains de colza et de navette, qu'est dû cet effet. On doit donc éviter d'employer ainsi des tourteaux : il vaut mieux ne les répandre que sur les récoltes déjà en végétation. Leur effet utile est alors très-prompt; et s'il survient une pluie après qu'ils ont été répandus, cette action se fait souvent remarquer au bout de huit ou dix jours, par la couleur d'un vert foncé que prennent les plantes auxquelles on a appliqué cet engrais. Cet effet se maintient bien pendant toute la végétation, et la récolte en grains en est accrue autant que la vigueur des parties vertes du végétal.

§ 14. *Des touraillons de brasseries.*

On donne ce nom aux germes ou radicules que les brasseurs séparent de l'orge après avoir fait sécher cette dernière sur la touraille. On en recueille de très-grandes quantités dans les pays où l'on fabrique beaucoup de bière : cette matière forme un engrais très-puissant sous un petit volume, puisqu'on n'en emploie guère par hectare que 25 à 50 sacs du poids de 35 kilog. environ chacun. C'est sur les prés qu'on répand le plus communément cet engrais, au commencement du printemps, mais il produit aussi d'excellents effets sur les céréales et sur toute espèce de récolte. Sur les plantes hivernales, c'est de très-bonne heure au printemps qu'on doit répandre les touraillons, c'est-à-dire aussitôt que la terre est dégelée. Pour les graines qui se sèment au printemps, on répand l'engrais en même temps que la semence ; et l'effet en est très-prompt, pourvu que la saison ne soit pas trop sèche.

Les touraillons se pelotonnant fortement ensemble, il est nécessaire de mettre beaucoup d'attention et de temps pour les répandre avec égalité sur la surface du sol. On choisit pour cela un temps calme, parce que le vent les emporterait au loin. L'ouvrier les répand à la main, de même qu'il ferait en semant des grains ; mais l'opération est beaucoup plus difficile, à cause de l'adhérence de la matière elle-même.

§ 15. *De la suie.*

C'est encore parmi les engrais d'origine organique que
l'on doit ranger la *suie* même celle qui provient de la
combustion à la houille, car cette dernière substance est
elle-même évidemment formée de corps organiques dans
un certain état de décomposition. La suie est formée de
parties très-légères de carbone qui ont échappé à la combustion, et de quelques autres produits qui se sont volati-
lisés par l'action du feu. Elle contient un acide qui serait
vraisemblablement nuisible à la végétation, si elle était
appliquée en proportion trop grande, et si elle ne se dé-
composait promptement lorsqu'elle est mise en contact
avec l'air par son mélange avec la terre. Du reste, la suie
se compose des mêmes principes que les végétaux.

Réduite en poudre, la suie offre un engrais très-énergique, et dont l'action est très-prompte. Douze à quinze
sacs de 1 hectolitre 1/2 chacun suffisent pour produire un
effet très-sensible sur un hectare de terre. On peut l'employer sur les prés ou sur les autres récoltes en végétation, toujours au printemps, c'est-à-dire à l'époque même
où l'on a besoin que son effet se produise. On doit choisir
un temps calme et humide, afin que la suie ne so t pas entraînée par le vent. Si le temps est sec, il sera bon de
la mélanger immédiatement à la surface du sol par un
hersage.

§ 16. *De l'écobuage.*

L'action produite par l'*écobuage* est bien celle d'un véritable engrais, quoique l'on n'ajoute rien au sol par ce procédé. C'est un moyen d'opérer sur les matières déjà contenues dans le sol une transmutation qui les rend plus propres à servir d'aliment aux végétaux. Écobuer un terrain, c'est en écroûter à 1 ou 2 pouces de profondeur la surface couverte d'un gazon suffisamment épais, et faire brûler ces gazons dans de certaines circonstances, après qu'ils ont été desséchés à l'air. On répand ensuite sur le terrain ce qu'on nomme les cendres des gazons, c'est-à-dire la terre qui les formait, mélangée à quelques-uns des produits de la combustion.

C'est au printemps que l'on commence communément les travaux de l'écobuage : on écroûte le terrain, soit à l'aide d'un instrument à main nommé *écobue*, soit au moyen d'une charrue à avant-train munie d'un soc large et tranchant. On divise les gazons en plaques carrées, égales en surface, autant qu'il est possible, et l'on dresse ces plaques les unes contre les autres, de manière que l'air circule entre elles, afin qu'elles se dessèchent plus promptement. Lorsque la dessiccation est assez avancée, on construit sur le terrain, avec ces plaques, des fourneaux ronds ou carrés, plus ou moins gros, dont le centre reste creux, avec une issue au dehors tournée du côté d'où vient le vent, et l'on y introduit un peu de fagotage ou d'autre combustible. Lorsqu'un assez grand nombre de fourneaux sont terminés, on allume le combustible qu'on y a placé, on bouche l'ouverture avec des gazons, et l'on surveille sans cesse la combustion, car il importe que le feu ne se fasse pas jour au dehors des fourneaux, mais que ces derniers brûlent d'un feu étouffé. A cet effet, on ajoute des gazons à l'extérieur des fourneaux, dans toutes les parties où l'on voit que le feu tend à se faire jour, et on laisse ainsi les gazons qui forment les fourneaux se consumer lentement et sans flamme. C'est avec des fourneaux un peu gros que l'on peut le mieux remplir ces conditions : on en construit quelquefois qui contiennent 15 à 20 voitures de gazons ; mais plus communément on fait les fourneaux petits, afin d'éviter de transporter les gazons au loin, et l'on distribue ces fourneaux sur la surface du terrain, à la distance de 3 à 4 mètres les uns des autres. La combustion dure plusieurs jours, pendant lesquels il faut la surveiller constamment, ainsi que je viens de le dire. Lorsque l'opération est terminée, on laisse les fourneaux se refroidir complétement, on répand avec égalité la masse qui les compose sur toute la surface du terrain, et on l'enfouit immédiatement par un labour. Si l'opération a été bien conduite, la terre qui formait les fourneaux reste grise ou noirâtre, par le mélange des substances charbonneuses produites par la combustion. Si la terre avait pris une couleur rouge, on reconnaîtrait que la chaleur a été beaucoup trop forte, et l'opération serait complétement défectueuse, car il faut que les matières organiques contenues dans les gazons soient converties en charbon, et non réduites en cendres.

On emploie l'écobuage soit comme moyen de défrichement sur des terrains jusqu'alors incultes, soit comme moyen périodique d'amélioration sur des sols en cours de culture. Dans le premier cas, il arrive souvent que la surface du terrain n'est pas couverte d'un gazon assez épais pour qu'on puisse le brûler par le procédé que je viens de décrire. Alors, après avoir écroûté le terrain, on déchire le gazon par des hersages répétés, on amasse les plantes et les racines séparées d'une portion de la terre qui y était adhérente, et on les fait brûler pour en répandre les cendres sur le terrain. Quant aux terres déjà en culture, on les soumet à l'écobuage à l'époque où on les rompt, après qu'elles sont restées pendant un espace de temps plus ou moins long à l'état de pâturage ou de prairies artificielles, principalement en sainfoin. L'opération exige que le terrain soit pénétré à sa surface par un grand nombre de racines des plantes de la prairie, de manière qu'on puisse en former des gazons susceptibles de se consumer après leur dessiccation, par l'addition d'une petite quantité de combustible. Les terrains, selon leur nature, exigent un espace de temps plus ou moins long pour se gazonner ainsi, et par conséquent pour pouvoir être soumis à l'écobuage.

Cette opération convient, dans certaines circonstances, à presque toutes les espèces de sols, car il n'y a que les terrains sablonneux que l'on doit éviter de soumettre à l'écobuage, parce qu'on diminuerait encore ainsi leur consistance et aussi parce qu'ils perdraient, dans un temps très-court, les principes de fertilité qu'ils auraient acquis par ce moyen. Les argiles froides éprouvent souvent une étonnante amélioration par l'effet de ce procédé : il en est de même des sols crayeux, surtout lorsqu'ils ont été pendant quelques années en prairies de sainfoin. Dans beaucoup de sols de landes, lorsqu'ils ne sont pas trop sablonneux, l'écobuage produit souvent de merveilléux effets comme moyen de défrichement. J'en dirai autant des terrains tourbeux, ainsi que des sols bas formés de marais récemment desséchés. Dans ces deux cas, ainsi que pour beaucoup de sols de landes, les débris de matières organiques existant en très-grande proportion dans le sol, la perte d'une partie de ces matières, qui résulte nécessairement de l'écobuage, est une circonstance de très-peu d'importance; et les produits de la combustion modifient l'humus qui reste dans le sol de la manière la plus favorable pour la végétation. Dans ces divers cas, on ajoute quelquefois encore de la chaux, que l'on répand en même temps que les cendres de l'écobuage : ce moyen réussit surtout dans les sols qui contiennent une grande abondance d'humus dans un état peu favorable à la végétation.

Quelques personnes ont vivement critiqué la pratique de l'écobuage comme détruisant une partie de l'humus contenu dans la terre, ou des débris de végétaux qui seraient convertis en humus. Il est certain que partout où cet humus est dans un état favorable à la végétation, c'est-à-dire toutes les fois qu'on peut obtenir des récoltes satisfaisantes par de simples labours, il est au moins fort douteux que la pratique de l'écobuage soit utile, car elle entraine toujours la perte d'une partie assez importante d'humus ou de débris de végétaux : un sol de cette espèce conservera plus longtemps sa fertilité si on le soumet à cette culture par des labours préparatoires que si on l'écobue. Mais il arrive très-souvent que le terrain, quoique contenant une assez grande quantité d'humus, ne donne que de chétives récoltes, si l'on ne modifie pas cet humus par des moyens particuliers, comme l'application du fumier, de la chaux ou de l'écobuage ; et ce dernier moyen est souvent le plus économique et le plus efficace. Le feu produit d'ailleurs sur le sol un genre d'action qui nous est encore inconnu, mais dont les effets sont très-sensibles : ainsi, sur une pièce de terre qui a été soumise à l'écobuage, non-seulement on a soin d'enlever toutes les cendres à la place où ont été formés les fourneaux, mais on y gratte encore la surface du sol, pour en répandre la terre au loin ; et, malgré cette opération, les places se distinguent encore pendant longtemps par une fertilité supérieure à celle de tout le reste du terrain. Outre les effets dont je viens de parler, l'écobuage produit aussi d'autres résultats utiles. Il opère la destruction non-seulement des plantes spontanées qui occupaient le terrain, mais aussi de leur semence tombée sur le sol, ainsi que des larves et des œufs de tous les insectes qui se multiplient dans les terrains couverts de gazons et qui nuiraient aux récoltes suivantes ; aussi aucun terrain ne se maintient plus net de mauvaises herbes pendant plusieurs années, que celui qui a été soumis à l'écobuage.

Quant à la théorie de cette opération, elle n'est pas complétement claire dans l'état actuel de nos connaissances ; cependant il est vraisemblable qu'au moment de la combustion de l'humus contenu dans le sol et des radicules des plantes qui pénètrent dans toutes ses parties, les produits gazeux de cette combustion se trouvant en contact, à l'état naissant, avec les molécules de terre, ces dernières absorbent une portion de ces produits en se combinant avec eux. Ainsi, tandis qu'une portion de ces produits gazeux de la combustion s'évapore dans l'atmosphère, une autre partie reste unie au sol : les principes qui composent ces produits se trouvent alors dans une position bien plus favorable pour servir d'aliment à la végétation, que lorsqu'ils étaient unis dans d'autres combinaisons, avant l'opération de l'écobuage. D'un autre côté, une partie des produits de la combustion se compose d'ammoniaque ou alcali volatil, et comme les sels végétaux qui existaient dans les plantes et dans leurs débris laissent aussi après la combustion un résidu alcalin, les portions du sol qui ont été écobuées sont très-propres à corriger les propriétés acides que peut encore contenir le sol inférieur. On comprend très-bien que ces divers effets modifient profondément les propriétés antérieures de l'humus contenu dans le terrain; et l'expérience montre que cette modification est en général très-favorable à la fertilité de la terre, quoiqu'il y ait certainement eu déperdition d'une portion de l'humus dans l'opération.

Les bons ou les mauvais effets qui résultent en général de l'écobuage dépendent, au reste, beaucoup du mode de culture auquel on soumet le terrain après cette opération. Il est certain que la fertilité d'un terrain écobué peut se dissiper d'autant plus promptement que le cultivateur acquiert la faculté d'en tirer immédiatement de plus riches récoltes; et si, abusant de cette faculté, il ne songe qu'à tirer du terrain tous les produits qu'il peut lui fournir jusqu'à épuisement, l'écobuage aura peut-être été une opération désastreuse, puisqu'elle laissera le terrain beaucoup plus appauvri qu'il n'aurait pu l'être par aucun autre procédé : c'est parce que les cultivateurs ont presque toujours agi ainsi, que beaucoup de personnes éclairées ont été amenées à proscrire cette pratique. Dans l'assolement que l'on applique à un terrain écobué, on doit au contraire avoir pour but de ménager sa fertilité avec plus de soin encore que pour toute autre espèce de sol, et l'on ne doit pas tarder à lui rendre par des engrais les principes nutritifs que lui enlèvent les récoltes qu'il fournit. Il est impossible à cet égard de donner une règle qui puisse s'appliquer à tous les cas. Il est tel terrain écobué, maigre par sa nature, qui ne pourra fournir qu'une bonne récolte de céréales : si on lui en demande une seconde sans lui appliquer le fumier produit par les pailles de la première récolte, on l'épuisera sans remède, car les fumiers appliqués plus tard ne produiront jamais autant d'effet qu'à l'époque où le sol contient encore au moins une partie des substances produites par l'écobuage. D'autres terrains riches en humus pourront supporter après l'écobuage deux ou peut-être trois récoltes, sans donner de signes d'épuisement; mais on ne doit jamais attendre que cet épuisement se manifeste pour rendre de l'engrais au sol.

Les pommes de terre et les navets réussissent ordinai-

rement très-bien après l'écobuage. On pourra donc consacrer à une culture de pommes de terre les terrains qui
ont été écobués en mars ou avril, et aux navets ceux où
l'opération aura été terminée dans les mois de mai ou de
juin. Ceux qui seront écobués ensuite pourront être consacrés soit à des colzas, qui prospèrent d'une manière particulière dans cette circonstance, soit à un ensemencement
de froment ou de seigle, selon la nature du sol. Si la première récolte est une céréale sur un sol naturellement
pauvre, et qu'on n'ait pas l'intention de lui consacrer du
fumier pour l'année suivante, on ne doit pas manquer de
semer, dans cette céréale même, une prairie artificielle
destinée à servir de pâturage et qui profitera encore ainsi
de la fertilité produite par l'écobuage. Ce pâturage sera
beaucoup meilleur que celui que pouvait donner le terrain
auparavant : après quelques années, on pourra le rompre pour en soumettre l'emplacement à de nouvelles cultures avec application d'engrais. Dans les sols les plus
riches, on pourra retarder d'une année ou deux l'ensemencement de la prairie artificielle à pâturer ou à faucher,
mais on ne doit jamais attendre pour cela que le terrain
commence à s'épuiser. Avec beaucoup d'attention à observer cette règle, et en appliquant des fumiers à propos, on
conservera indéfiniment au terrain le degré de fertilité
qu'il avait acquis par l'écobuage, : à l'aide de ces précautions, l'écobuage devient une opération éminemment
utile dans un grand nombre de cas.

CHAPITRE II

DES AMENDEMENTS,

PREMIÈRE SECTION

Considérations générales

Les engrais proprement dits que nous venons de passer en revue sont tous composés de matières organiques : ce sont des débris de végétaux ou d'animaux, qui, après avoir subi certaines transmutations d'après les lois de la nature, deviennent propres à servir d'aliments aux végétaux que nous cultivons. On donne spécialement le nom d'*amendements* à des matières inorganiques qui produisent sur les récoltes un effet analogue à celui des engrais, mais par des moyens différents, c'est-à-dire soit en stimulant les organes des végétaux, soit en exerçant quelque action sur les principes constituants du sol. Quelques personnes pensent, il est vrai, que les substances que l'on emploie comme amendements agissent à la manière des engrais, c'est-à-dire qu'elles sont absorbées par les végétaux et qu'elles leur servent de nourriture. Il est bien possible qu'il en soit ainsi ; mais, sans entrer dans une discussion théorique sur ce point assez indifférent pour la pratique, on peut dire qu'il semble très-probable, d'après les faits observés, que les substances inorganiques que l'on emploie comme amendements doivent leurs principaux effets à un mode d'action différent de celui des engrais, et que si elles peuvent être absorbées par les végétaux de même que ces derniers, c'est par d'autres moyens qu'elles contribuent principalement à donner plus d'activité à la végétation.

Les seuls amendements dont j'aurai à m'occuper ici sont la chaux, la marne, le plâtre, les cendres sulfureuses, les cendres de tourbe et les cendres de bois. Beaucoup d'é-crivains ont compté au nombre des amendements diverses substances salines, et spécialement le sel marin ou le sel commun. On a même attribué quelquefois à cette dernière substance une propriété très-énergique comme amende-ment des terres; cependant, si l'on soumet à une critique rigoureuse toutes les observations qui ont été publiées sur ce point, on trouvera qu'elles ne contiennent pas un seul fait qui soit de nature à appuyer cette opinion. C'est tou-jours sur des idées théoriques que l'on a cherché à l'éta-blir : lorsqu'on a cité des faits, le sel dont on croyait avoir observé les bons résultats avait toujours été employé en mélange avec quelque engrais, et l'on n'a pas même pris la peine de rechercher si ces engrais employés seuls n'au-raient pas produit les mêmes effets. Je me suis livré à plusieurs reprises à des expériences nombreuses sur l'em-ploi du sel comme amendement, dans une grande variété de circonstances et sur un grand nombre de récoltes. Je n'en ai jamais éprouvé le moindre effet utile; et après avoir fait beaucoup de recherches sur le résultat des expériences faites par d'autres, je me crois autorisé à dire que, dans l'état actuel de nos connaissances, il n'y a pas de motif raisonnable de croire que le sel puisse être employé avec utilité à cet usage. Peut-être de nouvelles observations feront-elles reconnaître, au reste, quelques circonstances dans lesquelles cette substance pourrait réellement exercer une action utile sur la végétation ; mais, pour le présent, il est impossible de la placer au nombre des amendements.

DEUXIÈME SECTION

De la Chaux

L'emploi de la chaux à l'amendement des terres remonte à une haute antiquité, dans quelques cantons. Dans d'autres c'est à des époques postérieures, et pour quelques-uns c'est seulement de nos jours que cet usage y a été adopté. Dans plusieurs de ces derniers, l'introduction de l'emploi de la chaux a produit une révolution agricole complète, en accroissant dans une grande proportion le produit des terres, et en permettant de soumettre à la culture des sols qui n'auraient pu l'être avec profit sans l'addition de cette substance.

La chaux ne convient pas à tous les sols : ainsi, les terrains qui contiennent naturellement de la terre calcaire, même dans une faible proportion, comme un ou deux pour cent, ne gagneront certainement rien à l'application de la chaux. Il est aussi des terrains dans lesquels on ne rencontre presque pas de traces de calcaire, et dans lesquels la chaux ne produit pas d'effet sensible comme amendement : ce sont ordinairement des terrains soumis dès longtemps à la culture, et auxquels l'application successive des engrais a vraisemblablement mêlé une quantité de substance calcaire suffisante pour les besoins de la végétation, quoique l'analyse l'y découvre à peine. En effet, tous les fumiers contiennent de cette substance; et lorsqu'on considère la proportion infiniment petite de chaux que l'on ajoute à la couche de terre cultivée, par l'application très-efficace de 15 ou 20 hectolitres de chaux par hectare, on comprend qu'il est bien possible que la chaux, pourvu qu'elle se trouve dans de certaines circonstances, se rencontre dans le sol en quantité suffisante, malgré que cette quantité échappe aux procédés d'analyse que l'on emploie communément dans ce genre de recherches. Il est certain toutefois qu'il faut que la chaux se trouve dans un état particulier, comme je viens de le dire, car, à la rigueur, il n'est aucun sol cultivable qui ne renferme des substances calcaires, puisque tous les végétaux spontanés en contiennent, et que leurs débris n'ont pu manquer d'en déposer depuis longtemps à la surface de la terre dans laquelle les plantes ont végété; et cependant la chaux appliquée dans ces circonstances agit souvent avec une grande efficacité. Il est vraisemblable qu'alors la chaux se trouvait dans le sol, saturée par des acides, et qu'il y avait même un excès d'acide qui a été neutralisé par l'addition d'une nouvelle quantité de chaux libre.

Dans la pratique, on fera donc bien de s'abstenir d'appliquer de la chaux aux terrains dans lesquels le principe calcaire se rencontre dans une proportion notable. Pour les autres, s'il est question de terrains soumis depuis longtemps à la culture avec application d'engrais, quelques expériences sur de petites étendues feront reconnaître si l'emploi de la chaux est réellement utile, en favorisant le développement de la végétation. Mais si les terrains qui ne contiennent pas sensiblement de calcaire n'ont pas encore été soumis à la culture, ou si, après avoir été défrichés, ils n'ont pas reçu pendant longtemps des engrais animaux, on peut être à peu près assuré que l'application de la chaux y produira de bons effets. C'est surtout dans ces cas qu'on remarque que la chaux favorise particulièrement la végétation de certaines plantes, et surtout celles de la famille des trèfles. Ainsi, on verra ces terrains se couvrir spontanément de trèfle blanc après l'application de la chaux, tandis que cette plante ne s'y rencontrait pas auparavant; et l'on pourra obtenir de belles récoltes de trèfle commun, de terrains dans lesquels il ne pouvait prospérer avant le chaulage.

Dans certains sols argileux privés de substances calcaires, la chaux améliore d'une manière très-sensible la texture mécanique du sol, en rendant celui-ci plus meuble, moins tenace, et d'une culture plus facile; mais le mode d'action par lequel la chaux semble agir le plus généralement comme un amendement efficace, consiste dans une

certaine modification que cette matière alcaline fait éprouver à l'humus contenu dans le sol : il est vraisemblable
que cette modification résulte principalement de la satura-
tion d'un acide qui était uni à l'humus, ou dont l'humus
lui-même formait un des principes constituants. L'humus
acquiert par cette modification la propriété d'être absorbé
en plus grande quantité par les racines des plantes, et de
former pour ces dernières un aliment qui favorise mieux
leur végétation. L'effet de la chaux est donc d'accélérer la
consommation de l'humus contenu dans le sol, et c'est
pour cela qu'à l'aide de l'application réitérée de cette substance, sans addition d'engrais, on épuise complétement
les principes fertilisants d'un terrain, en même temps
qu'on en obtient des récoltes beaucoup plus considérables
qu'on n'eût pu le faire sans l'emploi de la chaux. C'est en
considérant les suites d'un abus semblable de cet amendement, qu'on a dit quelquefois que la chaux enrichit les
pères et appauvrit les enfants. Il faut donc, pour éviter un
tel inconvénient, faire alterner l'emploi de la chaux avec
l'application d'une quantité de fumier proportionnée à la
masse des récoltes que le terrain a produites. On doit
considérer la chaux comme un moyen d'obtenir des engrais de plus riches récoltes, et non pas comme un moyen
de remplacer le fumier. Le cultivateur expérimenté prend
toutefois en considération l'état du sol, relativement à
la quantité d'humus qu'il contient. Ainsi, pour certains
terrains nouvellement défrichés et qui renferment une
grande abondance d'humus, on pourra prendre plusieurs
récoltes après un chaulage sans avoir recours à l'emploi

du fumier. Cela peut être vrai surtout pour les terrains tourbeux, où la quantité d'humus que l'on peut produire par l'action de la chaux est presque inépuisable. Cependant il faut encore supposer une certaine composition de matières organiques contenues dans ce sol, car il est possible que contenant en abondance les autres principes nécessaires à la nutrition des végétaux, il manque du principe azoté qui n'est guère fourni au sol que par les engrais animaux : dans ce cas, l'emploi du fumier alternant avec celui de la chaux sera encore très-utile, même dans un sol riche en humus, surtout pour la production de certaines récoltes, par exemple du froment et de l'orge, qui semblent exiger spécialement la présence dans le sol du principe azoté.

Plusieurs méthodes sont employées pour l'application de la chaux destinée à l'amendement d'un terrain. Lorsque le sol n'a pas encore été soumis à la culture, on y répand souvent la chaux une ou deux années avant l'époque où on veut le rompre : elle s'incorpore alors intimement avec la couche superficielle du terrain, et agira avec efficacité lorsqu'on la mettra en culture. En attendant, le pâturage qu'offre ce sol est ordinairement beaucoup amélioré. Dans ce cas, on fait d'abord déliter la chaux qu'on veut employer, en la déposant sous des hangars ou dans tout autre lieu aéré, mais à l'abri de la pluie : lorsqu'elle est réduite en poudre, on la conduit sur le terrain, et on la répand le plus également qu'il est possible à la surface. On procède de même lorsqu'on veut appliquer la chaux à des prairies, opération souvent très-utile lorsque le sol n'est pas calcaire. La mousse qui couvrait le sol disparaît promptement après cette opération, et elle est remplacée par des herbes de bonne qualité. Cela suppose toutefois que le terrain a été préalablement bien assaini par des saignées, en sorte que l'eau ne peut séjourner dans aucun temps, ni sur la surface du sol, ni à la profondeur de quelques pouces, et dans toute l'épaisseur de la couche de terre que peuvent occuper les racines des plants de la prairie. C'est là une condition rigoureuse pour la réussite de l'application de la chaux en toute circonstance.

Dans les terrains en culture, où l'on peut sans inconvénient creuser quelques places pour y prendre un peu de terre, il est plus commode de faire déliter la chaux sur le sol même où on doit la répandre. A cet effet, on distribue la chaux en pierres, par petits tas assez rapprochés pour qu'on puisse facilement répandre la chaux sur toute la surface du terrain, en la prenant à la pelle dans ces tas et en la jetant tout autour. La grosseur de chaque tas dépend donc de la quantité de chaux que l'on veut employer. On couvre ces tas de quelques pouces de terre que l'on prend à côté, et on les laisse ainsi jusqu'à ce que la chaux soit délitée, c'est-à-dire réduite en poudre : cet effet a lieu plus ou moins promptement, selon l'état d'humidité de l'atmosphère. Si quelques tas se crevassaient par l'effet du gonflement qu'éprouve la chaux en absorbant de l'humidité, et si la chaux se trouvait ainsi exposée à l'air dans quelques parties, on devrait avoir soin de couvrir ces parties de quelques pelletées de terre, dans le cas où il surviendrait de la pluie, car autrement ces portions de chaux pourraient être réduites en bouillie : il ne serait alors plus possible de les répandre avec égalité, et elles seraient sans efficacité, du moins pour longtemps. Lorsque la chaux contenue dans les tas est complétement réduite en poudre, on la mélange bien, à l'aide de la pelle, avec la terre qui couvrait les tas, et l'on peut alors répandre le tout immédiatement sur toute la surface du terrain, en le répartissant aussi également qu'on le peut. Si l'on n'est pas pressé par le besoin de labourer la pièce, et si l'on ne craint pas de se donner un peu plus de travail, il vaut bien mieux, après avoir mélangé la chaux et la terre qui forment le tas, en reformer de nouveaux tas coniques que l'on recouvre eux aussi de quelques pouces de terre. Après les avoir laissés dans cet état pendant 8 ou 10 jours, on mélange avec soin toute la masse des tas, et on la répand sur la surface du sol.

Rien ne favorise davantage la combinaison de la chaux avec le terrain que ce mélange préliminaire avec une portion de terre qui s'en imprègne, et qui facilite la division des particules de chaux. Lorsqu'on ne peut pas exécuter cette opération sur la surface du terrain, par exemple lorsque ce dernier est couvert d'une récolte, on opère souvent le mélange dans un coin du champ ou à proximité, en formant un gros tas composé de chaux mélée à cinq ou six fois son volume de terre. Lorsque la chaux est bien délitée, on brasse le tas et on le reforme pour le laisser encore en repos, et on le brasse de nouveau au bout de quinze jours ou un mois. On conduit ce mélange sur le terrain au moment du besoin : il n'y a aucun inconvénient à le laisser séjourner en tas pendant quelques mois avant l'emploi, pourvu qu'on ait soin de couvrir les tas d'un peu de terre, afin d'éviter que l'eau des pluies ne réduise en mortier les portions de chaux qui se trouvent à la surface du tas. On peut employer à ces mélanges des curures de fossés ou d'autres terres riches en humus : cependant, si l'on considère quelle petite quantité de terre sera répandue sur un hectare par cette opération, on comprendra que l'humus contenu dans cette terre ne formera jamais qu'une quantité assez insignifiante pour la fertilité du terrain ; l'essentiel est de choisir pour ce mélange une terre qui se pulvérise parfaitement, car cette circonstance est la plus importante pour que la chaux soit bien divisée et se répartisse également sur toute la surperficie.

Lorsque la chaux a été répandue sur toute la surface du terrain, il importe de la mélanger le plus intimement qu'on le peut avec la couche superficielle, et il est essentiel de faire cette opération avant qu'une forte pluie ait pu agglomérer les particules de chaux qui sont à découvert. On doit donc herser énergiquement et à plusieurs reprises, de manière à ameublir la terre à un ou deux pouces de profondeur, en la mélangeant avec la chaux. Lorsque la surface du sol est par trop durcie, l'extirpateur produit ici un effet encore beaucoup plus énergique que la herse ; et si le sol était trop dur pour pouvoir être bien ameubli à sa surface par ces moyens, il vaudrait mieux, dans beaucoup de cas, lui donner un labour avant l'application de la chaux, afin d'avoir une surface meuble qui permette de bien opérer le mélange. Le premier labour qu'on donne après que la chaux a été répandue doit être superficiel.

Ainsi, on enterrera à la profondeur de trois ou quatre pouces seulement la couche superficielle mélangée de chaux, et le labour suivant étant donné à six ou huit pouces, la chaux demeurera bien mélangée dans toute la couche cultivée, tandis que si l'on donnait d'abord un labour profond, une partie de la chaux pourrait rester sans action si les labours suivants n'étaient pas pris à la même profondeur, et l'action des pluies tendant généralement à faire pénétrer la chaux plus profondément en terre, une partie de l'amendement pourrait être perdu dans le sous-sol.

Je me suis étendu longuement sur les moyens mécaniques par lesquels on peut favoriser la division des particules de chaux et leur mélange intime avec la couche de terre cultivée, parce que c'est de là que dépend essentiellement l'action de cet amendement, et surtout la promptitude de cette action. Lorsque ce mélange n'a pas été exécuté convenablement, il arrive souvent que la chaux n'agit qu'une année ou deux après son application ; quelques cultivateurs prétendent même avoir observé, dans certains cas, que cette action n'a été sensible qu'au bout de quatre ou cinq ans. L'intimité du mélange permet aussi de diminuer beaucoup la proportion de chaux employée : c'est ainsi que, dans quelques-uns de nos départements du Centre et de l'Ouest, on se contente d'en répandre 10 à 12 hectolitres par hectare ; et cette quantité suffit pour produire une grande amélioration, au moyen des soins que l'on prend pour incorporer préalablement la chaux avec un volume de terre beaucoup plus considérable que le sien. Dans ce cas, toutefois, l'action de la chaux n'est pas très-durable, et il faut recommencer l'opération après quatre ou cinq années, en alternant ces chaulages avec l'application des fumiers. Les bons effets produits par la chaux se font sentir de même lorsqu'on revient à son emploi après quelques années. Quelquefois aussi on associe l'application de cette substance à une demi-fumure, et l'on accroît ainsi beaucoup les effets du fumier. On emploie communément une beaucoup plus grande quantité de chaux que celle que je viens d'indiquer, et les chaulages ordinaires varient entre 40 et 100 hectolitres par hectare. L'amendement est alors plus durable : on en a observé maintes fois les effets au bout de 30 ans. En Angleterre, on en met souvent encore en beaucoup plus grande proportion, et l'on porte quelquefois cette quantité à 400 ou 500 hectolitres par hectare, dans des sols neufs ou de nature tourbeuse, qui contiennent une grande quantité d'humus acide.

Comme les pierres calcaires varient beaucoup dans leur composition, il est probable que toutes les espèces de chaux ne produisent pas des effets égaux dans leur emploi comme amendement; mais on n'a fait jusqu'ici que bien peu d'expériences dans le but de rechercher l'étendue de ces différences. Il est vraisemblable toutefois que les pierres qui contiennent la plus grande proportion de carbonate calcaire sont celles qui produisent la chaux la plus énergique comme amendement : la silice et l'alumine entrent souvent pour des proportions très-considérables dans beaucoup de pierres que l'on emploie à cet usage, ce qui doit diminuer beaucoup leur efficacité. Quelques pierres à chaux contiennent aussi une grande proportion de magnésie. Il s'était répandu en Angleterre, sur la fin du siècle dernier, une opinion fort défavorable sur la chaux qui provient de ces pierres : on prétendait qu'elles portent la stérilité dans les champs, au lieu de les amender. Il ne paraît pas toutefois qu'il y ait aucun fondement dans cette opinion, qui n'avait été déduite que d'un petit nombre de faits particuliers. Il est certain du moins qu'on emploie avec succès à l'amendement des terres, dans beaucoup de localités, la chaux provenant de pierres calcaires magnésiennes : la magnésie est, d'ailleurs, un des principes constituants de beaucoup de sols fertiles.

La théorie de l'action de la chaux comme amendement est encore fort obscure sur plusieurs points. L'expérience démontre, par exemple, ainsi que je l'ai dit, que certaines terres argileuses perdent beaucoup de leur compacité par l'addition de la chaux, en devenant plus meubles et d'une culture plus facile; cependant le mode d'action par lequel ce changement s'opère nous est encore inconnu, car la proportion de chaux que l'on ajoute ainsi à la masse du sol cultivé est beaucoup trop petite pour qu'on puisse regarder ce fait comme le résultat mécanique du mélange de la substance que l'on a ajoutée. La chaux est à l'état alcalin lorsqu'on la répand sur la terre, mais elle a tant d'avidité pour se combiner avec l'acide carbonique qui se trouve toujours dans le sol, qu'elle passe certainement avec beaucoup de promptitude à l'état de carbonate : c'est sous cette forme qu'elle exerce principalement son action comme amendement. En définitive, c'est comme si l'on eût mêlé à la terre du carbonate de chaux, par exemple de la craie en poudre. Mais il est vraisemblable que l'extrème division que prend la chaux en se délitant, ou en fusant, par son contact avec l'humidité du sol, est une des principales causes de l'énergie de son action; en sorte que la calcination de la pierre à chaux n'aurait ici pour but que de donner un moyen facile d'amener le carbonate calcaire à un très-grand état de division. Comme cette propriété peut varier dans les diverses espèces de pierres à chaux, il serait bien possible que cette circonstance ne fût pas sans influence sur l'efficacité de chacune d'elles. On conçoit parfaitement que le carbonate de chaux, dans cet état d'extrème division, soit très-propre à saturer toutes les portions d'acide qui peuvent se trouver dans le sol, parce que l'acide carbonique se laisse facilement dégager de cette combinaison par tous les acides fixes avec lesquels le carbonate peut se trouver en contact. C'est donc dans son effet sur les sols acides que l'on comprend le mieux l'action de la chaux employée comme amendement. On ne conçoit pas aussi bien son action sur l'humus, à moins qu'on ne suppose que celui-ci était auparavant à l'état acide; et cependant il résulterait de plusieurs observations que la chaux peut encore exercer sur l'humus d'autres genres d'action.

Quelques savants pensent que le principal rôle que joue la chaux dans le sol est de servir elle-même d'aliment aux plantes, qui contiennent toutes de la chaux; de cette manière, on rendrait ainsi à la terre un élément qui y manquait, et sans lequel les plantes ne peuvent prendre une végétation active. Il n'est pas impossible que la chaux agisse quelquefois ainsi ; cependant, ce qui rend cette opinion peu probable, c'est que la chaux manifeste principalement son action fertilisante dans les sols qui ont été dès longtemps couverts d'une végétation spontanée, et qui se sont enrichis des nombreux débris de ces végétaux, débris qui tous contenaient de la chaux ; en sorte que vraisemblablement il n'y a pas là manque réel de cette substance, mais qu'elle y existe dans des combinaisons peu propres à produire l'effet que l'on obtient par l'addition du carbonate. La science éclaircira sans doute quelque jour ces questions ; en attendant, les praticiens doivent se contenter de mettre à profit les connaissances que leur offre l'observation des faits.

TROISIÈME SECTION

De la marne

L'action de la marne employée à l'amendement des terres est fort analogue à celle de la chaux : ce sont deux substances qui peuvent se remplacer réciproquement dans beaucoup de cas. L'économie dans les dépenses de l'application devra décider les cultivateurs à employer l'une ou l'autre. La marne est en effet un composé naturel de carbonate de chaux et d'argile, mélangé d'une quantité plus ou moins considérable de sable ou de silice en grains plus ou moins fins. Ce composé possède la propriété de se déliter et de se réduire en poudre très-fine par la seule influence des agents atmosphériques, en sorte que le carbonate de chaux, réduit à un état de grande division, peut se combiner intimement avec la terre à laquelle on a ajouté la marne. Il est vraisemblable que c'est uniquement à cause de cette propriété que la marne est plus favorable à l'amendement des terres que certaines substances minérales qui contiennent le carbonate calcaire dans une proportion bien plus considérable que beaucoup de marnes, les craies par exemple, qui sont composées presque en totalité de carbonate de chaux.

Outre l'amendement qui résulte de l'application du carbonate calcaire que contiennent les marnes, et que l'on a appelé souvent l'action chimique de la marne, celle-ci produit fréquemment aussi un autre genre d'amélioration par l'action mécanique qu'exerce dans le sol l'addition de l'argile qu'elle contient, en donnant aux terrains sablonneux plus de consistance et la propriété de mieux retenir l'eau et les engrais. Il existe en effet certaines espèces de marnes qui ne renferment que 20 ou 30 p. 0/0, et souvent moins, de carbonate de chaux ; et lorsque le reste se compose en majeure partie d'argile, cette substance, prenant un état de grande division par l'effet des influences athmosphériques, se mélange au sol plus intimement que ne pourrait le faire de l'argile pure, qui ne se divise pas de même.

Les marnes se rencontrent en grande abondance dans tous les cantons où l'on trouve la pierre calcaire, et ordinairement les couches de celle-ci alternent dans le sol avec des couches de marnes. Pour reconnaître cette dernière substance, on ne doit pas s'en rapporter à la seule inspection, car rien n'est plus variable que l'apparence des marnes, relativement à la couleur, à la consistance, et à tous les autres caractères extérieurs. Il est des marnes presque blanches; il en est de grises, de bleuâtres, de verdâtres, ou tirant sur le rouge ou le jaune. Quelques-unes sont dures et ont toute l'apparence de la pierre, tandis que d'autres sont complétement terreuses. Quelquefois le grain est fin et homogène; quelquefois il est grossier, mélangé de coquillages décomposés, ou il a la forme d'une masse feuilletée. Souvent la marne présente l'apparence de plusieurs espèces de terres mélangées ensemble, et variant par leur couleur et leur grain. C'est donc uniquement par l'analyse chimique que l'on doit décider si telle terre est ou n'est pas de la marne. Cette analyse est au reste extrêmement facile, et il n'est personne qui ne puisse acquérir seul, et par des moyens très-simples, les connaissances les plus essentielles sur les propriétés d'une terre ou d'une substance pierreuse qu'il soupçonne être de la marne. La première expérience à laquelle on doit soumettre cette substance est celle-ci : on en fait sécher un morceau, en le plaçant pendant un temps suffisant soit au soleil, soit dans une chambre chaude, et même en l'approchant du feu, mais sans lui faire subir une forte chaleur. On met dans un verre ordinaire à boire un petit morceau de la substance sèche, par exemple de la grosseur d'une petite noix, et on y verse de l'eau en quantité suffisante pour que ce morceau y baigne à peu près à moitié de sa hauteur. La plupart des marnes se délitent promptement dans cette circonstance :

le morceau s'affaisse sur lui-même, et la marne gagne le fond de l'eau sous forme de bouillie claire. Le plus grand nombre des argiles avec lesquels on pourrait confondre les marnes ne se conduisent pas de même : le morceau ainsi traité absorbera de l'eau, s'amollira, mais ne se délitera pas comme de la marne. Les marnes pierreuses ne se déliteront pas aussi promptement; mais si on les traite comme je viens de le dire, le morceau se divisera bientôt en plusieurs fragments : si l'on fait ensuite sécher ces fragments pour les humecter de nouveau, ils se diviseront encore, et ainsi successivement jusqu'à la plus grande ténuité, par le seul effet des alternatives de sécheresse et d'humidité. Cette propriété suffit pour distinguer les marnes pierreuses des pierres calcaires et des craies, qui peuvent absorber de l'eau, mais qui ne délitent pas.

Ce premier essai suffit donc pour décider qu'une substance n'est pas de la marne, lorsqu'elle refuse de se déliter par l'action de l'eau, mais il ne suffit pas encore pour décider qu'une terre est de la marne, car il est quelques argiles maigres qui ont la propriété de se déliter à peu près comme cette substance. Il en serait de même de presque toutes les terres prises à la surface et dans la couche cultivée du sol; mais je ne parle ici que des terres vierges situées à une certaine profondeur, c'est-à-dire qui n'ont pas encore été manipulées par les procédés de la culture, ou mélangées à l'humus qui provient des débris de végétaux. Lorsqu'on a reconnu qu'une terre de cette espèce a la propriété de se déliter comme je viens de le dire, une seconde épreuve est nécessaire pour s'assurer qu'elle est de la marne, et cette épreuve consiste à la mettre en contact avec un acide. Ainsi, lorsque le morceau de terre sera délité dans une petite quantité d'eau par le procédé que j'ai indiqué, on versera dans cette eau quelques gouttes d'acide nitrique (eau-forte), ou d'acide chlorydrique (esprit de sel), et l'on agitera légèrement avec un petit morceau de bois dur et bien propre. Si la substance est de la marne, il se manifestera immédiatement dans l'eau une effervescence plus ou moins vive, selon la proportion de chaux contenue dans la marne. Cette effervescence est produite par une multitude de petites bulles de gaz, qui, se dégageant des molécules de la marne, viennent disparaitre à la surface du liquide : lorsque ce dégagement est considérable et rapide, les bulles forment à la surface de l'eau une écume assez semblable à la mousse qui se dégage du vin de champagne, et remplit quelquefois une partie de la capacité du verre. Avec des marnes qui ne renferment qu'une petite proportion de carbonate de chaux, l'effervescence est beaucoup moins vive, mais elle se manifeste toujours par une espèce de bruit ou de sifflement, que l'on reconnait facilement lorsqu'on l'a observé une seule fois. Si l'on ne pouvait se procurer un des acides que je viens d'indiquer, et qui se trouvent chez tous les droguistes, on pourrait à la rigueur faire l'expérience avec du vinaigre : à cet effet, on ferait déliter un petit morceau de la substance sèche dans du vinaigre au lieu d'eau, et l'effervescence se manifestera si c'est de la marne, en même temps que celle-ci se délitera dans le liquide. La réunion des deux circonstances que je viens d'indiquer prouve d'une manière certaine qu'une substance est de la marne; mais une des deux ne suffit pas seule, car j'ai dit qu'il est des argiles maigres qui se délitent aussi dans l'eau; et les pierres calcaires ou les craies produisent une effervescence avec les acides de même que la marne.

Lorsqu'on s'est assuré qu'une substance est de la marne, il importe de connaitre, du moins approximativement, la proportion de carbonate de chaux qu'elle contient, car c'est là un point fort important pour son emploi. On peut acquérir cette connaissance par des moyens presque aussi simples que ceux que je viens d'indiquer, et sans avoir recours à l'appareil d'un laboratoire de chimie; cependant il est indispensable de se servir d'acide nitrique ou chlorhydrique, et l'on ne pourrait dans ce cas obtenir des résultats précis avec du vinaigre. Pour procéder à cette opération, on pèsera, à l'aide d'une petite balance exacte, cent parties de la masse bien sèche, par exemple 10 grammes ou 100 décigrammes, on les mettra dans un verre, et on les traitera absolument comme je l'ai dit pour la première expérience.

Lorsque l'effervescence produite par les premières gouttes d'acide aura cessé, on en versera de nouveau quelques gouttes, et ainsi successivement, en remuant continuellement avec le petit bâton, et attendant à chaque fois que l'effervescence soit terminée. Lorsqu'il ne se manifestera plus d'effervescence en ajoutant de nouvelles quantités d'acide et en agitant, on sera assuré que tout le carbonate de chaux est dissous. En effet, le carbonate de chaux est un composé, dans des proportions déterminées, de chaux et d'acide carbonique, et l'effervescence produite ici est l'effet du dégagement de l'acide carbonique sous forme de gaz, à mesure que la chaux à laquelle il était uni est dissoute par l'acide qu'on y a ajouté. La chaux est donc alors en dissolution dans le liquide, tandis que l'argile et le sable qui étaient contenus dans la marne ne sont nullement attaqués par l'acide, et restent dans ce liquide sous forme de dépôt. Il ne s'agit plus que de séparer ce dépôt du liquide qui le recouvre, pour connaître la quantité de carbonate de chaux que l'on a enlevée à la marne par cette opération : à cet effet, on verse de nouvelle eau pure sur le mélange, de manière à emplir le verre ; on laisse les terres se déposer pendant quelque temps au fond ; et lorsque l'eau surnageante est bien claire, on la verse doucement en inclinant le verre, et en prenant soin de ne laisser s'écouler aucune partie du dépôt. C'est ce qu'on appelle *décanter*. On verse encore de nouvelle eau pure sur le dépôt, en emplissant le verre et en agitant avec le bâton, afin d'enlever encore par ce lavage quelque portion du liquide tenant la chaux en dissolution ; on décante encore lorsque l'eau est bien claire ; et on renouvelle les lavages avec de l'eau pure et les décantations, jusqu'à ce que l'eau qu'on a versé la dernière fois n'ait aucune saveur, ce qui indique qu'il ne reste plus dans la masse aucune portion de la chaux dissoute par l'acide. On laisse alors sécher le dépôt dans le verre même, ou dans une soucoupe : lorsqu'il est bien desséché à une température à peu près égale à celle que l'on avait employée pour déssécher le morceau de marne, on recueille le dépôt en enlevant avec soin jusqu'aux moindres parcelles qui pourraient rester adhérentes au vase, et on le pèse avec exactitude. La diminution qu'on observe sur la première pesée indique la quantité de chaux que contenait la marne, et qui a été enlevée par l'acide. Ainsi, si des 100 décigrammes on n'en retrouve plus que 75 à la seconde pesée, on reconnaît que la marne contenait 25 p. 0/0 de carbonate calcaire; et si le poids était réduit à 15 décigrammes, on en concluerait que cette marne est très-riche en carbonate de chaux, puisqu'elle en contient 85 p. 0/0. En examinant la consistance du dépôt sec, et en le froissant entre les doigts, on reconnaît facilement s'il se compose en majeure partie d'argile ou de sable.

On donne le nom de marnes proprement dites à celles qui contiennent à peu près la moitié de leur poids de carbonate de chaux, c'est-à-dire depuis 40 jusqu'à 60 p. 0/0. Lorsque le carbonate y est en plus grande proportion, on leur donne le nom de marnes calcaires; et on appelle marnes argileuses celles qui contiennent moins de 40 p. 0/0 de carbonate, quand le surplus se compose pour la majeure partie d'argile. Lorsque la proportion du carbonate est très-faible, par exemple au-dessous de 12 ou 15 p. 0/0, on donne souvent à ces terres le nom d'argiles marneuses: elles se délitent fréquemment, au reste, de même que si la proportion de carbonate était plus considérable.

La proportion de carbonate de chaux variant beaucoup dans les marnes, on comprend que la quantité qu'on doit employer par hectare varie de même, et qu'il faille employer une quantité de marne d'autant plus grande qu'elle contient moins de carbonate. Avec des marnes calcaires très-riches, on n'en répand quelquefois que 25 à 30 voitures par hectare. Dans ce cas, la marne ne peut développer que son action chimique, car la petite quantité d'argile que l'on ajoute ainsi au sol ne peut produire aucun effet sensible. Aussi, c'est dans les sols argileux ou de consistance moyenne que l'on emploiera les marnes de cette espèce : elles y conviennent parfaitement, parce que la proportion considérable de carbonate de chaux qu'elles renferment dispense d'employer la marne en plus grande quantité. Si l'on n'avait que des marnes proprement dites à appliquer à des sols de cette nature, il faudrait en répandre 80 à 100 voitures par hectare ; et l'on en répand quelquefois des quantités beaucoup plus considérables.

Quant aux sols sablonneux que l'on veut améliorer mécaniquement par l'addition de l'argile, en même temps que l'on y ajoute du carbonate calcaire, les marnes argileuses leur conviennent beaucoup mieux : on peut même y employer avec beaucoup d'avantage les argiles marneuses ; mais il est nécessaire dans ce cas d'employer de très-grandes quantités de marnes, et l'opération devient fort coûteuse. On ne peut même songer à l'entreprendre avec profit que lorsque la marne se trouve dans le voisinage immédiat du terrain que l'on veut amender ainsi. On couvre souvent alors le sol d'une épaisseur d'un ou deux pouces de marne argileuse. C'est là une véritable amélioration foncière, car c'est en quelque sorte créer un terrain nouveau ; et la durée de cette amélioration sera indéfinie.

C'est ordinairement en automne ou pendant l'hiver que l'on charrie sur le terrain la marne qu'on lui destine : on peut cependant la conduire en été sur les sols en jachère. On laisse la marne pendant quelque temps en tas, et on la répand grossièrement, afin qu'elle ait le temps de se déliter. Pour beaucoup de marnes terreuses, cet effet s'opère très-promptement ; mais il est des marnes pierreuses qui exigent un long espace de temps, et qui ont même besoin de recevoir l'action des gelées pour se pulvériser complétement. Lorsque la marne est bien délitée, on la répand sur la surface du sol le plus également qu'on le peut, et on l'y incorpore par des cultures superficielles, ainsi que je l'ai dit pour la chaux. On peut également appliquer à la marne tout ce que j'ai dit en parlant de la chaux, relativement aux labours destinés à l'enfouir et à la nécessité d'en alterner l'application avec celles des fumiers. En agissant ainsi, on peut revenir à l'application de la marne, lorsque l'action de celle que l'on a employée a été épuisée, ce que l'on reconnaît à la diminution des récoltes, malgré l'addition de la quantité accoutumée du fumier. Lorsque le marnage a été fort, son action se fait sentir communément pendant vingt à trente ans.

QUATRIÈME SECTION

Du plâtre

Le *plâtre*, gypse ou sulfate de chaux, est un composé de chaux et d'acide sulfurique. C'est donc un sel, dans l'acceptation que les chimistes donnent à ce mot. Cette substance se dissout dans une quantité d'eau à peu près égale à cinq cents fois son propre poids. Le sulfate de chaux, tel qu'il se trouve presque toujours dans la nature, contient environ 20 p. 0/0 de son poids d'eau, qui est intimement combinée avec lui, et que l'on appelle eau de cristallisation; c'est cette combinaison qui constitue la pierre à plâtre ordinaire. Si l'on fait chauffer cette pierre au rouge, l'eau s'en dégage, et la pierre perd beaucoup de sa dureté, en même temps que de son poids. On la pulvérise alors parfaitement; et cette poudre forme le plâtre, que l'on emploie dans la construction des bâtiments, ainsi que pour l'usage de l'agriculture. La pierre à plâtre, dans son état naturel, n'est cependant pas très-dure, car elle se laisse facilement rayer avec l'ongle : on peut donc la pulvériser sans de grandes difficultés, et on l'emploie quelquefois ainsi comme amendement. Le plâtre cuit ou calciné, lorsqu'il est exposé à l'air, en attire l'humidité, et reprend promptement la quantité d'eau qu'il avait perdue par la calcination. En cet état, il est *éventé*, disent les ouvriers, et il n'est plus propre aux travaux des bâtiments, car pour cet usage il faut qu'il se durcisse promptement après avoir été gâché avec de l'eau; or ce durcissement a lieu lorsque le plâtre reprenant subitement l'eau qu'on lui avait enlevée, la fait passer à l'état solide sous forme de cristallisation, effet qui ne peut plus avoir lieu lorsque le plâtre s'est combiné peu à peu, par son exposition à l'air, avec la portion d'eau qui le constitue à l'état de sel cristallisé.

La découverte de l'action qu'exerce le plâtre sur la végétation de certaines plantes, est certainement une des plus importantes qui soient dues à l'agriculture moderne, car elle a permis d'obtenir de très-bonnes récoltes de trèfle, de luzerne et d'autres plantes de la famille des légumineuses, sur des terrains qui n'en peuvent produire que de chétives sans l'emploi de cette substance. Et aussitôt qu'on a pu faire produire à un mauvais sol une belle récolte de trèfle, on a gagné pour lui de grands moyens d'amélioration, tant par le degré de fertilité que le trèfle lui-même communique au sol, que par les fumiers qui proviendront des bestiaux nourris à l'aide du trèfle.

On a annoncé plusieurs fois que le plâtre étendait son action fertilisante à un assez grand nombre de récoltes, en particulier au chanvre, au lin, au colza, etc.; mais cette opinion n'est fondée sur aucun fait bien constaté : dans un grand nombre d'essais auxquels je me suis livré, l'action du plâtre a été complétement inefficace sur ces plantes et sur beaucoup d'autres. Il est certain que le plâtre agit indirectement sur toutes les récoltes, puisqu'en accroissant une récolte de trèfle, par exemple, le terrain qui l'a portée recevra beaucoup plus d'améliorations que si le trèfle n'avait pas été plâtré; et la récolte de froment ou toute autre qu'il portera ensuite sera beaucoup plus belle; mais quant à l'action directe du plâtre, elle n'est réellement sensible que sur les plantes de la famille des légumineuses. Aussi c'est exclusivement sur le trèfle, la luzerne, le sainfoin, les pois, les vesces, etc., qu'on le répand comme amendement.

Il reste encore beaucoup de choses à déterminer sur

l'action du plâtre en agriculture; et dans la pratique même, on n'est pas d'accord sur un grand nombre de faits qui se rapportent à cet emploi, ce qui fait souvent dire aux cultivateurs que les effets du plâtre sont capricieux. Il n'y a certainement dans ces effets ni caprice, ni hasard; mais cela prouve que l'on a pas encore suffisamment étudié les circonstances qui peuvent favoriser son action sur la végétation ou la rendre nulle. Je vais indiquer brièvement les principaux faits et les préceptes que l'on a déduits jusqu'ici des observations de la pratique.

Le plâtre n'agit pas dans tous les sols, même sur les plantes qui reçoivent plus efficacement son action; cependant les terrains sur lesquels il ne produit pas d'effet sensible ne sont pas très-communs, en sorte qu'ils ne forment qu'une exception. Ce sont ordinairement des terrains bas et humides, situés au fond des vallons; et pourtant il est dans cette situation beaucoup de sols sur lesquels le plâtre agit d'une manière très-remarquable. Du reste, que le sol soit calcaire ou non, argileux ou sablonneux, cela ne parait exercer aucune influence sur l'action du plâtre. Il semble d'ailleurs résulter de plusieurs faits que j'ai observés, que dans beaucoup de cas, lorsqu'un sol a été plâtré plusieurs fois dans l'espace d'un petit nombre d'années, de nouveaux plâtrages n'y produisent plus d'effets sensibles; mais ce terrain est alors amélioré, et donne, sans l'aide du plâtre, de belles récoltes de légumineuses. Il semble que le plâtre a épuisé là tout le bien qu'il pouvait produire.

C'est généralement sur les récoltes en végétation que l'on a trouvé le plus d'avantages à répandre le plâtre; et l'on choisit pour cette opération le moment où les plantes, ayant acquis quelques pouces de hauteur, couvrent le terrain de leurs feuilles. On répand alors le plâtre quand les feuilles sont humectées par la rosée ou par une pluie légère, mais par un temps calme : il semble que c'est lorsque le plâtre s'attache ainsi aux feuilles des plantes, qu'il développe le mieux son action. Il résulterait même de quelques observations, que le plâtre ne produit aucun effet sensible, quand on le répand sur le terrain au pied des plantes sans que les feuilles soient en contact avec lui, tandis que son effet est très-remarquable lorsqu'on le répand sur les feuilles. Cependant, il est quelques cultivateurs qui répandent le plâtre sur les trèfles à l'automne ou au commencement de l'hiver, lorsque la végétation est arrêtée, et qui assurent en obtenir de très-bons effets. Le plâtre répandu sur le sol en même temps que la semence, ou avant la semaille, développe une activité très-remarquable dans la végétation des plantes. Ce fait peut très-bien s'expliquer dans la supposition que le plâtre n'aurait d'action que sur les feuilles, car les cotylédons, qui participent évidemment de la nature des feuilles, se trouvent alors en contact, dans la terre même et au moment où ils sortent de la semence, avec l'eau contenue dans le sol ; et si cette eau est chargée de sulfate de chaux en dissolution, on comprend que le sulfate puisse exercer son action dans ce cas.

Les opinions et les usages sont très-divers sur la période après laquelle on peut revenir avec succès à l'application du plâtre sur une prairie artificielle. Dans quelques localités où le plâtre est à bas prix, on en répand tous les ans sur les luzernes, quelquefois même après chaque coupe, et l'on prétend en obtenir de bons effets. On croit ailleurs qu'un nouveau plâtrage ne peut être utile qu'au bout de trois ans au moins. Cela peut venir de la différence des sols. Chacun fera donc bien d'étudier avec attention et par des observations suivies les effets du plâtre dans diverses circonstances sur les terrains qu'il exploite.

La quantité de plâtre que l'on emploie le plus généralement est de deux hectolitres par hectare. Quelquefois on en met davantage ; mais tout le monde s'accorde à reconnaître que si une certaine dose produit l'effet désiré, toutes les quantités que l'on pourrait mettre en plus n'accroissent aucunement cet effet. Dans quelques cantons, on n'emploie que du plâtre cuit, probablement à cause de la facilité de le pulvériser que donne la calcination. Ailleurs, on regarde le plâtre cru comme beaucoup plus efficace. Il paraît, d'après un grand nombre d'expériences précises, exécutées par diverses personnes, qu'il est entièrement indifférent d'employer le plâtre à l'un ou à l'autre de ces états, et que les plâtres provenant des démolitions des bâtiments produisent aussi des effets entièrement semblables, lorsqu'on les a préalablement pulvérisés. On conçoit facilement qu'il doit en être ainsi, car le plâtre cuit ne diffère des deux autres matières que parce qu'il est privé de son eau de cristallisation ; mais il reprend cette eau avec tant d'avidité, qu'il en est déjà saturé quelques instants après qu'il a été répandu à la surface des feuilles couvertes de rosée : en sorte que, sous quelque forme qu'ait été employé le plâtre, il est entièrement dans le même état lorsqu'il peut développer son action. Si l'on a observé des différences dans les effets du plâtre cru ou cuit, il est vraisemblable que cela a tenu uniquement à ce qu'il était pulvérisé plus parfaitement dans un cas que dans l'autre, car une exacte pulvérisation est d'une haute importance, pour que le plâtre s'attache bien aux feuilles humides des plantes. On comprend bien, au reste, que si l'on déterminait en poids la quantité que l'on répand, il faudrait employer un cinquième de plus de plâtre cru ou de platras que de plâtre cuit, pour appliquer la même quantité de sulfate de chaux, puisque ces deux espèces contiennent un cinquième de leur poids d'eau de cristallisation.

Quant à la théorie de l'action du plâtre sur la végétation des plantes, on a dit et souvent répété que cet effet résulte de la propriété que possède le plâtre d'attirer l'humidité de l'air ; mais cette opinion ne peut supporter un examen sérieux, car c'est seulement après avoir été calciné que le plâtre jouit de cette propriété. Lorsqu'il se trouve en contact avec les plantes humides, il reprend dans un très-court espace de temps, comme je viens de le dire, l'eau dont il était avide ; et dans cet état, aussi bien qu'à l'état de plâtre cru ou de platras, il n'attire plus du tout l'eau contenue dans l'atmosphère, pas plus du moins que la terre même sur laquelle on l'a répandu. D'autres savants croient que le sulfate de chaux est un aliment indispensable à certaines plantes, parce que cette substance doit nécessairement entrer dans leur composition ; en sorte que ces plantes ne peuvent prospérer sur des terrains qui ne contiennent aucune portion de sulfate de chaux, tandis que si l'on y ajoute cette substance, la végétation y prendra beaucoup plus d'activité. Cette opinion n'est pas fondée sur des faits précis, et elle serait peu d'accord avec l'observation d'après laquelle le plâtre resterait sans efficacité lorsqu'on le mêle au sol sans le mettre en contact avec les feuilles des plantes. On ne peut guère non plus appuyer sur des faits positifs l'opinion de quelques personnes qui pensent que le sulfate de chaux est décomposé dans l'acte de la végétation, et que les effets de ce sel sont dus à quelques-uns des principes constituants, séparés de ses combinaisons. Enfin, les praticiens éclairés pensent plus généralement que le plâtre agit dans cette occasion comme un stimulant sur les organes végétaux : cette opinion semble être celle qui s'accorde le mieux avec les faits que l'on observe dans cette action.

CINQUIÈME SECTION

Des cendres de tourbe et des cendres pyriteuses

On emploie dans beaucoup de localités les *cendres de tourbe* comme amendement; mais il faudrait bien se garder de tirer des effets qu'on en obtient aucune conséquence applicable aux cendres provenant de la combustion de la tourbe dans d'autres cantons. En effet, rien n'est plus variable que la composition des diverses espèces de tourbe,

souvent même lorsqu'on les puise dans des marais situés à
de très-petites distances les uns des autres : quelques
tourbes sont peu terreuses, et ne laissent qu'un faible résidu après la combustion ; quelquefois ce résidu contient
de la potasse en proportion plus ou moins considérable ;
d'autres, au contraire, contiennent en proportion très-
variée des terres de diverses natures, dont la quantité
dépasse quelquefois beaucoup celle de la matière combustible. Beaucoup de tourbes contiennent aussi du soufre,
ordinairement combiné avec le fer à l'état de pyrites.
Cette dernière substance se décompose, du moins en
partie, dans la combustion, et les cendres de tourbe de
cette espèce contiennent des sulfates d'alumine, de fer
ou de chaux, selon la nature des terres ou des substances métalliques qui se trouvaient dans la tourbe. On
conçoit, d'après ce que je viens de dire, que les cendres de
tourbe employées comme amendement doivent produire
des effets extrêmement divers selon leur nature, et aussi
selon les espèces de terrains auxquels on les applique.
Dans les cantons où l'expérience a déjà prononcé en faveur
de l'emploi de certaines espèces de cendre de tourbe, on
fera fort bien d'en profiter ; et partout il sera prudent
d'essayer aussi, par quelques tâtonnements, si l'on peut
tirer un parti utile des cendres provenant des tourbes que
l'on a à sa portée.

Dans quelques parties de la Picardie, on emploie comme
amendement, sous le nom de *cendres pyriteuses*, une substance terreuse noirâtre que l'on extrait à cet effet de plusieurs carrières situées sur une couche minérale qui semble

assez étendue. Il paraît que cette couche consiste en un
amas de pyrites ou sulfures de fer mélangé de terres de
diverses natures, et aussi d'une substance bitumineuse.
Cette masse, extraite de son gisement, et exposée en
grand tas à l'action de l'atmosphère, s'échauffe fortement
par l'effet de la réaction chimique qui s'y opère : il s'y
forme vraisemblablement des sulfates de plusieurs espèces,
car c'est dans des circonstances semblables que l'on a
établi dans divers pays des fabriques de sulfate de fer et d'a-
lun, ou sulfate d'alumine ; et l'on extrait ces sels au moyen
du lessivage des terres où elles se sont formées ainsi par la
décomposition spontanée des pyrites. En Picardie, c'est le
résultat de cette espèce de combustion spontanée que l'on
emploie comme amendement, mais on fait également
usage de cette terre telle qu'elle se trouve au moment de
son extraction. Dans ce dernier cas, elle doit agir aussi
comme engrais, à cause de l'humus qu'elle contient,
et qui est formé de débris de corps organisés.

SIXIÈME SECTION

Des cendres de bois

Ces *cendres* sont fréquemment employées comme amendement, et presque toujours après avoir été lessivées,
c'est-à-dire après qu'on leur a enlevé, pour les usages do-

mestiques ou pour ceux des arts, une partie des sels alcalins qu'elles contenaient. En cet état, on leur donne souvent le nom de *charrée*. On pourrait sans doute aussi employer les cendres neuves; mais il faudrait s'en servir en beaucoup plus petite quantité, et il est vraisemblable que leur action serait moins favorable sur la végétation des plantes, précisément à cause de l'extrême facilité avec laquelle l'eau leur enlève la portion de carbonate de potasse que l'on utilise dans le procédé du lessivage. L'action de leur amendement pourrait être, par ce motif, trop instantanée, tandis que la portion de potasse qui est unie aux terres dans l'espèce de fritte qui constitue les cendres, leur est enlevée beaucoup plus lentement par l'eau que contient le sol; et cette action est plus favorable à l'effet que l'on attend des cendres.

La quantité de potasse que contiennent les cendres après le lessivage est encore très-considérable, car, d'après les expériences de *Th. de Saussure*, les cendres de bois de chêne contiennent environ 40 p. 0/0 de potasse, que l'on peut leur enlever par une ébullition prolongée dans de grandes masses d'eau renouvelées plusieurs fois. Comme on n'extrait que 10 à 12 p. 0/0 au plus de carbonate de potasse par les lessivages ordinaires, il est clair que les cendres conservent alors une assez grande quantité de matières alcalines, dans un état moins soluble, mais susceptibles d'en être extraites avec l'aide du temps par les agents auxquels elle se trouve soumise dans le sol.

Il est vraisemblable que c'est uniquement à cette matière alcaline que l'on doit attribuer les effets que produisent les

cendres comme amendement. Elles contiennent ordinairement aussi quelques sels neutres solubles, principalement du sulfate et du chlorhydrate de potasse ; mais ces
sels y sont communément en très-petite proportion, et il
n'y a aucune raison de leur attribuer de l'efficacité dans ce
cas. D'ailleurs, tout semble prouver qu'ils sont enlevés
presque en totalité par les lessivages, et que la potasse ne
peut s'unir aux substances terreuses que dans un état
autre que celui où on la rencontre dans les cendres lessivées. Quand au phosphate de chaux, qui y existe toujours
en grande proportion, il n'est pas probable que cette substance influe d'une manière sensible sur l'action des
cendres comme amendement : tout porte à croire que
les cendres agissent simplement comme un alcali qui modifie d'une certaine manière l'humus qu'il rencontre dans le
sol, ou qui neutralise les acides qui peuvent s'y trouver.

L'action des cendres lessivées est analogue à celle de
la chaux, et c'est en effet dans les mêmes circonstances
qu'on emploie l'un et l'autre de ces amendements ; seulement l'action des cendres est généralement moins durable,
mais elles agissent plus efficacememt sur la première récolte. C'est donc exclusivement sur les sols qui ne contiennent aucune portion de carbonate calcaire que l'on
peut espérer de bons effets des cendres ; cependant j'ai appris par expérience que de même que pour la chaux, il
se rencontre des terrains où l'analyse chimique ne découvre pas de carbonate calcaire, et où ces amendements
restent néanmoins sans efficacité. Aussi fera-t-on bien de
s'assurer des effets qu'on en peut attendre, par des expé-

riences faites sur une petite échelle, dans des localités où ces effets ne sont pas déjà connus par les résultats de la pratique des cultivateurs.

La quantité des cendres lessivées que l'on emploie communément varie de 10 à 20 hectolitres par hectare : on en met cependant quelquefois des quantités beaucoup plus considérables, surtout dans les sols nouvellement défrichés et de nature acide. Dans les terrains cultivés déjà depuis longtemps, on applique souvent les cendres en même temps qu'une demi fumure, et l'on remarque que l'action du fumier est beaucoup augmentée par cette addition. Dans la plupart des cantons où l'on emploie les cendres, on les applique habituellement à une récolte de sarrasin ou blé noir, parce qu'on a remarqué que cet amendement exerce une action particulière sur la végétation de cette plante. La céréale qui lui succède en éprouve aussi très-sensiblement des effets. On répand les cendres à la volée, par un temps calme, et leur enfouissement se fait avec les mêmes précautions que j'ai indiquées en parlant de la chaux. On peut aussi, selon les circonstances, se contenter de les enfouir par un fort hersage.

TROISIÈME PARTIE

TROISIÈME PARTIE

CHAPITRE I

DES ASSOLEMENTS

PREMIÈRE SECTION

Considérations générales

On appelle *assolement* l'ordre suivant lequel on fait revenir sur le même terrain les mêmes récoltes ou des récoltes analogues, dans une rotation plus ou moins prolongée.

L'assolement adopté dans une exploitation rurale est généralement regardé comme le trait le plus saillant et le plus caractéristique de sa culture, et le choix de cet assolement est certainement une des circonstances qui exercent l'influence la plus puissante sur le bénéfice que l'on peut attendre de l'exploitation d'une ferme. Les débutants en agriculture sont disposés à en conclure qu'il faut s'empresser d'adopter d'emblée un bon assolement; et cependant tant de considérations diverses doivent être pesées dans le choix que l'on fait à cet égard, que ce n'est jamais que lorsqu'un cultivateur connaît par une longue expérience sa terre, ses débouchés et beaucoup d'autres circonstances, qu'il peut se fixer sur le choix de l'assolement qui lui convient le mieux. Si l'on se trace d'avance un assolement, il arrivera presque toujours ou qu'on sera amené à le changer après quelques années d'épreuve, ou que les difficultés inséparables d'un changement d'assolement deviendront un obstacle à ce qu'on en adopte un autre plus profitable. Il est donc toujours prudent, au début d'une entreprise agricole, de procéder avec beaucoup de réserve dans les changements que l'on fait subir à l'ancien assolement. Les essais et les observations des premières années d'exploitation auront pour but de chercher quelles sont les récoltes qui réussissent le mieux dans les diverses espèces de terre qui composent la ferme, le mode de culture qui convient le mieux à chacune d'elles, relativement à la nature du sol enfin le parti plus ou moins profitable que l'on peut tirer de chaque récolte, soit en vendant les produits au dehors, soit en les employant à l'intérieur à la nourriture du bétail ou à tout autre usage. Lorsqu'on possédera toutes ces données, l'assolement se formera presque de lui-même, car il ne s'agira plus que de déterminer dans quel ordre successif il conviendra le mieux de placer les diverses récoltes dont on doit attendre le plus de profit; et cet ordre sera très-facile à fixer, puisqu'on saura quelle est la préparation du sol qui convient le mieux à chaque récolte, circonstance qui varie infiniment, selon les diverses espèces de terre.

On peut dire, en général, que le meilleur assolement est celui qui donne le produit net le plus élevé, en entretenant la terre dans un état de propreté suffisant, et en accroissant sa fécondité, si celle-ci n'est pas déjà portée à un très-haut degré. Pour ces deux dernières conditions, toutefois, on comprend bien que la position du fermier, surtout s'il n'a pas un bail fort long, n'est pas la même que celle du propriétaire : tel assolement pourrait être excellent pour ce dernier, qui ne serait réellement pas profitable à l'autre. Un bon assolement doit produire la quantité de fourrages nécessaire pour alimenter le bétail dont on tire le fumier qu'exige l'assolement lui-même, et il doit produire aussi la quantité de paille nécessaire pour former un des éléments de ce fumier. Cependant il est des exceptions à cette règle : ainsi, lorsque l'exploitation comprend, outre les terres arables, une étendue notable de prairies naturelles qu'il ne convient pas de mettre en culture, soit parce qu'elles sont sujettes à être submergées, soit parce qu'elles sont susceptibles d'irrigation avec une masse suffisante de bonnes eaux, l'assolement des terres arables n'a plus besoin d'être calculé de manière à fournir tous les fourrages. Et dans les situations où il est profitable d'acheter du fumier dans une grande ville, plutôt que de le produire, on peut adopter un très-bon assolement qui ne remplisse pas les conditions que j'ai indiquées relativement à la production des fourrages et de la paille.

On appelle *assolements alternes* ceux dans lesquels les mêmes terres sont consacrées à produire alternativement des fourrages et des denrées destinées à être vendues. Je

comprends ici sous la dénomination générale de fourrages
toutes les récoltes destinées à être consommées par les
animaux. Ainsi, ce mot s'applique aux récoltes racines,
aussi bien qu'au trèfle, à la luzerne, etc. Lorsque l'assolement doit se suffire à lui-même pour la production des
fourrages et des engrais, c'est-à-dire lorsqu'il n'existe pas
de prairies naturelles, ou qu'on ne tire pas de fumier du
dehors, on regarde généralement comme nécessaire de
consacrer à la production des fourrages la moitié de l'é-
tendue des terres arables, et l'on règle l'assolement sur
cette donnée. Cela ne doit s'entendre, au reste, que des
terres d'une fertilité moyenne, car dans des sols déjà très-
riches, qui ne réclament pas l'application d'une grande
masse de fumier, on pourrait certainement rester au-dessous de cette proportion pour la production des fourrages ;
d'autant plus qu'à étendue égale, ces terres donnent elles-
mêmes des récoltes de ce genre beaucoup plus considérables. Dans des terres pauvres, au contraire, où le besoin
d'engrais est plus étendu, et qui produisent à surface égale
beaucoup moins de substances alimentaires pour les animaux, la proportion de la moitié des terres consacrées aux
fourrages serait loin d'être suffisante. D'ailleurs, sur les
terrains de cette espèce, il convient presque toujours de
multiplier les pâturages pour les bêtes à laine ; et cette portion des terres consacrées à la nourriture du bétail fournit
beaucoup moins d'engrais que les récoltes à faucher, parce
qu'une partie des plantes pâturées est gâtée par les pieds
des animaux au lieu d'être consommée. Tout nous porte à
croire, du reste, que les excréments des animaux dissémi-

nés sur les pâturages ne profitent pas autant à la terre que lorsqu'ils sont recueillis dans les étables et employés sous forme de fumier. Par ces motifs, l'étendue des terres consacrées à la nourriture des bestiaux doit former beaucoup plus de la moitié de la surface de l'exploitation, dans les sols peu fertiles; et, dans ces circonstances, il est souvent beaucoup plus profitable d'adopter un assolement dans lequel une petite portion seulement de l'étendue des terres est destinée chaque année à la culture des produits destinés à être vendus immédiatement, tandis que le reste alimente de nombreux bestiaux.

Quoique nos connaissances soient encore très-bornées relativement au degré d'épuisement produit dans le sol par chaque espèce de récolte en particulier, nous savons cependant qu'elles n'épuisent pas toutes au même degré, et qu'il est même des récoltes qui sont décidément améliorantes. On cherche en général à intercaler dans les assolements les récoltes les plus épuisantes avec celles qui le sont moins, ou qui peuvent améliorer le terrain. Cette considération est toutefois subordonnée à la richesse du sol, et à la quantité d'engrais dont on peut disposer : il est certain qu'avec une abondante production de fumier, et dans un sol déjà très-fertile, on pourrait faire suivre sans interruption des récoltes très-épuisantes; tandis que dans les circonstances contraires, on ne doit les faire revenir qu'à des intervalles plus ou moins éloignés.

Le nettoiement du sol, ou la destruction des plantes qu'il produit spontanément, est une circonstance tout aussi importante que la fertilité, pour l'abondance des produits qu'on peut obtenir du terrain. Mais comme toutes les récoltes ne présentent pas les mêmes facilités pour la destruction des mauvaises herbes, il est indispensable de composer l'assolement de manière à faire revenir aussi fréquemment qu'il est nécessaire les récoltes qui permettent un nettoiement complet du terrain. De ce nombre sont principalement celles que l'on nomme récoltes sarclées, et que l'on a appelé quelquefois *récoltes jachères,* parce qu'elles peuvent remplacer la jachère dans certains cas. On peut bien, à la vérité, sarcler toutes les récoltes, mais toutes ne seraient pas pour cela ce qu'on appelle dans les assolements récoltes sarclées, car on ne pourrait presque dans aucun cas, quelques dépenses que l'on fît, nettoyer complétement les céréales, par exemple, par des sarclages, de manière qu'aucune mauvaise herbe, grande ou petite, ne produisit ses semences, comme cela s'exécute constamment dans les récoltes sarclées bien traitées. C'est pour cela qu'on intercale les récoltes sarclées avec les céréales dans les assolements ; et le nettoyement complet du terrain, pendant qu'on y cultive les premières, permet d'entretenir les céréales dans un état de propreté suffisant, au moyen de sarclages peu dispendieux.

On a quelquefois nommé *récoltes étouffantes* celles qui couvrent la terre d'un ombrage épais, et qui permettent difficilement aux mauvaises herbes d'y végéter : telles sont le trèfle, les vesces, etc. On a voulu aussi les intercaler avec les céréales dans les assolements pour nettoyer le sol, sans l'intervention des récoltes sarclées ; mais on a presque toujours payé chèrement les tentatives de ce genre, car les récoltes étouffantes, lorsqu'elles ne sont pas appliquées à un sol déjà bien net de mauvaises herbes, masquent le mal plutôt qu'elles ne le guérissent, et le terrain se trouve au moins aussi infesté après qu'avant, surtout de mauvaises herbes vivaces. Et encore, les récoltes ne sont étouffantes que lorsqu'elles réussissent parfaitement, et lorsque la saison favorise leur croissance : sans cela les mauvaises herbes s'emparent du terrain à leur place. C'est pour cela qu'on a dit quelquefois que le *trèfle est le père du chiendent*, dans les localités où cette plante est mal placée dans les assolements.

L'expérience montre que certaines récoltes réussissent mieux ou plus mal après certaines autres. Il n'est pas bien sûr que cela vienne toujours de sympathies ou d'antipathies entre les diverses espèces de plantes, comme on l'a supposé : il est bien possible que les effets de ce genre proviennent souvent de ce que la récolte précédente a reçu des cultures qui favorisent mieux la végétation de la suivante, ou de ce que, d'après l'époque à laquelle la première a été enlevée, on a pu mieux préparer le terrain pour celle qui doit la suivre. Quoi qu'il en soit, les résultats sont les mêmes pour la pratique, et l'on doit s'attacher, dans la fixation des assolements, à faire précéder chaque récolte de celle qui doit le mieux en assurer la réussite.

On a généralement reconnu aussi que, pour la plupart des plantes soumises à la culture, le produit diminue si on les cultive plusieurs années de suite sur le même terrain, et que, pour plusieurs d'entre elles, les produits s'affaiblissent de même, si l'on ne met pas un intervalle assez long à leur culture sur le même sol. On a observé des effets analogues entre les récoltes du même genre, quoique n'appartenant pas à la même espèce : c'est ainsi que si l'on place successivement plusieurs récoltes de céréales de diverses espèces, les produits des dernières années seront beaucoup moins considérables que si l'on eût intercalé entre elles des récoltes composées de plantes d'autres familles. De là résulte l'utilité de l'alternement des diverses récoltes sur le même terrain, en prenant en considération les propriétés que l'expérience a fait reconnaître à chacune d'elles, relativement à la faculté de revenir plus ou moins fréquemment après elles-mêmes, ou après d'autres récoltes du même genre.

Telles sont les considérations générales les plus importantes qui se rapportent aux assolements. Dans les articles suivants, j'entrerai dans des détails plus étendus sur quelques-unes des particularités qui les concernent.

DEUXIÈME SECTION

Du rôle que joue la jachère dans les assolements

On dit qu'une terre est en *jachère complète, jachère morte*, ou *jachère nue*, lorsqu'on la laisse pendant une année entière sans y mettre aucune récolte, mais en lui donnant pendant tout le courant de l'été, et souvent dès l'automne ou l'hiver précédent, des cultures plus ou moins nombreuses, pour la préparer à un ensemencement qui a lieu presque toujours à l'automne qui suit. On a appelé quelquefois *demi jachère, jachère de printemps* ou *d'automne*, l'état d'un terrain que l'on soumet pendant deux ou trois mois à des cultures réitérées, dans l'une ou dans l'autre de ces deux saisons, afin de le bien préparer pour la récolte qui doit suivre. On a aussi parfois donné le nom de jachère aux terrains qui restent simplement en repos pendant une ou plusieurs années sans recevoir de cultures, et qui servent communément au pacage des bestiaux; mais cette expression est entièrement impropre et l'on doit réserver le nom de jachère aux terrains à la fois en repos et soumis à des cultures préparatoires. Tout ce que je dirai dans cet article se rapporte à la jachère complète. Lorsque je traiterai des cultures préparatoires du sol, j'exposerai les procédés qui peuvent rendre la jachère efficace : je ne dois m'occuper ici que de rechercher dans quelles circonstances et jusqu'à quel point l'emploi de la jachère peut être utile comme moyen d'assolement.

La jachère à trois buts bien distincts. Le premier est d'ameublir le sol; et il est beaucoup de terrains qui ne peuvent être amenés à un état complet de pulvérisation qu'à l'aide de labours réitérés pendant la saison la plus sèche de l'année. Le second but est d'exposer successivement aux influences atmosphériques les diverses parties du terrain : soit que ces influences tendent à faire absorber par le sol certains principes fertilisants contenus dans l'atmosphère, soit qu'elles se bornent à modifier les substances organiques contenues dans le terrain, de manière à les rendre plus facilement absorbables par les végétaux, l'expérience démontre, de la manière la plus incontestable, combien la fertilité du sol est accrue par la fréquente exposition à l'air de ses diverses parties. Enfin, la jachère a pour but de nettoyer le sol, c'est-à-dire de détruire les plantes vivaces qui l'infestent, ainsi que les semences de plantes spontanées qui se rencontrent souvent dans le terrain en quantité incroyable, et qui ne peuvent se détruire qu'en en facilitant la germination, pour enfouir par les cultures suivantes les plantes qui en proviennent. Il est certain que ces trois effets ne peuvent être produits, par quelque moyen que ce soit, avec autant d'efficacité qu'on le fait par l'emploi de la jachère; aussi cette dernière sera certainement considérée par tous les praticiens expérimentés comme la préparation par excellence. Dans certains cas, on peut obtenir par d'autres préparations d'aussi belles récoltes qu'après la jachère; mais ce sera toujours au moyen de l'emploi d'une quantité plus considérable d'engrais, et bien rarement les récoltes y seront aussi assurées qu'après la jachère. Lorsqu'on renonce à l'emploi de cette dernière, on s'efforce de faire produire au terrain d'aussi riches récoltes qu'après une jachère : on y réussit souvent, mais jamais on ne peut espérer d'obtenir sans elle une récolte plus abondante, dans des circonstances d'ailleurs égales.

Mais si la jachère est un excellent moyen de préparation, c'est aussi un moyen fort coûteux, car, indépendamment des dépenses qu'occasionnent des cultures réitérées, cette pratique entraine la perte totale des produits du terrain pendant une année. C'est cette considération qui a dicté les critiques souvent exagérées que l'on a faites de cette méthode : on a voulu proscrire totalement la jachère, tandis qu'il fallait seulement en corriger l'abus, et rechercher dans quelles circonstances elle est réellement utile et profitable. C'est ce que je vais faire, aussi brièvement que je le pourrai.

L'utilité de la jachère varie extrêmement, selon la nature du sol, et selon le climat sous lequel ce sol est situé. Dans les terrains sablonneux légers et meubles, on peut presque toujours donner au sol, par des cultures de printemps ou d'automne, une préparation aussi parfaite sous le rapport de l'ameublissement et du nettoiement, qu'on peut le faire par une jachère complète dans les terrains argileux et tenaces. Les premiers s'ameublissent en effet facilement, et se dessèchent avec promptitude, ce qui permet d'y détruire en assez peu de temps les mauvaises herbes vivaces, si ce n'est lorsqu'on est contrarié par des pluies continuelles. Dans les terres argileuses, au contraire, il faut beaucoup de temps pour les ameublir, beaucoup de temps encore pour qu'elles se dessèchent; et ce n'est pas trop de tout l'été pour y opérer la destruction des plantes vivaces, lorsqu'elles en sont infestées à un certain point, car ces plantes ne se détruisent que par des cultures réitérées dans un sol desséché et déjà ameubli. On comprend donc que sous un climat pluvieux comme celui de nos départements du Nord, la jachère est utile à un beaucoup plus grand nombre de terrains que dans nos départements du Midi, où l'on peut presque toujours trouver, à l'aide d'une culture active, soit en automne, soit au printemps, un intervalle suffisant de temps sec pour la pulvérisation du sol et la destruction des mauvaises herbes. Sous tous les climats, les sols légers se prêtent d'ailleurs beaucoup mieux que les terres argileuses à la culture des récoltes sarclées, qui peuvent jusqu'à un certain point remplacer la jachère. Ces considérations font comprendre que l'on peut d'autant plus facilement se dispenser du procédé coûteux de la jachère, que le sol sur lequel on opère est plus léger, plus meuble et naturellement plus sec, et qu'il est situé sous un climat plus méridional et moins pluvieux.

D'un autre côté, la dépense qui résulte de l'emploi de la jachère est loin d'être la même dans toutes les circonstances, car une partie fort importante de cette dépense consiste dans le sacrifice de l'emploi utile du terrain pendant une année : ce qui se résout pour le cultivateur, propriétaire ou fermier, dans la perte d'une année de rente de ce terrain. Plus la rente est élevée, plus il lui importe donc d'éviter cette perte. Dans les cantons où l'agriculture est très-avancée, et où la rente de la terre s'élève à 150 et peut-être à 200 fr. par hectare, le compte des récoltes qui suivent la jachère se trouve chargé d'une somme énorme, à cause de la perte d'une année de rente qu'il faudra bien récupérer sur le produit des années suivantes. Mais il en est tout autrement dans les exploitations où la rente de la terre ne dépasse pas 20 à 25 fr. par hectare, comme c'est le cas sur une grande partie de l'étendue de notre territoire : la jachère ici est six ou huit fois moins coûteuse que dans le premier cas, relativement à la partie de la dépense qui a trait à la perte de la rente.

L'étendue des exploitations forme encore une considération fort importante, par rapport à la dépense qu'entraîne
le procédé de la jachère. Dans toutes les exploitations
rurales, il y a une classe de dépenses que l'on ne peut
appliquer à aucune récolte en particulier, et que l'on
nomme *les frais généraux :* tels sont l'intérêt du capital
consacré à l'entreprise, les dépenses de ménage du cultivateur, l'entretien des instruments d'agriculture, l'entretien des chemins, des fossés, etc. Tout cela forme une
masse de frais beaucoup plus considérable qu'on ne le
croit généralement, et il faut bien que le cultivateur récu-
père cette dépense sur l'étendue de terre qu'il exploite.
Chaque hectare se trouve donc chargé, pour cet objet,
d'une somme qui varie selon l'étendue de l'exploitation.
Dans beaucoup de localités, et dans les cantons d'une
culture avancée, le fermier consacre à la culture d'une
exploitation de 15 ou 20 hectares un capital aussi considérable que le font, dans d'autres cantons, la plupart des
fermiers pour une exploitation de 200 ou 300 hectares ;
et il dépense autant qu'eux pour son ménage, son entretien et celui de sa famille. L'article des frais généraux
est souvent même beaucoup plus élevé, dans les petites
fermes cultivées avec soin, que dans les grandes exploitations des pays où la culture est moins avancée. En supposant qu'il y ait égalité sous ce rapport pour la petite et la
grande exploitation dont je viens de parler, l'hectare de
terre n'aurait à supporter dans la dernière qu'un dixième
environ de la somme dont la même étendue de terre serait chargée dans la petite exploitation. Le sacrifice qui

résultera de l'emploi de la jachère sera donc beaucoup moins considérable dans un cas que dans l'autre.

En résumant ce que je viens de dire sur la question économique de la jachère, on voit que cette question est loin d'être simple, et ne doit pas recevoir partout la même solution. Il conviendra d'autant plus de s'efforcer de supprimer la jachère, ou d'allonger la période de ses retours, que la rente de la terre est plus élevée et que l'exploitation est moins étendue. D'un autre côté, la diversité des sols et des climats apporte, comme nous l'avons vu, de grandes différences dans l'utilité réelle de la jachère. Chaque cultivateur devra, d'après ces considérations, décider s'il lui convient d'introduire la jachère dans ses assolements. Je dirai seulement ici que dans les départements du Nord de la France, il est bien peu de circonstances où l'on puisse absolument se passer de la jachère pour les sols argileux, à moins qu'on ne consacre à la culture de très-grands moyens d'action, ce qui ne peut guère se faire que dans de petites exploitations. Lorsqu'on pourra à l'aide d'une jachère assurer dans les sols de cette espèce la réussite de cinq ou six récoltes consécutives, on trouvera presque toujours que la jachère est un procédé économique et profitable.

Beaucoup d'écrivains agricoles ont proscrit la jachère d'une manière absolue. Presque toujours on s'est laissé entraîner dans cette direction par l'observation des faits recueillis dans les cantons où les procédés agricoles ont acquis dès longtemps le plus haut degré de perfection, et où en effet le procédé de la jachère est inconnu. On pourra

certainement la supprimer de même, surtout dans la petite
et la moyenne culture, partout où l'on sera parvenu à une
grande multiplication des bestiaux, à l'aide d'une production très-abondante de fourrages; où les sols argileux et
compacts seront devenus onctueux et meubles, comme
cela arrive toujours à la suite de l'application longtemps
réitérée d'engrais abondants; où les procédés de culture
des récoltes sarclées seront connus et pratiqués avec assez
de perfection par la population ouvrière, pour qu'on puisse
opérer ainsi le nettoiement complet du sol; où de bons
instruments d'agriculture se seront introduits, et seront ma-
niés avec habileté par les laboureurs, et où l'on pourra
consacrer à l'exploitation des terres des capitaux beaucoup
plus considérables que ceux qu'on y emploie dans les cantons ou la jachère est en usage. C'est sous l'influence de
ces conditions, que la jachère a été supprimée dans les cantons où les procédés agricoles sont aujourd'hui le plus
avancés, et cette suppression sera partout le résultat des
mêmes circonstances, sans qu'il soit nécessaire de la recommander aux cultivateurs parvenus à cette période de
l'art; mais c'est se tromper complétement que de vouloir
faire du précepte de la suppression des jachères un moyen
d'amélioration pour les cantons moins avancés, ou pour
les exploitations où les perfectionnements agricoles ne sont
pas déjà naturalisés par une assez longue pratique. C'est
là une erreur dont les résultats ont été funestes à une multitude de débutants dans la carrière de l'agriculture.

TROISIÈME SECTION

De l'assolement triennal

L'assolement triennal avec jachère a été généralement adopté dans presque toute l'Europe, dès le temps de la conquête des Romains. La première année étant consacrée à la jachère, la seconde est destinée à la culture des céréales d'hiver, et la troisième à celle des céréales de printemps, ce qui embrasse le cercle de toutes les récoltes qui composaient alors le domaine de l'agriculture. Si l'on se reporte à l'état des choses à cette époque, on trouvera qu'en effet il était impossible de suivre un système de culture qui y fût mieux approprié. Les terres ayant très-peu de valeur à cause de la faiblesse de la population, le sacrifice que la jachère occasionnait était de peu d'importance ; et cet assolement, joint à l'usage de la vaine pâture qui s'y lie essentiellement, forme un système de culture si simple, si bien coordonné dans toutes ses parties, dans lequel les travaux se répartissent d'une manière si commode sur les diverses saisons de l'année, et d'une exécution si facile pour les hommes les plus ignorants, qu'on ne doit pas être surpris de l'universalité de son adoption.

Dans l'origine, les terres étaient fumées à chaque retour de la jachère, c'est-à-dire tous les trois ans, ce qui supposait une grande étendue de prairies naturelles pour nourrir les bestiaux nécessaires à la production de ce fumier ; mais depuis longtemps l'étendue des prairies n'a cessé d'aller

en décroissant, par l'effet des besoins de la consommation
pour des populations qui tendaient constamment à s'accroître. En effet, dans ce système, ce n'est pas aux terres
arables qu'il est possible de demander une augmentation
de produits en grain : il fallait donc rompre des prairies
toutes les fois qu'on éprouvait le besoin d'augmenter ces
produits. C'est ce qu'on a fait partout; et la proportion des
prairies est si faible aujourd'hui dans la plupart des exploitations soumises à l'assolement triennal, qu'on est forcé de
se borner à fumer les terres arables tous les six ans, et
même fort souvent tous les neuf ans. Une fois arrivé à ce
point, l'assolement triennal ne donne plus que de chétifs
rendements, si ce n'est sur quelques sols privilégiés, et la
diminution des récoltes en paille qui en est le résultat diminue elle-même la masse des engrais que l'on peut consacrer aux terres.

Cet état de choses amenait, forcément en quelque sorte,
l'introduction dans la culture, de quelques plantes destinées
à remplacer le déficit des fourrages qui se faisait généralement sentir. C'est alors qu'on a commencé à cultiver le
trèfle, la luzerne et le sainfoin, probablement après beaucoup de tentatives sur d'autres plantes. Les succès qu'on
obtint du trèfle en particulier, comme plus propre à entrer dans les assolements à courts termes, fixèrent bientôt
l'attention des cultivateurs éclairés. Naturellement, c'est
dans l'assolement triennal qui était encore suivi partout,
qu'on voulut d'abord placer cette récolte.

A cet effet, on sema le trèfle dans la sole de céréales de
printemps, en sorte qu'il occupait le terrain pendant l'an-

née suivante qui était celle de la jachère, et on le rompait pour un ensemencement de céréales d'hiver, ce qui laissait l'assolement intact. Comme le trèfle se plait d'une manière plus particulière dans les terrains qui n'en ont jamais porté, on obtint, par ce procédé, quelques succès qui excitèrent un véritable enthousiasme. On se rappelle encore, en Allemagne, l'impression vive que produisirent les écrits de *Schubart*, le plus ardent propagateur de la culture du trèfle, au moment de l'introduction de cette récolte dans la grande culture. Cet agronome zélé crut d'abord que l'on pourrait faire revenir ainsi le trèfle à chaque période de l'assolement triennal — cette plante eût été vraiment alors un trésor inappréciable, — et beaucoup de cultivateurs allemands se laissèrent aller à cet entrainement. Mais on reconnut bientôt, et Schubart ne tarda pas à reconnaître lui-même, que le trèfle ne peut revenir aussi souvent sur le même terrain sans que ses récoltes diminuent considérablement, et que si l'on remplace ainsi la jachère deux fois de suite dans l'assolement triennal, la terre s'infeste de mauvaises herbes de manière à amener une diminution considérable dans les récoltes de grains. On en vint donc à ne placer le trèfle sur le même terrain qu'une fois tous les six ans, en conservant d'autres jachères. On remarqua ensuite que ce retour était encore trop fréquent dans une multitude de circonstances, et qu'il en résultait une diminution dans la récolte des céréales, ce qui conduisit beaucoup de chefs d'exploitations à limiter la culture du trèfle à chaque troisième rotation, c'est-à-dire à ne le faire revenir que tous les neuf ans. Mais, dans cette combinaison, les

avantages qu'on en retire se trouvent tellement restreints,
qu'il parut fort douteux à beaucoup de praticiens que ces
avantages pussent compenser les inconvénients que l'expérience fait toujours reconnaître dans la suppression d'une
jachère après deux récoltes de grains. Aussi beaucoup de
cultivateurs judicieux ont-ils été amenés à penser que lorsqu'on ne veut pas s'écarter de l'assolement triennal, il faut
l'adopter dans sa pureté primitive, c'est-à-dire s'astreindre
à la jachère régulière tous les trois ans, en se procurant
en dehors des soles, en étendue suffisante, soit des prairies
naturelles, soit des prairies artificielles pérennes, c'est-à-
dire des luzernes ou des sainfoins.

Je présente ici l'histoire de ce qui s'est passé en Allemagne, en Flandre et en Angleterre, où l'introduction de
la culture du trèfle est plus ancienne que dans la plus
grande partie de notre territoire. On peut voir que dans
quelques-uns de nos cantons, où la culture du trèfle s'est
le plus propagée, on est aujourd'hui sous ce rapport au
point où l'on était dans ces pays dans le cours du siècle
dernier. Les cultivateurs les plus éclairés y sentent généralement les inconvénients d'une culture prolongée du
trèfle dans un assolement qui ne lui convient pas, et leurs
efforts se dirigent vers les moyens de remédier à un mal
dont les effets sont évidents.

Les pays étrangers que je viens de nommer, reconnais-
sant les inconvénients qui accompagnent la méthode de
semer le trèfle dans la deuxième céréale de l'assolement
triennal, essayèrent de le placer dans la première, c'est-à-
dire dans celle qui suit immédiatement la jachère : le

trèfle eut une complète réussite dans cette position. Il occupait alors le terrain pendant l'année où celui-ci eût dû être ensemencé en céréales de mars; mais ensuite on ne pouvait raisonnablement faire une jachère immédiatement après, et le terrain était encore évidemment en état de supporter très-bien une autre récolte au moins, ce qui appelait une prolongation d'assolement. Le système triennal était donc anéanti par cette nouvelle combinaison, qui faisait naître naturellement les assolements alternes dont je parlerai tout à l'heure. Quant à l'assolement triennal, il est certain qu'il ne présente pas de place convenable pour le trèfle, du moins pour qu'on puisse tirer de cette récolte tous les avantages qu'on peut en espérer dans un bon système de culture. Il n'y a pas non plus de place pour les récoltes sarclées par lesquelles on a cherché aussi à suppléer à la disette des fourrages ; car si l'on place les récoltes sarclées, dans la jachère de l'assolement triennal, l'expérience fait assez généralement reconnaître qu'il en résulte, dans un grand nombre de cas, une diminution assez considérable sur la récolte de céréales d'hiver qui suit.

Toutes les fois que l'on veut obtenir deux récoltes de céréales dans un assolement de trois ans, il faut bien que l'une suive immédiatement l'autre; mais après deux récoltes de céréales successives, il est bien rare que l'on puisse se passer d'une jachère, pour donner au terrain une bonne préparation. D'un autre côté, si l'on voulait n'obtenir qu'une récolte de céréales en trois ans, pour consacrer les deux autres soles aux prairies artificielles et aux récoltes sarclées, d'abord on ne récolterait généralement pas assez de grain pour que cette culture fût profitable, et ensuite on n'obtiendrait plus assez de paille, ce qui diminuerait la masse des fumiers. Ainsi, de quelque manière que l'on combine les soles, le nombre de trois ne présente pas de ressources pour un assolement alterne; et l'assolement triennal avec jachère, bon en lui-même dans les circonstances qui lui conviennent, est rebelle à toute combinaison dans laquelle on voudrait y placer autre chose que des récoltes de céréales, pour lesquelles il a été créé. Les modifications plus ou moins heureuses qu'on a tenté de lui faire subir ont eu généralement pour effet de le convertir en des assolements de six ou neuf ans, c'est-à-dire de détruire la combinaison triennale.

QUATRIÈME SECTION

Des assolements de quatre ans

En établissant quatre soles au lieu de trois, on peut former des combinaisons bien plus favorables dans le système de culture alterne. De tous les assolements de quatre ans, et peut-être de tous les assolements alternes, celui qui a eu le plus de vogue est celui qui a pris naissance dans le comté de Norfolk, et qui s'est répandu dans une grande partie *des sols légers* de la Grande-Bretagne. Cet assolement se combine comme il suit :

Première année. — Navets semés sur fumure, et presque toujours consommés sur place par des bêtes à laine qui passent la nuit comme le jour sur le terrain.

Deuxième année. — *Froment* après les turneps consommés de bonne heure en automne, et *orge* après ceux qui ont été consommés plus tard. Trèfle semé dans ces deux céréales.

Troisième année. — Récolte de *trèfle* et semaille de *froment* sur un seul labour dans la portion qui a porté de l'orge à la seconde année.

Quatrième année. — Semaille *d'avoine* sur la portion de la sole qui a porté du froment à la seconde année, et récolte du froment et de l'avoine.

Cet assolement, avec diverses modifications de détail selon les cantons, a obtenu un grand succès dans la plupart des sols légers de la Grande-Bretagne. Ainsi on y désigne généralement ces terrains sous le nom de terres à *turneps*, nom anglais du navet. Lorsqu'on a voulu l'introduire sur le continent, il a bien fallu le modifier un peu, parce que la consommation des navets sur place, qui produit sur le terrain une fumure si énergique, est une pratique qui se rattache à l'ensemble de la culture anglaise, et qui ne pourrait réussir de même dans beaucoup d'autres pays. On a donc adopté cet assolement comme il suit :

Première année. — *Récoltes sarclées* avec fumure, ordinairement pommes de terre, betteraves, etc.

Deuxième année. — *Céréales de printemps* avec semailles de trèfle.

Troisième année. — Récolte du *trèfle* et semaille d'une céréale d'hiver sur un seul labour.

Quatrième année. — Récolte de la *céréale d'hiver*.

Cet assolement présente plusieurs défauts assez graves, et qui se sont opposés à ce qu'il s'étendît beaucoup. D'abord le trèfle ne peut revenir pendant longtemps tous les quatre ans sur le même terrain, sans que ses récoltes ne diminuent beaucoup, remarque que l'on a également faite en Angleterre. Il faut donc bientôt en venir à lui substituer une autre prairie artificielle annuelle, composée ordinairement de graminées; mais alors la récolte de céréales d'hiver qui suit est bien loin d'avoir les mêmes chances de réussite qu'après du trèfle; et même, après cette dernière récolte, la réussite du froment n'est pas assez assurée pour qu'un cultivateur se résigne volontiers à avoir ainsi tous ses froments sur trèfle rompu. Les céréales de mars sont ordinairement fort belles dans cet assolement, mais le froment y est placé dans des circonstances généralement moins favorables : c'est là une combinaison peu profitable, car le froment est en général la source la plus solide du produit des terres arables. Pour les terrains où le trèfle réussit bien dans les céréales d'automne, c'est-à-dire pour ceux où la surface ne forme pas communément une croûte après l'hiver, il vaudrait généralement mieux semer le froment dans la seconde sole, après les récoltes sarclées, et placer de l'avoine dans la quatrième sole après le trèfle ou toute autre prairie artificielle. Cela suppose toutefois que les récoltes sarclées, c'est-à-dire les racines, sont enlevées d'assez bonne heure pour promettre un plein succès de la semaille du froment; et cette condition est assez difficile à remplir, lorsqu'il y a ainsi nécessité d'arracher prématurément la totalité des récoltes sarclées de l'exploitation.

On pourrait encore former pour les assolements de quatre ans d'autres combinaisons que je ne crois pas nécessaire d'indiquer ici. Les assolements de cette durée ne conviennent guère au reste qu'aux sols légers, parce que dans les terres argileuses la fumure peut généralement durer plus de quatre ans; et lorsqu'il convient d'avoir recours à la jachère, on peut, à l'aide d'une bonne culture, se dispenser de la faire revenir à des périodes aussi rapprochées.

CINQUIÈME SECTION

Des assolements de cinq ans avec et sans jachère

La période de cinq années admet déjà d'une manière plus profitable le retour de la jachère dans les terres argileuses, surtout dans les grandes exploitations, et dans les localités où la rente de la terre n'est pas très-élevée. D'un autre côté, une bonne fumure, appliquée à la jachère sur un sol de cette nature, peut fort bien étendre ses effets à quatre récoltes, pourvu qu'une de celles-ci soit du trèfle. Cette plante pourra aussi revenir pendant plus longtemps sans inconvénient sur le même terrain, dans cette combinaison, que dans l'assolement de quatre ans. Cependant on ne doit pas se dissimuler que, dans beaucoup de sols, ce retour ne pourra encore se prolonger indéfiniment; et à une époque plus ou moins éloignée, qu'un cultivateur attentif reconnaîtra facilement par l'expérience, il faudra remplacer une année de trèfle par quelque autre récolte. Mais presque toujours on peut compter sur au moins quatre ou cinq rotations, c'est-à-dire sur un espace de 20 ou 25 ans, avec une complète réussite du trèfle. On peut combiner de la manière suivante l'assolement de 5 ans avec jachère :

Première année. — *Jachère* fumée et semaille de colza en juillet ou août.

Deuxième année. — Récolte du *colza* et semaille du froment.

Troisième année. — Semaille de trèfle dans le *froment* au printemps, et récolte de ce dernier.

Quatrième année. — Récolte de *trèfle*, et semaille de froment à l'automne sur un seul labour.

Cinquième année. — Récolte du *froment.*

Dans beaucoup de cas, une récolte d'avoine remplacerait avec profit cette dernière récolte de froment, sur le défrichement du trèfle, place à laquelle l'avoine donne d'habitude un produit très-abondant.

Dans cet assolement, toutes les récoltes, excepté une seule, sont placées dans les circonstances les plus favorables pour leur réussite. Le colza semé en place ne réussit jamais mieux que sur une jachère. Le froment après colza réussit généralement aussi bien qu'après une jachère; et si l'on place de l'avoine à la cinquième année, elle est encore là dans les circonstances les plus favorables à son succès. Mais la récolte pour laquelle il reste quelque chose à désirer dans cet assolement, c'est celle du trèfle, qui vient ici dans la deuxième récolte après la jachère fumée, tandis que son succès serait beaucoup plus assuré dans celle qui suit immédiatement cette jachère. A la vérité, la première de ces deux récoltes est ici du colza, que je suppose biné soigneusement et laissant par conséquent le sol bien net : le trèfle réussira généralement mieux à cette place que dans la deuxième céréale de l'assolement triennal, mais jamais aussi bien que dans la première céréale après la jachère. Et comme de la réussite complète du trèfle dépend aussi la réussite de la récolte qui le suit, c'est là un défaut grave pour cet assolement, dans les sols qui ne sont pas très-riches ; car dans ceux qui sont naturellement très-fertiles, le trèfle réussira généralement bien dans le froment qui vient après du colza fumé.

Dans les sols peu fertiles, on peut modifier l'assolement de cinq ans en supprimant la récolte de colza, et en mettant une récolte d'avoine à la cinquième année, après celle de froment semée sur trèfle rompu. Le premier froment sera semé sur la jachère fumée, et le trèfle qu'on sèmera dans cette récolte y réussira fort bien. L'assolement se terminera par deux céréales successives, ce qui présente peu d'inconvénient à cette place, parce que la jachère doit revenir immédiatement après. On aura généralement de plus belle avoine, dans cette combinaison, qu'après le froment dans l'assolement triennal, parce que l'influence du trèfle est particulièrement favorable à la réussite des récoltes d'avoine, et se fait sentir pendant plusieurs années après le défrichement du trèfle. Une autre combinaison,

préférable dans beaucoup de cas, consiste à placer la récolte d'avoine immédiatement après le trèfle, et à la faire
suivre par la récolte de froment. Il faut seulement choisir alors une variété hâtive d'avoine, afin d'avoir après sa
récolte un temps suffisant pour donner à la terre une
bonne préparation pour le froment. Dans beaucoup de
sols, la réussite du froment est plus assurée à cette place
que lorsqu'on le fait succéder immédiatement au trèfle.
Un cinquième seulement des terres, dans les deux assolements que je viens de décrire, est consacré à la nourriture du bétail, ce qui suppose soit des prairies naturelles,
soit des prairies artificielles pérennes, car cette proportion
serait insuffisante pour fournir la quantité de fumier nécessaire à l'assolement. Dans la dernière de ces deux combinaisons, les trois cinquièmes de l'étendue des terres sont
en céréales, ce qui donne une grande abondance de pailles.
Il n'y a dans l'autre que deux cinquièmes en céréales :
cette proportion serait un peu faible pour la litière s'il n'y
était suppléé par la paille du colza qui entre dans cet assolement, et qui, lorsqu'on sait la mettre à profit, offre une
ressource plus importante qu'on ne le croit généralement
pour la litière des bestiaux.

Dans les sols moins argileux où l'on peut se dispenser
de la jachère, il se présente aussi des combinaisons diverses pour les assolements de cinq ans. Par exemple, on
peut commencer par deux récoltes sarclées, en donnant
une demi-fumure à chacune. C'est une préparation qui,
dans un très-grand nombre de cas, équivaut à une jachère
complète pour le nettoiement du terrain. On mettra ensuite

une céréale dans laquelle on sèmera du trèfle, qu'on fera suivre par une autre céréale. Ainsi on pourra faire :

Première année. — *Pommes de terre* ou *betteraves* avec demi-fumure.

Deuxième année. — *Pavots* ou *maïs* avec demi-fumure, et semaille d'une céréale d'hiver.

Troisième année. — Semaille de trèfle dans la *céréale* et récolte de cette dernière.

Quatrième année. — Récolte du *trèfle,* et semaille, si on le juge convenable, d'une céréale d'hiver.

Cinquième année. — *Céréale* d'hiver ou de printemps.

Dans cet assolement, la proportion de paille est un peu trop faible, puisque les céréales n'occupent que deux cinquièmes du terrain. Il y aurait donc de l'inconvénient à adopter un tel assolement pour toute l'étendue d'une exploitation; mais si, dans des terres d'une autre nature, on avait un assolement qui donnât une surabondance de paille, comme le dernier que j'ai indiqué, il y aurait compensation. Dans la même supposition, on pourrait remplacer les pavots du dernier assolement par une seconde récolte de racines, ce qui comblerait le déficit de fourrage que laisse l'autre assolement; et ces deux assolements combinés ainsi pourraient fort bien se soutenir sans prairies naturelles. Il est vrai toutefois que la céréale d'hiver de la troisième année serait généralement plus productive après des pavots qu'après des racines, parce que la première de ces récoltes laisse le terrain débarrassé de meilleure heure.

Dans les sols légers trop pauvres pour permettre le succès d'une récolte de trèfle, on pourrait remplacer ce

dernier par du sarrasin, sans changer d'ailleurs la disposition de l'assolement.

SIXIÈME SECTION

Des assolements de six ans

Une jachère fumée peut fort bien, dans les terres argileuses, assurer le succès de cinq récoltes successives,
pourvu qu'une de ces récoltes soit du trèfle; mais il faut
pour cela que la fumure soit copieuse, c'est-à-dire au
moins de 25,000 kil. de bon fumier par hectare, si toutefois le sol n'est pas déjà dans un très-haut état de fertilité.
Si la fumure n'a pas été forte, ou si l'on veut que le sol
reste amélioré après l'assolement, il faut donner un supplément d'engrais pendant la rotation. En prenant le
premier des assolements de cinq ans que j'ai indiqués, on
peut le convertir en assolement de six ans, en plaçant une
céréale de printemps à la suite de celle de la cinquième
année. Le supplément d'engrais pourra se donner alors
par une fumure en couverture sur le trèfle, à l'automne
qui suit sa semaille, ou au moment où on le rompt pour
la céréale d'hiver. Si l'on supprime le colza, on pourra
adopter la rotation suivante.

Première année. — *Jachère* fumée, et semaille d'une
céréale d'hiver.

Deuxième année. — Semaille de trèfle dans la *céréale,*
et récolte de cette dernière.

Troisième année. — Récolte du *trèfle*, et semaille si l'on veut d'une céréale d'hiver.

Quatrième année. — Récolte de *céréales* d'hiver ou de printemps.

Cinquième année. — *Féveroles, pois* ou *vesces*, et semaille de céréale d'hiver.

Sixième année. — Récolte de la *céréale*.

Le supplément d'engrais, si l'on en donne dans cet assolement, s'appliquera aux légumineuses de la cinquième année. Si ce sont des féveroles binées avec soin, et si on leur consacre une fumure un peu abondante, on pourra presque toujours faire suivre par une céréale de printemps la céréale d'hiver qui succède aux féveroles : on formerait ainsi un assolement de sept ans.

Dans les sols où l'emploi de la jachère n'est pas rigoureusement nécessaire, on peut, à la suite des deux récoltes sarclées que j'ai indiquées dans l'assolement de cinq ans, placer quatre récoltes, dont trois pourront être des céréales : il suffira pour cela d'ajouter une céréale de printemps à la suite de celle qui termine l'assolement de cinq ans. Mais si l'on veut entretenir le terrain en état de fertilité, cela exigera presque toujours un supplément d'engrais qu'il conviendra communément d'appliquer à la récolte de la quatrième année.

Dans les terres de la plaine de Roville, terres blanches, graveleuses dans beaucoup de parties, et assez consistantes dans d'autres, je suis arrivé après beaucoup de tâtonnements, à un assolement *biennal*, en ce sens que les récoltes de céréales y reviennent tous les deux ans, mais qui forme cependant bien un assolement de six ans, ainsi qu'il suit :

Première année. — *Betteraves* fumées et semaille de froment ou de seigle.

Deuxième année. — Semaille d'un mélange de trèfle commun, de trèfle blanc et de ray-grass, et récolte de la *céréale.*

Troisième année. — Semaille de *sarrasin* dans les parties où la prairie artificielle aurait manqué ; l'une et l'autre sont récoltées ou enterrées en vert, selon les besoins du terrain et les convenances de l'exploitation ; semaille d'une céréale d'hiver.

Quatrième année. — Récolte de la *céréale* et semaille de navette ou de colza, ou repiquage de cette dernière plante, le tout avec fumier.

Cinquième année. — Récolte du *colza* et de la *navette,* et semaille de froment, excepté dans les parties les plus graveleuses où l'on met du seigle.

Sixième année. — Récolte de la *céréale.*

Les betteraves occupent presque entièrement la première sole. Cependant j'y fais ordinairement quelques hectares de pommes de terre et de maïs, et je n'ai jamais remarqué, après ces diverses récoltes, une différence dans les produits de la céréale qui suit, pourvu que la semaille de cette dernière ait été opérée à la même époque.

Le colza se sème en place, dans la sole de la cinquième année, partout où le terrain peut être préparé à temps, et autant que le permet la quantité de fumier dont on dispose, sauf à labourer de nouveau et repiquer ensuite les parties où la semaille aurait manqué. Le colza semé ainsi

sur un seul labour après une céréale exige impérieuse-
ment des binages au printemps, et mieux encore dès l'automne, si l'on ne veut pas que le terrain s'infeste de mauvaises herbes ; mais traité ainsi, il donne généralement des
produits abondants dans les sols médiocres dont je parle
ici, et il est toujours suivi d'un beau froment. On continue
le repiquage dans tout le mois de septembre, à mesure
qu'on a du fumier disponible. La navette semée en place y
est généralement aussi productive que le colza, et la graine
a la même valeur. Comme elle mûrit toujours une dizaine
de jours avant le colza, il est commode de faire marcher
de front la culture de ces deux plantes, parce qu'on a ainsi
plus de temps pour l'exécution d'une récolte qui exige
d'être faite au moment précis de la maturité des graines.
Lorsqu'on a voulu introduire la culture du trèfle dans les
cantons où l'assolement triennal était usité, on a presque
toujours placé cette récolte dans la sole de jachère, c'est-à-
dire qu'on a semé le trèfle dans la céréale de printemps,
comme je l'ai dit en parlant de l'assolement triennal. Mais
comme on a reconnu que la terre se lassait bientôt de
trèfle, lorsqu'on le faisait revenir ainsi à la même place
tous les trois ans, on a, dans beaucoup de cantons, partagé
la sole de jachère en deux parties égales, dont l'une est
consacrée au trèfle, et l'autre reste en jachère, ou est em-
plantée en récoltes racines : on a soin d'alterner ces deux
moitiés, en sorte que le trèfle ne revienne sur le même
terrain qu'au bout de six ans. Ce mode de culture constitue
un véritable assolement de six ans ainsi qu'il suit :

1° Jachères en racines ;

2° *Froment ;*

3° *Céréales de printemps avec trèfle ;*

4° *Trèfle ;*

5° *Froment ;*

6° *Céréales de printemps.*

Le vice radical de cet assolement consiste en ce que le trèfle est fort mal placé, comme je l'ai déjà dit, dans une seconde récolte de céréale. Aussi les deux récoltes de céréales qui viennent à la suite du trèfle sont presque toujours, dans cette combinaison, infestées de mauvaises herbes. Une récolte sarclée est rarement suffisante pour nettoyer convenablement le terrain après ces deux récoltes, et la jachère y suffit à peine ; encore, si l'on a recours, à celle-ci en supprimant les racines, ne reste-t-il qu'un sixième des terres arables consacré à la nourriture du bétail, ce qui est insuffisant. Dans les cantons où l'on a adopté cette méthode, on se plaint généralement que les récoltes de froment ont été diminuées en quantité et en qualité, depuis l'introduction du trèfle. C'est qu'on a mis là cette excellente récolte à une place qui ne lui convient pas ; et il est fort douteux que le produit du trèfle sur un sixième des terres, que l'on gagne en abandonnant ainsi l'assolement triennal, compense la perte que l'on éprouve sur les récoltes de froment.

SEPTIÈME SECTION

Des assolements à long terme

On ne donne guère aux assolements une durée de plus de six ou sept ans, si ce n'est lorsqu'on y fait entrer une prairie artificielle pérenne destinée à être fauchée ou pâturée. On a indiqué beaucoup d'assolements de cette sorte, dans lesquels le terrain est occupé pendant quatre ou six ans, et même davantage, par la luzerne, le sainfoin, ou par un pâturage semé dans la céréale qui le précède. On peut facilement convertir les assolements que je viens de décrire, ou tous les autres de quatre à sept ans que l'on pourra créer d'après ce petit nombre d'exemples, en d'autres de cette nature, en semant dans la dernière céréale la prairie artificielle qui doit ajouter quelques années de durée à l'assolement. Mais alors il est nécessaire, principalement si cette prairie artificielle est de la luzerne ou du sainfoin, que cette céréale soit placée dans l'assolement de manière à succéder immédiatement à une récolte fumée et binée avec le plus grand soin, si cette année n'a pas été consacrée à une jachère. On ne peut donc jamais placer la luzerne ou le sainfoin dans la seconde des deux céréales qui se succèdent immédiatement.

Au reste, au lieu de formuler ainsi des assolements à long terme, il est infiniment préférable de faire sortir momentanément de l'assolement la portion de terrain qui doit être occupée par les prairies artificielles pérennes. Car lorsqu'on a fait les frais d'ensemencement d'une prairie de cette nature, et lorsqu'on a couru les chances défavorables qui s'y attachent toujours, il importe beaucoup de laisser subsister cette prairie, pendant aussi longtemps qu'elle continue de donner des produits satisfaisants ; et il importe tout autant de la rompre lorsque ces produits diminuent, parce qu'à dater de cette époque, le terrain s'infeste chaque année davantage de mauvaises herbes. Mais il est impossible de prévoir à l'avance avec certitude la durée pendant laquelle une luzerne, un sainfoin ou même un pâturage se conserveront en pleins produits dans tel terrain. Si on les a fait entrer dans un assolement régulier, il faudra rompre chacune de ces prairies à l'époque précise que l'on a fixée, quand même elle serait encore en plein rapport ; et il faudra attendre cette époque, quand même la prairie diminuerait de produit quelques années auparavant. On évite ces inconvénients par la combinaison que je propose ici.

Je suppose, par exemple, qu'après un assolement de six ans, on veuille y ajouter quatre années de sainfoin, ce qui le convertira en assolement de dix ans. Dans le système d'assolement régulier, on sèmera chaque année une sole de sainfoin dans une céréale, et on rompra la plus ancienne des soles de sainfoin. Dans la combinaison que j'indique, les terres seront également divisées en dix soles ; mais dès qu'une d'elles sera ensemencée en sainfoin, elle suffira à l'assolement, en sorte que lorsque l'ensemencement des quatre soles sera complété, on aura dans le reste des terres un assolement régulier de six ans. La durée du sainfoin sur ces quatre soles sera indéfinie et ne sera limitée que par le bon plaisir du sainfoin lui-même : c'est-à-dire que lorsque le produit d'une des quatre soles commencera à faiblir à un certain point, on la rompra sans s'inquiéter si elle est la plus ancienne, et on la fera rentrer dans l'assolement en remplacement d'une sole que l'on aura ensemencée en sainfoin, dès qu'on aura formé le projet de rompre l'autre. Pour mon assolement dans la plaine de Roville, j'ai depuis longtemps une combinaison semblable : mon assolement est de six ans, comme je l'ai dit, mais les terres sont divisées en sept soles, dont l'une est constamment en pâturage que je laisse subsister aussi longtemps qu'il fournit une nourriture abondante aux bêtes à laine. Ainsi, on rompt par exemple, en mars, une sole de pâturage qui a duré quatre ou cinq ans, et on l'ensemencera en betteraves dans la même année, pour remplacer la sole qui devrait les recevoir dans l'assolement régulier, et qui a reçu au printemps de l'année précédente un ensemencement de graines de pâturage dans la céréale. L'assolement se continue donc sans aucun dérangement ; et si le semis de pâturage avait manqué, ce qui arrive bien quelquefois, on laisserait subsister l'ancien encore une année, et l'on ferait un nouveau semis au printemps dans une sole de céréale d'hiver. De cette manière, le défaut de réussite d'une semaille de prairies artificielles n'apporte aucun trouble dans l'ordre des récoltes ; tandis que tout cet ordre est dérangé par un accident de cette nature, dans le système de l'introduction des prairies artificielles pérennes dans les assolements réguliers.

HUITIÈME SECTION

De l'assolement libre

On a dit quelquefois que le plus parfait de tous les systèmes de culture est celui dans lequel le cultivateur ne s'impose à l'avance aucune règle relativement à la succession des récoltes. Le praticien expérimenté prend en considération chaque année l'état dans lequel se trouve son champ, sous le rapport de la fertilité et de la préparation, ainsi que la nature des récoltes dont il l'a chargé dans les années précédentes, et il juge d'après ces données qu'il peut en obtenir telle ou telle récolte avec chance de succès. Il prend d'ailleurs en considération les variations qui peuvent survenir dans les prix des denrées, pour se livrer à la production de celles qui lui offriront le débouché le plus profitable. Il est certain que dans les localités où l'agriculture est portée au plus haut point de perfection, surtout dans le système de petite culture, on trouve que les cultivateurs n'ont pas des assolements fixes et inflexibles, mais qu'ils se déterminent dans beaucoup de cas d'après des circonstances du moment, pour faire choix de la récolte qu'ils devront placer sur tel terrain. On remarquera toutefois, si l'on examine avec soin leurs pratiques, qu'il est à cet égard des règles dont ils ne s'écartent pas : il faut bien qu'ils s'arrangent chaque année de manière à avoir, en proportions à peu près égales, des récoltes qui produisent des fourrages, des racines pour la nourriture d'hiver des bestiaux, et des céréales pour la production de la paille. Sans doute il est possible, dans une petite exploitation, de remplir ces conditions essentielles d'équilibre sans s'astreindre à un ordre régulier et invariable dans la succession des récoltes ; mais cela serait à peu près impraticable dans une grande exploitation, ou même dans celle d'une étendue moyenne : ici, il faudrait que l'attention du cultivateur fût continuellement absorbée par les combinaisons auxquelles donnerait lieu le choix qu'il aurait à faire, chaque année, des récoltes qu'il devrait placer sur toutes ses pièces de terre, et l'homme le plus expérimenté s'y trouverait encore souvent fort embarrassé. C'est par ces motifs que dans toutes les grandes exploitations des pays les plus avancés en agriculture, on a adopté comme plan général un ordre régulier dans la succession des récoltes sur le même terrain. On peut certainement, dans quelques circonstances spéciales, faire fléchir cet ordre devant des considérations puissantes prises soit dans l'état actuel du sol, soit dans les circonstances commerciales, mais un cultivateur prudent ne se livre à ces modifications qu'avec beaucoup de circonspection, et lorsqu'il aperçoit clairement le moyen par lequel il rentrera ensuite dans la route qu'il s'est tracée pour la marche générale de son exploitation.

Il est néanmoins utile, dans une grande exploitation, d'avoir en dehors des soles régulières une étendue de terrain plus ou moins considérable, sur laquelle on suit un assolement libre. Ce terrain peut être employé à des essais de culture particulière, à former des pépinières de bette-raves ou de colza dont on peut avoir besoin pour le grand assolement, ou à d'autres usages de cette nature. Il est souvent utile aussi pour combler un déficit occasionné par des circonstances accidentelles, dans quelques-unes des récoltes de l'assolement. Il devient ainsi un balancier à l'aide duquel on maintient l'équilibre dans les produits lorsque le besoin s'en fait sentir. Cette sole libre pourra contenir, par exemple, dans les grandes exploitations, le trentième ou le quarantième de l'étendue totale des terres arables, et une portion plus considérable dans les petites fermes.

NEUVIÈME SECTION

Des récoltes redoublées et des récoltes enfouies en vert

Dans beaucoup de cas, on peut faire produire à un terrain deux récoltes dans la même année. Ainsi, après une céréale récoltée de bonne heure, on peut semer des navets, et quelquefois du sarrasin qui aient encore chance pour arriver à maturité. On peut aussi semer, dans le même cas, du trèfle incarnat que l'on récoltera au printemps de l'année suivante, et après lequel on mettra dans le même terrain des pommes de terre, du sarrasin, etc. Quelquefois aussi on sème au printemps, dans du lin, dans du colza, ou même dans du seigle, des carottes que l'on nettoie immédiatement après l'enlèvement de la première récolte, et qui en fourniront une seconde en automne. On a quelquefois donné aux récoltes de ce genre, le nom de *récoltes dérobées;* et c'est ce que j'appelle ici *récoltes redoublées.*

Les débutants en agriculture sont en général disposés à trouver admirables ces combinaisons à l'aide desquelles on force la terre à produire deux récoltes dans la même année ; mais un grand nombre d'entre eux reconnaissent, dans la pratique, qu'il y a beaucoup à rabattre des brillantes espérances qu'ils ont fondées sur ces combinaisons. Dans la culture des jardins, on obtient bien ainsi deux et souvent trois récoltes du même terrain chaque année ; dans quelques cantons, on a transporté cette pratique dans la culture rurale, toutefois avec de certaines restrictions ; mais c'est presque toujours dans les usages de la petite culture que cela s'observe. Il est certain que les récoltes redoublées forment le caractère spécial d'une culture très-active, et disposant, tant en engrais qu'en travaux de main-d'œuvre, de puissants moyens d'action, relativement à l'étendue des terres. Lorsqu'on veut introduire cette culture dans une exploitation où ces conditions ne se rencontrent pas, elle est généralement plus nuisible que profitable. En effet, dans les assolements bien calculés, l'espace de temps qui sépare l'enlèvement d'une récolte de la semaille de la suivante, n'est pas perdu pour la culture de cette dernière. Si, en occupant le terrain pendant cette période par une récolte redoublée, on s'est ôté les moyens de donner au sol les cultures dont il avait besoin pour le nettoyer complétement des mauvaises herbes et pour l'ameublir ; si l'on ne rend pas d'ailleurs au terrain, en engrais, l'équivalent de ce qu'en a consommé la récolte redoublée, les pertes qu'on éprouvera sur les récoltes suivantes pourront dépasser de beaucoup la valeur de la récolte dérobée ; et c'est là une circonstance qui se présente bien souvent, lorsqu'on veut introduire ces dernières dans les grandes exploitations.

Le taux de la rente des terres exerce aussi une très-grande influence sur le profit que l'on peut tirer des récoltes redoublées, car ce profit résulte seulement de ce que, dans cette combinaison, une des récoltes se trouve exempte de la charge de la rente et des frais généraux; mais ces charges varient extrêmement selon les circonstances, comme je l'ai expliqué en parlant de la jachère. Dans les jardins, où la rente du sol est en général fort élevée, et où l'on trouve souvent appliquée à un seul arpent une masse de frais généraux égalant ceux de beaucoup de fermes de cent arpents, on conçoit de quel immense intérêt il est pour le cultivateur de redoubler ses récoltes autant qu'il le peut. Mais les circonstances sont entièrement différentes dans les grandes exploitations, et le profit que l'on peut trouver à cette pratique diminue à mesure que les fermes sont plus étendues, et que la rente du sol est moins élevée.

Cette même considération s'applique, en sens inverse, aux récoltes enfouies en vert pour engrais : en effet le loyer, ou la rente de la terre, et la contribution aux frais généraux, forment une partie fort importante de la dépense qu'entraînent les fumures de cette espèce, puisque ces dépenses sont un des éléments du prix de revient de la

récolte que l'on a enfouie. On dira peut-être qu'on ne devrait faire supporter ni rente ni frais généraux aux terres
pendant qu'elles sont chargées de récoltes destinées à être
enfouies pour engrais, de même qu'on l'a dit quelquefois
pour les terres en jachère. Mais si l'on procédait ainsi, la
rente et les frais généraux se trouvant imputés à une
étendue de terre moindre, il faudrait augmenter dans la
même proportion la part que l'on fait supporter à chaque hectare chargé de récoltes; en sorte que cela revien-
drait entièrement au même. Les récoltes supporteraient
sous une autre forme la charge dont on les aurait dégré-
vées par la diminution fictive de la dépense des jachères
et des récoltes enfouies en vert.

Il est encore une considération qui influe puissamment
sur la convenance d'introduire dans les assolements des
récoltes destinées à être enfouies pour engrais: c'est la
nature du sol, qui rend les cultures préparatoires plus ou
moins coûteuses. Dans tel sol argileux, un labour coûte
cinq fois plus que dans un sol léger et meuble; et le prix
des labours est encore un des éléments du prix de revient
des récoltes cultivées pour servir d'engrais.

En résumant ce que je viens de dire, on voit que les
récoltes redoublées sont d'autant moins profitables que la
rente des terres est à un taux plus bas, que les exploita-
tations sont plus étendues, et que le sol, par sa nature, a
besoin de plus de temps pour sa complète préparation. D'un
autre côté, les récoltes enfouies comme engrais entrent
avec d'autant moins de profit dans les assolements que les
exploitations sont plus petites, que la rente est à un taux

plus élevé, et que le sol est plus argileux. Il arrive quelquefois que les récoltes que l'on sème pour servir d'engrais sont aussi des récoltes redoublées. Dans ce cas, on doit combiner ces diverses considérations pour leur en faire l'application.

QUATRIÈME PARTIE

QUATRIÈME PARTIE

DES INSTRUMENTS.

Les instruments en usage dans les exploitations agricoles peuvent se diviser en *Instruments de culture, Instruments de transport* et *Instruments de service intérieur*. Les premiers sont ceux qui sont employés soit à donner aux terres les préparations convenables avant les semailles ou les plantations, soit à donner aux plantes certaines cultures pendant leur croissance. Les instruments de ce genre sont manœuvrés à bras d'hommes, ou par la force des animaux. C'est seulement de ces derniers qu'il sera question ici, les autres appartenant plutôt à la culture des jardins, ou ne présentant du moins qu'une importance inférieure dans la culture des champs. Quant aux instruments de service intérieur, ils sont assez nombreux ; mais comme je dois me borner dans cet ouvrage aux objets qui présentent un certain degré d'importance, je ne parlerai que de la machine à battre, et de quelques moyens de transport intérieur dans les bâtiments de l'exploitation. Je vais passer en revue les principaux instruments de ces trois classes, en commençant par la charrue, objet sur lequel je ne craindrai pas de m'étendre beaucoup, à cause de son extrême importance dans l'économie rurale.

PREMIÈRE SECTION

Des diverses espèces de charrues

§ 1. *Considérations générales*

La *charrue* est cet instrument que les cultivateurs ont inventé pour pouvoir appliquer la force des bêtes de trait à exécuter une opération analogue à celle que le manou-vrier pratique à l'aide de la bêche. C'est par l'effet de cette invention, qu'on a pu étendre la culture sur une surface de terre beaucoup plus considérable que celle qui est néces-saire pour fournir des aliments à la classe d'hommes occu-pée à la culture. La charrue est donc le premier fondement sur lequel a été construit l'édifice des sociétés civilisées, avec leurs classes distinctes de manufacturiers, d'industriels de tous les genres, d'artistes, de savants, d'administrateurs, etc. La charrue était connue dès l'origine des temps histo-riques. Il serait naturel de croire d'après cela que cet ins-trument a dû être porté dès longtemps à son plus haut degré de perfection. Et cependant, si l'on consulte les faits, on reconnaît que ce n'est que dans les temps modernes qu'on en a modifié la construction de manière à en rendre l'emploi plus facile et plus économique, et à lui faire produire des effets plus parfaits. Aujourd'hui encore, la charrue grossière qui est en usage dans beaucoup de parties des pays les plus civilisés, est à peu près la même que l'instrument dont nous retrouvons la figure gravée sur les monuments de l'antiquité. Ce fait s'explique assez facilement, lorsqu'on sait que dans les temps anciens, et jusqu'à une époque fort rapprochée de nous, la pratique de l'agriculture a été abandonnée à la classe d'hommes la plus ignorante et la plus misérable de la société. Dans l'antique Rome, cet art a été pendant quelque temps en honneur : cependant l'opinion des hommes les plus distingués semble avoir été, à cette époque, celle qui nous a été transmise par *Caton: Ne change pas ton soc.* On ne peut attribuer une semblable réprobation de tout perfectionnement qu'à la disposition générale des esprits, dans un temps où les arts mécaniques étaient entièrement négligés.

L'expérience des temps modernes a montré, au contraire, que l'antique charrue peut être remplacée avec des avantages évidents par des instruments mieux construits; et partout où l'on a essayé l'adoption des charrues de diverses formes que l'industrie a créées, principalement depuis un demi-siècle, on a reconnu que ces perfectionnements peuvent s'appliquer à toutes les localités et à toutes les circonstances.

Les charrues grossières de l'antiquité, que l'on retrouve encore sur une partie considérable de l'étendue de notre pays, déchirent irrégulièrement la surface de la terre, en creusant là où elles passent une rigole peu profonde, et en rejetant la terre qu'elles soulèvent sur la bande intermédiaire qui n'a été ni déplacée ni même entamée par le soc. A ne considérer le travail que superficiellement, toute la surface paraît cultivée; mais si l'on pouvait enlever toute la terre qui a été remuée par l'instrument, on reconnaîtrait qu'une partie très-considérable de la couche de terre dans laquelle les plantes peuvent étendre leurs racines est restée intacte sous forme d'arêtes, placées, parallèlement entre elles, entre les rigoles que le soc a creusées. C'est afin de remédier à cette culture vicieuse, que l'on pratique souvent des labours croisés : en effet, on comprend bien que si l'on veut donner une seconde culture à ce terrain dans la même direction que la première, il sera impossible au laboureur d'éviter que le soc suive les mêmes rigoles, dans lesquelles il trouve moins de résistance qu'à côté; en sorte que la terre qui forme les arêtes ne recevra aucune culture. En donnant ainsi plusieurs cultures en différentes directions, on parvient à corriger jusqu'à un certain point ce défaut, mais on ne peut éviter qu'il ne reste toujours à chaque culture des portions considérables des arêtes formées par les labours précédents, et dont la terre n'est nullement remuée. Avec ces mêmes charrues, on ne peut non plus pénétrer qu'à peu de profondeur, et il est bien rare qu'on puisse cultiver à plus de 8 ou 10 centimètres (3 ou 4 pouces) dans des sols d'ailleurs peu consistants.

Une bonne charrue doit au contraire remuer complétement le sol en un seul labour, à une profondeur qu'on puisse faire varier à volonté entre 8 et 20 centim. (3 pouces et 7

ou 8), ou même davantage, dans les sols qui peuvent le
permettre. La terre doit être détachée, soulevée et retournée à une profondeur uniforme dans toutes ses parties, de
telle façon que si l'on enlevait ensuite toute la terre remuée
par la charrue, le fond représenterait une surface unie
comme l'était auparavant la surface du champ. Pour atteindre à ce but, la charrue doit creuser une raie d'une largeur
suffisante, et de profondeur égale dans toute sa largeur, en
enlevant et déplaçant complétement une bande composée
de toute la terre qui occupait auparavant la place de la
raie. Traçant ensuite une seconde raie entièrement conti-
guë à la première, et sans laisser aucune arête entre elles,
elle détache une bande de terre semblable à la première
et la renverse complétement dans la raie qui était restée
ouverte, en sorte que chaque bande déplacée laisse ouverte
une raie dans laquelle viendra se loger la bande qui sera
enlevée au tour suivant. Le travail ainsi exécuté a quelque
analogie avec le labour fait à la bêche, et il est d'autant
plus parfait qu'il se rapproche davantage de ce dernier,
car il faut bien dire qu'un bon labour à la bêche est toujours supérieur au meilleur labour exécuté à la charrue.
Il doit cette supériorité à cette circonstance, que les tranches enlevées par la bêche sont à la fois plus hautes et
plus minces que les bandes que peut enlever la charrue :
le sol est par conséquent cultivé à une plus grande profondeur, et en même temps mieux divisé. La perfection à
laquelle on doit tendre dans la construction des charrues
consiste donc à s'approcher le plus qu'on le peut de ces
deux conditions, car il n'est aucun cultivateur qui ne

sache quelle supériorité de végétation prennent les plantes de toute espèce cultivées sur un labour à la bêche. A ces conditions il faut réunir, dans une bonne charrue, celles d'exécuter ce travail avec le moins de force de tirage qu'il est possible, car ici la force de tirage fait la dépense.

L'extrême modicité du prix auquel s'établissent généralement les charrues grossières est le principal motif qui tient beaucoup de cultivateurs attachés à leur emploi. A ceux qui sont vraiment hors d'état de se procurer une charrue un peu plus coûteuse, il n'y a rien à dire ; mais tous ceux qui peuvent faire cette dépense première sentent bientôt qu'une charrue plus parfaite est en définitive plus économique que l'instrument le plus grossier, car si elle coûte deux ou trois fois plus de prix d'achat, elle est aussi beaucoup plus durable. Les réparations si fréquentes qu'exigent les instruments mal construits n'entraînent pas seulement une dépense d'argent, mais des pertes de temps qui coûtent réellement beaucoup plus encore ; en sorte qu'on a en bénéfice l'excédant des récoltes qu'on ne manque jamais d'obtenir sur le labour exécuté par un bon instrument.

§ 2. *Désignation des principales parties de la charrue.*

Je vais indiquer le nom et l'usage des principales parties dont se composent presque toutes les charrues. Je présenterai ensuite, dans des articles spéciaux, les considérations les plus importantes auxquelles peuvent donner lieu quelques-unes de ces parties.

On nomme *âge*, *flèche* ou *haie* la pièce de bois la plus longue et la plus forte de toute espèce de charrue. Cette pièce est placée horizontalement, ou dans une position un peu inclinée, à la partie supérieure de l'instrument. C'est sur elle que s'opère le tirage, et elle sert à assembler entre elles les diverses parties qui forment le corps de la charrue. Dans les charrues à avant-train, l'âge offre une inclinaison en arrière, et sa partie antérieure vient se fixer sur la sellette de l'avant-train à l'aide d'une chaîne que l'on peut allonger ou raccourcir, afin de donner plus ou moins d'entrure à la charrue : à cet effet, l'âge est percé vers le milieu de sa longueur de plusieurs trous destinés à recevoir une broche qui sert d'arrêt à un anneau en fer qui embrasse la haie, sur laquelle il se meut librement, et qui forme l'extrémité de la chaîne fixée à l'avant-train.

Dans les charrues simples ou araires, l'âge est à peu près horizontal ; il présente quelquefois une courbure de 8 ou 10 centim. vers le haut, dans la partie placée au-devant du corps de charrue, afin qu'il ait à ce point plus de hauteur au-dessus du sol, et que le coutre et la gorge soient moins disposés à s'engorger dans le travail.

Dans quelques anciens araires employés dans les parties méridionales et centrales du royaume, où on laboure avec des bœufs tirant au joug, l'âge se prolonge au moyen d'une pièce de bois ou timon raide qui vient se fixer sur le joug entre les deux animaux.

Le *coutre* est une pièce de fer en forme de couteau, que l'on fixe par son manche sur l'âge, un peu en avant du corps de la charrue, et dont la lame tranchante coupe la terre verticalement pour détacher la bande qui doit être enlevée par la charrue. On nomme *coutelière* la mortaise de la haie dans laquelle se fixe le manche du coutre.

Le *soc* vient immédiatement derrière le coutre : c'est une lame de fer plus ou moins large, quelquefois une simple pointe, qui détache par-dessous la bande de terre tranchée de côté par le coutre.

Le *versoir* ou *oreille* reçoit cette bande lorsqu'elle a été ainsi détachée du sol, et la retourne plus ou moins complétement et avec plus ou moins de perfection. Le versoir est quelquefois une simple planche à surface plane, mais dans toutes les bonnes charrues, il est contourné de manière à atteindre mieux son but. Le versoir est communément en bois; mais on le fait souvent aussi en fer fondu ou en fer forgé. On appelle *gorge* de la charrue la partie antérieure du versoir, qui forme une ligne courbe lorsque le versoir est contourné. Dans presque toutes les charrues à versoir fixe, celui-ci est placé du côté droit, en sorte que la bande de terre se retourne constamment à la droite du laboureur qui conduit l'instrument. C'est toujours de ces charrues que je parlerai lorsque je ne désignerai pas spécialement les charrues versant à gauche.

Le *sep* est la pièce de bois ou de fer qui glisse au fond de la raie, et sur laquelle repose la charrue lorsqu'on la place sur une surface plane, dans la position où elle se trouve lorsqu'elle fonctionne. Ordinairement, c'est sur l'extrémité antérieure du sep que le soc est fixé, au moyen d'une douille formée par ce dernier. Cependant, dans beaucoup de charrues en fonte, le soc est fixé par d'autres moyens au bas de la partie antérieure du versoir, et alors il est indépendant du sep. On nomme la *semelle* la surface inférieure du sep qui glisse immédiatement sur le sol au fond de la raie. Cette surface est communément garnie d'une bande de fer, lorsque le sep est en bois. L'extrémité postérieure de la semelle est ce qu'on nomme le *talon* du sep.

Les *étançons* sont deux montants qui unissent l'âge au sep : l'un est placé en avant, derrière la gorge, et l'autre sur le derrière, près du talon du sep. La longueur des étançons détermine donc la hauteur du corps de la charrue, nom que l'on donne à l'ensemble formé par le versoir, le soc, le sep et les deux étançons.

Dans quelques charrues, l'étançon de derrière manque, et l'âge, courbé à cet endroit, vient s'assembler avec le sep. Dans beaucoup de charrues à corps en fonte, l'étançon de devant se trouve supprimé, l'assemblage entre l'âge et le sep se faisant au moyen de la pièce de fonte qui forme la partie antérieure du versoir, et quelquefois le versoir tout entier.

On nomme *manches* ou *mancherons*, quelquefois aussi *cornes*, deux pièces de bois inclinées fixées par leur extrémité inférieure sur le derrière du corps de la charrue, et dont l'autre extrémité forme les *poignées* par lesquelles le laboureur dirige la marche de l'instrument. Le manche principal est celui de gauche, qui est placé à peu près dans le même plan vertical que l'âge. Quelques charrues n'ont même que ce manche. L'autre n'est qu'un aide destiné à faciliter le travail du laboureur dans les labours difficiles.

Les parties que je viens de nommer constituent essentiellement la charrue. Quelquefois on y joint un *avant-train* composé de deux roues ou *rouelles*, d'un *essieu*, et d'une paire d'*armonts* pourvus d'une *chape* ou régulateur destinés à porter le point de tirage plus à droite ou plus à gauche, afin d'augmenter ou de diminuer la largeur de la raie. Vers le milieu de l'essieu sont deux montants dans lesquels glisse une *sellette*, pièce de bois mobile sur laquelle vient reposer l'âge dans le travail. La sellette se hausse ou se baisse pour donner plus ou moins d'entrure à la charrue.

Dans les araires à tirage libre, c'est-à-dire ceux qui n'ont pas de timon raide, l'avant-train est remplacé par un *régulateur* placé à la partie antérieure de l'âge. Ce régulateur varie beaucoup dans sa forme, et il a pour but de permettre au laboureur de régler à sa volonté la profondeur du labour et la largeur des tranches. A l'avenir, c'est toujours les araires de cette espèce que je désignerai sous le nom simples d'*araires;* et lorsque je parlerai de ceux qui présentent un timon raide, je le désignerai spécialement.

§ 3. *De l'âge et du régulateur dans les araires.*

Dans les charrues à avant-train, la longueur de l'âge à sa partie antérieure est indéterminée; mais dans les araires, cette longueur a une mesure fixe qui est fort importante, parce que le tirage s'opérant sur l'extrémité de l'âge, c'est de la position de ce point que dépend la profondeur à la-

quelle la charrue pénètre dans la terre. En effet, la ligne
de tirage qui s'établit depuis le point de l'épaule des animaux où réside la puissance, jusqu'au point de la résistance
qui est placé en terre, au-devant du corps de charrue, est
par conséquent fort oblique à l'horizon, et le *point d'attache*, celui où les traits viennent se fixer sur l'instrument,
tend invinciblement dans le travail à se placer dans cette
ligne : il faut donc que l'âge ait une longueur déterminée,
afin que ce point ne soit placé ni trop haut ni trop bas.
On comprend, d'après ce que je viens dé dire, que
dans les charrues d'un grand modèle, c'est-à-dire dans
celles dont le corps a beaucoup d'élévation, l'âge doit avoir
plus de longueur que dans les charrues basses, puisque
étant placé plus haut, il faut qu'il s'avance davantage pour
rencontrer la ligne oblique du tirage. L'extrémité antérieure de l'âge est ordinairement pourvue, dans les araires,
d'un régulateur dont la forme varie beaucoup, mais qui est
toujours destiné à permettre au laboureur de faire varier
le point d'attache, en le portant plus haut ou plus bas, plus
à droite ou plus à gauche, relativement à l'extrémité antérieure de l'âge ; mais comme je viens de dire que le
point d'attache se place toujours dans le travail sur un
point de la ligne de tirage, tous les changements qu'on
opère dans la position du régulateur n'ont pour but que de
faire varier la direction de l'âge. Ainsi, lorsqu'on élève le
régulateur, cela force l'extrémité antérieure de l'âge à s'a-
baisser davantage dans le travail, et l'on donne ainsi plus
d'entrure à la charrue, puisqu'on incline vers le bas la
pointe du soc. L'effet contraire a lieu lorsqu'on abaisse

le régulateur. Si l'on porte le point d'attache plus à droite sur le régulateur, on force l'extrémité antérieure de l'âge à s'incliner vers la gauche, ce qui augmente la largeur de la raie que prend la charrue. Dans quelques araires, le régulateur est disposé de manière à permettre seulement de faire varier le point d'attache à droite et à gauche, sans qu'on puisse l'élever ou l'abaisser. Alors on fait varier l'entrure de la charrue en allongeant ou en raccourcissant les traits des animaux : lorsqu'on les allonge, on augmente l'entrure, parce que la ligne de tirage devient plus oblique, et le contraire a lieu lorsqu'on le raccourcit. Il convient même quelquefois d'avoir recours à ce moyen de faire varier l'entrure, lorsqu'on fait usage de régulateurs qui peuvent s'élever ou s'abaisser, parce que les mouvements que l'on peut opérer à l'aide du régulateur n'offrent pas toujours une échelle assez étendue, pour les variations de profondeur dont on a besoin dans le travail. Ainsi, lorsqu'on a élevé le régulateur autant qu'il est possible, si l'on n'obtient pas encore assez d'entrure, on a recours à l'allongement des traits.

§ 4. *Du coutre.*

Le tranchant du coutre forme ordinairement une ligne droite avec le manche; cependant, dans quelques charrues, ce tranchant est un peu courbé en forme de faucille, et dans d'autres il forme un angle très-obtus avec le manche, en sorte que ce dernier est un peu moins incliné que le tranchant; mais ces dispositions ne peuvent être recommandées.

La section de la lame du coutre constitue un triangle dont le tranchant est un des angles, beaucoup plus aigu que les deux autres. Les trois côtés du triangle sont les deux faces latérales et le dos, ce dernier côté beaucoup plus petit que les deux autres, de même que dans la lame d'un couteau très-épais. Les deux faces latérales de la lame ne doivent pas être placées dans une position symétrique relativement à la ligne de direction de la charrue, mais la face de gauche doit être placée dans le plan de cette direction, de telle manière que l'autre face supporte presque seule l'effort du frottement contre la terre que l'on tranche. Cette position est nécessaire pour que la charrue *tienne à raie,* selon l'expression des laboureurs, c'est-à-dire pour qu'elle ne tende pas continuellement à se jeter à droite, côté vers lequel elle éprouve moins de résistance que de l'autre, puisqu'il y a déjà là une raie ouverte. On s'assure que le coutre offre la disposition que je viens d'indiquer, en plaçant une règle sur la face gauche de la charrue, depuis la face latérale du talon du sep jusque sur la lame du coutre. Cette règle ne doit pas appuyer sur la partie postérieure de cette face du coutre près du dos, mais bien sur cette face tout entière. Il est bon même qu'elle appuie plutôt sur le tranchant, parce que ce dernier s'use bientôt dans le travail.

Le coutre n'est pas placé verticalement, mais son tranchant est toujours plus ou moins incliné, de manière que la pointe se porte en avant. Cette inclinaison facilite beaucoup le travail, parce que, lorsque le soc rencontre une racine ou une pierre, il tend ainsi à les porter vers le haut, ou vers la surface du sol, direction dans laquelle ces corps peuvent plus facilement s'échapper que dans le sens horizontal, où ils rencontrent toute la résistance du terrain. D'un autre côté, il ne faut pas que l'inclinaison du coutre soit trop forte, car alors les racines, les herbes, ou le fumier long qui se trouve placé en avant, ont trop de disposition à s'élever le long du coutre, et l'instrument est très-sujet à s'engorger. On a reconnu par l'expérience que l'inclinaison la plus favorable est celle qui présente un angle de 30 degrés avec la ligne verticale.

Dans la plupart des charrues, le coutre est placé de manière que sa pointe vienne tomber au-dessus de la pointe du soc, et même un peu en avant de cette dernière. S'il était placé directement au-dessus de cette pointe, il arriverait que lorsqu'il convient de descendre le coutre fort bas dans le travail, il ne resterait que très-peu de distance entre la pointe du coutre et celle du soc; et alors une petite pierre viendrait souvent se loger dans cette partie, et ne pourrait plus en être enlevée sans qu'on fasse sortir la charrue de terre. Il ne faut pas non plus que le coutre soit placé à une trop grande distance en avant du soc, car il éprouve d'autant plus de fatigue qu'il est plus avancé dans cette direction : il faudrait alors lui donner une force très-considérable pour qu'il pût résister aux efforts latéraux. Dans tous les terrains où il ne se rencontre pas de pierres, le mieux serait de placer la pointe du coutre au-dessus de celle du soc; mais pour répondre aux exigences de tous les terrains, il est bon de la placer 6 ou 8 centim. en avant de la pointe du soc.

Dans quelques charrues, le coutre est placé plus en arrière ; quelquefois même il est réuni à la gorge, qui, étant tranchante, fait ainsi les fonctions de coutre. C'est là une construction fort vicieuse, parce que le soc commençant à soulever la bande de terre depuis sa pointe, il faut qu'elle soit déjà tranchée à cet instant, et détachée du reste du sol, pour que le soc puisse la soulever sans opérer de déchirement ; autrement, le labour est moins propre et la résistance beaucoup plus considérable. D'ailleurs, le coutre accomplit aussi dans la charrue une autre fonction fort importante : il sert de gouvernail à l'instrument et contribue beaucoup à régulariser sa marche, parce que comme c'est lui qui tranche le premier la terre, il règle la direction de toute la partie antérieure du corps de la charrue. Il atteint d'autant mieux ce but, qu'il est placé plus en avant ; aussi les charrues ont-elles en général une marche d'autant plus fixe, que leur corps est plus long ; et ici, il faut mesurer la longueur de ce corps depuis le tranchant du coutre jusqu'au talon du sep. Lorsque le coutre est placé en avant de la pointe du soc, il offre ainsi au laboureur un moyen de modifier d'une manière très-efficace la marche de la charrue, en l'abaissant plus ou moins pour le faire pénétrer en terre à une plus ou moins grande profondeur. Généralement on n'abaisse sa pointe qu'à peu près à moitié de la profondeur du labour, mais on peut l'abaisser un peu plus ou un peu moins selon l'exigence des circonstances, et un laboureur habile tire un grand parti de la manœuvre du coutre pour régler la marche de sa charrue. Lorsqu'au contraire le coutre est placé plus en arrière, et se rapproche plus ou moins de la gorge de la charrue, la terre étant déjà soulevée et entr'ouverte à ce point par l'action du soc, les fonctions du coutre deviennent presque nulles, et la marche de l'instrument a beaucoup moins de fixité.

La lame du coutre ne se place pas de manière que sa face latérale gauche se trouve tout à fait dans le plan de la face gauche du corps de la charrue, mais elle s'écarte de 6 ou 10 millim. (3 ou 4 lignes) en dehors de ce plan, de façon que presque toute l'épaisseur de la lame se trouve placée à gauche de cette face du corps de la charrue. Cette disposition a pour but d'ouvrir mieux la raie pour le passage du corps de la charrue, de façon que la gorge n'éprouve pas de frottement contre la face de la raie qui est formée de la terre non labourée. Dans les charrues où le manche du coutre est fixé dans une mortaise placée au milieu de la largeur de l'âge, on ne peut donner au coutre la position dont je viens de parler, qu'en donnant à la lame une grande inclinaison vers la gauche ; de sorte que la pointe doit s'avancer beaucoup trop dans la terre non labourée pour que le tranchant coupe la terre au point convenable, à la surface du sol. C'est néanmoins là la disposition la plus ordinaire ; mais elle n'en est pas moins vicieuse, et ne peut convenir du moins que pour les labours très-superficiels, car on comprend que cet inconvénient s'accroît à mesure que le labour devient plus profond. Dans beaucoup de charrues anglaises, on a remédié à cet inconvénient en pratiquant un double coude dans la partie du coutre où se termine la lame et où commence le manche, c'est-à-dire dans la partie qui se trouve placée immédiatement au-dessous de l'âge. Au moyen de ce double coude, la lame se trouve portée à gauche autant qu'il le faut, tandis que le manche est placé, comme à l'ordinaire, dans le milieu de la largeur de l'âge. Cette disposition n'est pas mauvaise; cependant elle présente des inconvénients réels. A mesure que la longueur de la lame diminue par l'usure du coutre à sa pointe, il faut abaisser le manche dans la mortaise, si l'on veut que le coutre continue de trancher à la même profondeur; et alors le coude, descendant aussi, devient fort incommode, parce qu'il présente un point d'appui aux herbes, aux racines, au fumier, etc., en sorte que la charrue s'engorge très-facilement. D'ailleurs le coutre ainsi coudé souffre bien davantage des efforts que la lame éprouve dans le sol, et il offre ainsi beaucoup moins de résistance.

La meilleure disposition du coutre, sans aucun doute, est celle où il se trouve placé non pas dans l'âge, mais contre la face gauche de cet âge, d'où il descend dans la direction qui lui convient, sans qu'il soit nécessaire de l'incliner ou de le couder. Le seul inconvénient de cette disposition est qu'elle augmente un peu la dépense de construction, parce qu'il faut alors former la coutelière d'une pièce en fer appliquée contre la face gauche de l'âge, et assujettie par des boulons solides. Avec les coutelières de ce genre, on assujettit ordinairement le manche du coutre à l'aide d'une vis de pression, tandis que lorsque

la coutelière est une mortaise pratiquée dans l'âge, on se
sert ordinairement de coins pour y fixer le coutre.

§ 5. *Du soc.*

Le soc est, comme je l'ai dit, la lame de fer ordinairement aciérée qui tranche la terre au fond de la raie, en
détachant par-dessous la bande de terre que la charrue
doit retourner. La partie tranchante du soc est oblique à la
ligne de direction de la charrue. D'habitude, ces deux
lignes forment entre elles un angle de 45 degrés. Le soc
doit trancher la bande de terre dans toute sa largeur, car
avec des socs étroits qui ne tranchent que sur une largeur
de 13 à 16 centim., le reste de la largeur de la bande doit
être arraché ou déchiré par le versoir, ce qui augmente
beaucoup la résistance, et les plantes pivotantes qui se
trouvent dans cette portion de la bande ne sont pas tranchées, et continuent le plus souvent de végéter après le
labour. La pointe postérieure de l'aile du soc, dans son
plus grand écartement de la face gauche du corps de la
charrue, doit donc s'écarter de cette dernière de 25 à 30
centim., si l'on veut que la charrue puisse exécuter des
labours de 24 à 27 centim. de largeur de bande. Quant aux
socs qui ne tranchent pas, mais qui n'offrent qu'une pointe
grossière de 8 ou 10 centim. de largeur, ils sont tellement
défectueux, qu'ils méritent à peine que l'on donne le nom
de charrues aux instruments qui en sont pourvus. C'est
cependant ainsi que sont construits les socs des charrues

employées le plus généralement dans les parties centrales et méridionales du royaume. Avec ces instruments, la terre est grattée, déchirée, mais non pas labourée.

Ordinairement, le soc est assujetti sur l'extrémité antérieure du sep au moyen d'une douille formée par le premier ; mais dans les charrues américaines, il est au contraire assemblé par-dessus l'extrémité inférieure et antérieure du versoir, et il est fixé à cette place par deux boulons. Cette disposition est beaucoup plus économique, parce qu'elle permet d'employer des socs moins lourds, et aussi parce qu'on peut remplacer par des socs de fonte les socs en fer aciéré. Les socs de fonte sont à très-bas prix, et lorsqu'ils sont bien construits, ils durent assez longtemps pour offrir une grande diminution de dépense, relativement à l'entretien des socs de fer aciéré. Souvent les socs à douille sont recouverts, dans la plus grande partie de leur surface, par la partie antérieure du versoir, en sorte que l'aile du soc ne dépasse le versoir que de quelques pouces à son tranchant. Dans les socs américains, de même que dans les socs de beaucoup de charrues anglaises et des charrues belges, c'est la surface supérieure du soc lui-même qui forme le commencement de la surface du versoir. Le soc reçoit à cet effet la courbure nécessaire, et sa surface vient se joindre sans aucun angle à celle du versoir, qui n'en est que la continuation. Cette disposition est infiniment plus parfaite sous beaucoup de rapports.

§ 6. — *Du versoir.*

Le versoir prend la bande de terre détachée par le coutre et le soc, et la retourne sur la droite, en lui faisant faire un demi-tour entier, s'il la renverse à plat ; mais les charrues les plus parfaites sont disposées de manière à ne pas faire décrire à la bande le demi-tour complet, afin de la placer dans une position plus favorable, comme je l'expliquerai en parlant des labours. Dans ce cas, on dispose communément le versoir de manière à faire décrire à chaque portion de la bande de terre un arc de cercle de 140 degrés environ, en sorte que la bande de terre, au lieu d'être retournée à plat, présente un de ses angles vers le haut. A ce degré, elle est d'ailleurs suffisamment renversée pour que son centre de gravité ait dépassé de beaucoup la verticale : elle ne peut donc plus retomber par son propre poids dans la raie qui vient d'être ouverte.

Dans les charrues les plus grossières, le versoir se compose d'une simple planche à surface plane ; mais les versoirs de ce genre retournent la bande fort imparfaitement, et ils occasionnent d'ailleurs beaucoup de résistance, à cause de l'angle que forme la surface de la partie antérieure du versoir avec la surface du soc. La terre venant frapper brusquement la surface du versoir à ce point, il faut un effort très-considérable pour la forcer à s'élever le long du versoir pour qu'elle puisse être retournée. Dans les charrues plus parfaites, le versoir est toujours con-

tourné, c'est-à-dire présente une surface courbe fort irrégulière, au moyen de laquelle la bande de terre s'élève peu
à peu en s'inclinant vers la droite, dès qu'elle a été tranchée par le soc. Cet effet s'accomplit par la partie antérieure du versoir, qui doit être assez inclinée pour que la
bande de terre s'élève un peu dans cette partie, sans cependant l'être assez pour que la terre remonte jusque sous
l'âge, ce qui rendrait la charrue sujette à s'engorger. La
bande de terre arrive ensuite sur la partie du versoir que
les constructeurs nomment l'*estomac* ou la *poitrine,* parce
qu'elle présente en effet une portion de la surface un peu
saillante, et qui est placée vers le tiers ou le quart de la
longueur du versoir, à partir de la gorge. La bande de
terre, arrivée à ce point, doit avoir accompli déjà un quart-
de-tour, et se trouve ainsi placée de champ. Le reste de
la longueur du versoir achève de la renverser, et la presse
légèrement à la place où elle la dépose, afin de l'empêcher
de retomber vers la gauche, mais sans la comprimer avec
force. A cet effet, la partie postérieure du versoir est un
peu inclinée vers la droite, en sorte que l'angle supérieur
est plus avancé de quelques pouces vers ce côté que l'angle inférieur.

La courbure du versoir, que je viens d'indiquer plutôt
que je ne l'ai décrite, échappe au tracé mathématique, car
elle se compose d'une multitude de courbes fort compliquées.
C'est l'expérience qui a appris à construire ainsi cette partie de la charrue, pour la rendre propre à fonctionner dans
le plus grand nombre possible de circonstances, car à la
rigueur, pour que le versoir eût toute la perfection possi-

ble, il faudrait que cette courbure changeât pour chaque espèce de terre, et pour chaque profondeur et chaque largeur de labour. On a proposé à diverses fois d'employer ici des courbes régulières, par exemple pour la construction du versoir proposé par *Jefferson*, qui a eu quelque célébrité parmi les hommes qui ne s'occupent d'agriculture qu'en théorie; mais ce versoir n'exécute qu'un très-mauvais labour. Les personnes qui se sont occupées de cet objet d'après les simples données du calcul ont négligé beaucoup de considérations fort importantes dans la pratique, et en particulier celle-ci : il ne suffit pas que le versoir prenne la bande de terre dans la position où elle était pour la faire tourner sur une de ses faces, afin de la renverser à droite, mais il faut qu'il commence par l'élever un peu afin d'en assurer le renversement, et qu'il la soulève en la déchirant de manière à l'ameublir et à la faire presque *mousser*, comme l'exécute une bonne charrue, toutes les fois que la terre n'est pas trop compacte. C'est cet effet qu'est destiné à produire la proéminence que l'on nomme l'estomac, et qui est condamnée à première vue par les hommes qui n'ont pas l'habitude du maniement de la charrue. La position et la forme de cette proéminence sont d'une importance telle, que c'est de là que dépend en grande partie la supériorité de tel versoir sur tel autre; et lorsque cette préominence vient à s'user dans le travail, comme cela arrive bientôt pour les versoirs en bois, la charrue cesse de bien fonctionner.

La largeur de la raie que la charrue laisse ouverte est déterminée par l'écartement que l'on ménage entre la partie postérieure du versoir et la face gauche de la charrue. Si cet écartement est très-considérable, la charrue ouvre une raie très-large et très-nette; mais la résistance est beaucoup augmentée. La raie doit avoir une largeur suffisante pour que le cheval de droite et l'homme qui conduit la charrue puissent y marcher librement. Tout ce qu'on lui donne en largeur de plus qu'il n'est nécessaire pour remplir ces conditions, occasionne une dépense inutile de force.

Ce que je viens de dire sur la forme du versoir, ainsi que sur les autres parties de la charrue, serait entièrement insuffisant pour permettre au lecteur de faire construire une charrue sur ces données, et un volume serait à peine suffisant pour entrer dans tous les détails nécessaires pour atteindre ce but. J'ai voulu seulement, par ces observations, mettre les cultivateurs en état de porter un jugement plus raisonné sur les instruments qu'ils emploient.

§ 7. — *De la présence ou de l'absence de l'avant-train.*

On a cru pendant longtemps qu'une charrue ne pouvait fonctionner avec régularité sans l'aide d'un avant-train, ou d'une disposition qui en tînt lieu, en fournissant un appui à la partie antérieure de l'âge. Ainsi, le *limon raide* remplace l'avant-train dans les charrues grossières employées dans le Midi du royaume, puisqu'il fournit à la charrue un

appui fixe sur le joug des bœufs. Il en est de même, jusqu'à un certain point, du *patin* employé dans la construction de la charrue flamande appelée communément *le
Brabant*. En effet, ce patin, fixé au bas d'une tige verticale
qui traverse l'âge vers son extrémité antérieure, forme sur
le sol un point d'appui qui s'oppose à ce que l'âge s'abaisse
au delà de la limite que l'on a fixée en réglant le patin
à la hauteur déterminée par le laboureur. Mais il parait
que c'est en Angleterre, et vers le milieu du siècle dernier,
qu'on a construit pour la première fois des charrues dé-
pourvues de tout appui sous l'âge, et auxquelles on a donné dans ce pays le nom de *swing-plough*. Le succès de ce
genre de construction a été immense dans la Grande-Bretagne, et l'introduction de ce genre de charrue dans l'agriculture anglaise se rattache à la révolution agricole qui
s'est opérée dans ce pays vers cette époque. Dans les co-
lonies anglaises de l'Amérique du Nord, la charrue a été
introduite entièrement dépourvue d'avant-train ; et aujour-
d'hui encore, sur toute la surface des Etats-Unis, on ne connaît pas d'autres charrues que celles qui n'offrent aucun appui
sous l'âge. Peut-être n'était-il pas possible que la construction de ces charrues, que nous nommons *charrues simples
ou araires*, s'introduisît plus tôt dans la pratique agricole,
car pour que cet instrument fonctionne avec régularité, il faut
que les forces et les résistances y soient dans un équilibre
si parfait, que la construction de l'instrument devient extrêmement délicate ; et l'on ne pouvait guère s'attendre à
voir se propager cette combinaison qu'à une époque où
les arts de la mécanique étaient déjà parvenus à un certain

degré de perfection. C'est vers 1820 qu'on a commencé à faire usage en France de charrues de cette espèce. On en avait bien vu auparavant quelques-unes venant d'Angleterre et des Etats-Unis d'Amérique, mais ces charrues ne s'étaient pas introduites jusque-là chez nous dans la pratique de l'agriculture. Depuis cette époque, l'emploi de l'araire s'est propagé en France avec une grande rapidité. Il n'est aucun de nos départements où quelques cultivateurs n'en aient adopté l'usage, et dans un grand nombre de localités, cet usage est déjà devenu fort général; en sorte qu'on peut aujourd'hui indiquer d'après une expérience suffisante les avantages ou les inconvénients de ce mode de construction.

C'est dans nos départements du Midi et du Centre que l'araire s'est propagé avec le plus de rapidité, parce que les instruments grossiers qui étaient employés auparavant dans ces parties de notre territoire exécutaient des labours tellement défectueux, qu'aussitôt que les cultivateurs ont pu observer les effets des cultures exécutées par un meilleur instrument, toutes les incertitudes ont promptement disparu. D'ailleurs, les charrues employées auparavant dans ces cantons étaient à timon raide, et le maniement de l'araire perfectionné présente assez d'analogie avec celui de cet instrument pour que les laboureurs n'aient pas éprouvé de difficultés à conduire la nouvelle charrue. Il est généralement reconnu aujourd'hui, dans cette partie du territoire français, qu'avec la même force de tirage avec laquelle on opérait auparavant la culture la plus imparfaite, on exécute, en employant les araires perfectionnés, une labour égal, régulier, qui offre une augmentation très-considérable dans le produit des récoltes.

L'adoption de l'araire a présenté beaucoup plus de difficultés dans nos départements du Nord et de l'Est, où les laboureurs sont généralement habitués à manier des charrues à avant-train. Les mouvements que doit exécuter le laboureur dans le maniement de ces deux instruments sont en effet entièrement différents, et même opposés, pour tous les changements que le laboureur veut apporter dans la direction de la charrue, en sorte que l'homme qui a pendant longtemps manié une charrue à avant-train se trouve complétement dérouté, lorsqu'on place un araire entre ses mains ; il lui faut du moins quelques jours d'un apprentissage auquel il n'est pas toujours disposé à se soumettre. Cependant l'araire remplace aujourd'hui la charrue à avant-train dans un grand nombre d'exploitations de cette partie du royaume ; et pour toutes les personnes qui ont été à portée d'en observer les effets comparés à ceux des charrues à avant-train, il n'est pas douteux que l'araire ne présente des avantages fort importants pour tous les labours profonds. C'est, en effet, à mesure que l'on approfondit la raie, que l'on observe une différence très-considérable de résistance entre l'araire et la charrue à avant-train. Pour les labours superficiels, c'est-à-dire ceux qui ne dépassent pas 8 centim. de profondeur, une charrue à avant-train, bien construite, peut n'offrir que la même résistance qu'un araire ; mais dans aucun cas elle ne peut en offrir moins, car, par la nature des choses, la force de tirage qu'exige une charrue, selon sa construction et la na-

ture du sol, est toujours au minimum lorsqu'elle fonctionne
sans avant-train. Cette vérité résulte de la nécessité de
placer, dans ce cas, la charrue dans un équilibre parfait
entre la puissance et la résistance ; autrement la charrue
ne pourrait fonctionner, même médiocrement. C'est par les
formes que la charrue reçoit dans sa construction, et aussi
par l'ajustage que lui donne le laboureur, qu'elle acquiert
cet équilibre sans lequel il serait impossible de la faire
fonctionner. Avec l'addition de l'avant-train, cet équilibre
peut également exister, et alors elle n'exige presque pas
plus de tirage que l'araire ; mais si la charrue est mal construite ou mal ajustée, l'avant-train corrigera le défaut
d'équilibre à l'aide d'une augmentation plus ou moins considérable de la force de tirage. Lorsque le labour est superficiel, il faut que la charrue à avant-train soit bien mal
construite pour que l'augmentation de la force de tirage
soit d'une haute importance, surtout dans les sols légers et
meubles ; mais pour les labours profonds, ainsi que pour
tous les labours dans les sols très-résistants, l'augmentation
de force de tirage occasionné par l'avant-train devient extrêmement considérable : l'expérience a montré partout
que l'on peut exécuter, à l'aide d'un bon araire, un labour
de 20 à 25 centim. de profondeur, avec le même attelage
qui peut à peine exécuter un labour de 10 à 13 centim.
(4 à 5 pouces) dans les mêmes circonstances avec une
bonne charrue à avant-train. Aussi les plus zélés partisans
de l'araire sont les cultivateurs auxquels l'expérience a fait
reconnaître combien ils peuvent accroître, dans presque
tous les cas, le produit de leurs récoltes de tout genre,
par l'emploi des labours profonds.

On concluera de ce que je viens de dire que dans les sols qui ne peuvent ou ne doivent pas être labourés à plus de 8 centim. de profondeur, l'emploi de l'araire présente beaucoup moins d'avantages. Il est certain même que lorsqu'il ne faut qu'écroûter le sol très-superficiellement, un laboureur très-expérimenté et très-attentif peut seul exécuter cette opération avec régularité à l'aide de l'araire : les valets seront généralement disposés à labourer un peu profondément avec cet instrument, parce qu'il a plus de ténue en terre, et qu'il est plus facile de le conduire ainsi que lorsqu'on ne veut prendre qu'une raie très-peu profonde ; et l'attelage ne tire presque pas davantage lorsqu'on approfondit ainsi le labour. L'emploi de l'avant-train peut donc être utile dans les sols que l'on ne doit labourer que superficiellement. Mais je dois dire, à ce sujet, que l'on doit se tenir en garde contre les assertions des cultivateurs praticiens, même les plus expérimentés, lorsqu'ils sont habitués à employer une charrue à avant-train qui ne peut exécuter des labours profonds. Ils affirment souvent dans ce cas qu'il y aurait de graves inconvénients à approfondir davantage le labour ; mais l'expérience est venue montrer dans une multitude de localités que c'était là un pur préjugé, et les récoltes se sont accrues dans une grande proportion aussitôt qu'on a adopté l'usage des araires, à l'aide desquels on a doublé immédiatement la profondeur des labours. Je ne veux pas dire toutefois qu'il n'existe aucune espèce de sol où une telle pratique ne puisse être adoptée sans inconvénients, mais les sols de cette espèce sont des exceptions fort rares : dans ceux-là même on peut presque toujours accroître beaucoup la fertilité du terrain, en approfondissant graduellement le labour de manière à employer 4 ou 5 ans pour obtenir une profondeur double de la couche de terre cultivée.

L'araire est plus facile à conduire que la charrue à avant-train, dans ce sens qu'il exige moins d'efforts de la part du laboureur : un jeune homme de 14 à 15 ans conduit fort bien un araire dans les terres les plus difficiles où la charrue à avant-train exige un laboureur très-robuste ; mais aussi l'araire exige plus d'attention. Lorsqu'un homme a acquis une grande habitude à le manier, sa main exécute machinalement et sans qu'il y songe tous les mouvements nécessaires ; mais il faut qu'un commençant emploie une attention constante à son travail, et pour beaucoup d'hommes, dans la classe des laboureurs, les efforts des bras sont moins pénibles que l'application de l'intelligence.

On se persuade souvent que les terrains pierreux, embarrassés de rochers ou de racines, ne peuvent être convenablement cultivés par l'araire ; c'est une erreur complète. C'est au contraire dans les terrains de ce genre que se montre le plus manifestement la supériorité de l'araire sur la charrue à avant-train, à cause de la facilité qu'offre au laboureur le premier de ces instruments pour plonger au-dessous d'une forte pierre qu'il est possible d'enlever, ou pour reprendre la profondeur de la raie lorsque l'instrument a été jeté hors de la terre par un obstacle insurmontable. Si la surface du sol est montueuse, ce n'est qu'avec l'araire qu'il est possible d'exécuter partout un labour d'une profondeur uniforme, parce que le labou-

reur est maître de corriger, par son action sur les mancherons, les effets de l'inégalité du terrain ; tandis qu'avec
la charrue à avant-train, l'instrument sort de terre sans
qu'il soit possible au laboureur de l'en empêcher, lorsque le
soc traverse un creux du terrain que l'avant-train a déjà
dépassé ; et lorsqu'au contraire l'avant-train redescend
après avoir dépassé le monticule, on ne peut éviter que le
soc plonge à une profondeur démesurée.

§ 8. *Des charrues à tourne-oreille.*

Les charrues à versoir fixe ne peuvent labourer qu'en
planches ou billons plus ou moins larges, parce que, versant
toujours la terre du même côté, relativement à elles-mêmes,
il est clair qu'en allant et en revenant elles versent des deux
côtés opposés, relativement à l'étendue de la pièce. On a
imaginé divers moyens pour verser toujours la terre du
même côté en faisant revenir la charrue sur elle-même,
immédiatement à côté de la raie qu'elle vient de faire, ce
qui s'appelle labourer toujours dans la même raie. C'est
dans ce but que l'on construit des charrues dont le versoir
se place alternativement à droite et à gauche chaque fois
que l'on arrive aux extrémités de la pièce, en sorte que la
charrue en revenant jette la terre dans la raie même qu'elle
a ouverte en allant. Ces charrues sont toujours défectueuses, d'abord parce qu'on ne peut donner au versoir la
forme convenable pour qu'il fonctionne bien des deux
côtés : le plus souvent, le versoir de ces charrues ne con-

siste qu'en une simple planche mobile que l'on déplace aux extrémités de la raie. Un autre vice inhérent aux *charrues à tourne-oreille*, c'est qu'il est impossible, dans cette combinaison, de donner au soc la forme qu'il doit avoir pour trancher la bande dans toute sa largeur, et pour la préparer à être bien retournée par le versoir. Le soc de ces charrues devant en effet trancher alternativement des deux côtés, reçoit presque toujours la forme d'un fer de lance, dont la pointe est au milieu de sa largeur; mais on ne peut donner beaucoup de largeur à chacune des deux ailes, parce que, tandis que l'une d'elles coupe par-dessous la bande sur laquelle on travaille, l'autre aile entre nécessairement dans la terre qui formera la bande suivante. Il résulte de ces défauts de construction, et d'autres encore dans l'agencement du coutre, un travail qui ne peut en aucune manière satisfaire les cultivateurs accoutumés à un bon labour exécuté par une charrue à versoir fixe.

On a cherché à remédier à ces divers inconvénients des charrues à tourne-oreille : une des combinaisons les plus ingénieuses dans ce genre est celle qui a été imaginée vers 1825 dans le Charolais, et qui est en usage dans quelques exploitations. Ici, le soc de forme triangulaire n'offre qu'une aile, de même que dans les charrues à versoir fixe, et le soc lui-même se tourne alternativement à droite et à gauche, au moyen d'une forte broche à laquelle il est soudé, et qui tourne dans deux pitons placés sur le sep. C'est donc à la fois une charrue à tourne-soc et à tourne-oreille. On se loue de l'usage de cet instrument dans des sols faciles; mais le défaut de fixité du soc nuit beaucoup à la marche de la charrue dans les sols tenaces, et je pense qu'il serait à peu près impossible de donner au soc, dans cette construction, assez de solidité pour résister aux secousses occasionnées par les roches souterraines dans certains terrains.

Les charrues de ces diverses constructions s'emploient, soit pour verser toujours la terre du côté du bas, lorsqu'on laboure en travers un terrain en pente très-rapide, soit pour exécuter un labour plat dans les sols unis qui ont peu de pente. Dans ce dernier cas, je n'hésite pas à penser qu'il vaut toujours mieux s'affranchir des inconvénients qu'offre la charrue à tourne-oreille, en divisant le terrain en planches par l'emploi d'une charrue à versoir fixe. On peut d'ailleurs exécuter les planches aussi plates qu'on le veut, en les *fendant* et en les *endossant* alternativement. L'effet est alors le même qu'avec la charrue à tourne-oreille, si ce n'est que le terrain se trouve divisé en planches par des raies parallèles, que l'on éloigne de 8 à 12 mètres, et même davantage si on le veut, tandis que la pièce de terre labourée par la charrue à tourne-oreille ne présente aucune raie de division. Mais ces divisions n'ont aucun inconvénient, et sont utiles pour régler la semaille et la récolte. La prédilection que l'on témoigne, dans quelques cantons, pour la charrue à tourne-oreille, n'a d'autre cause que le défaut d'habitude de la part des laboureurs pour tracer à l'avance leurs planches ou billons. Cette opération ne présente cependant aucune difficulté réelle, et n'exige qu'un peu d'habitude. Les cultivateurs éclairés de ces cantons feront bien de s'efforcer d'introduire chez eux l'usage des planches ou billons, ce qui leur permettra d'améliorer

infiniment leurs labours, par l'adoption d'une bonne charrue à versoir fixe. Il est bien plus raisonnable de suivre
cette marche que de tenter d'améliorer un instrument dont
les inconvénients résident dans sa nature même.

Quant aux terrains situés en pentes très-rapides où il serait impossible d'exécuter un bon labour en jetant la bande
du côté du haut, c'est là qu'on peut le plus raisonnablement
adopter une charrue à tourne-oreille. On atteint au reste
le même but dans ce cas par d'autres combinaisons. Ainsi
on réunit au même âge deux corps de charrue complets,
dont l'un verse à droite et l'autre à gauche, ce qui forme
une *charrue-jumelle*, et on fait fonctionner alternativement
ces deux corps en allant et en revenant. Ces corps de charrue sont quelquefois placés sur le même plan horizontal,
et *dos à dos*, l'un relativement à l'autre. La charrue s'attèle
alors alternativement par les deux bouts, et fonctionne
comme une navette de tisserand. D'autres fois, un des
corps de charrue est placé sur l'âge, et l'autre en dessous,
de manière que lorsque l'un d'eux fonctionne, l'autre présente au ciel la semelle ou face inférieure du sep. Lorsqu'on arrive à l'extrémité du champ, on retourne l'instrument sens dessus-dessous, en mettant en action le corps de
charrue qui était en l'air dans la raie précédente. Ces instruments sont un peu coûteux, mais ils exécutent un bien
meilleur labour que les charrues à tourne-oreille.

§ 9. *Des charrues versant à gauche.*

On s'est accordé presque partout à construire les charrues de manière qu'elles versent la bande de terre à la droite du laboureur qui conduit l'instrument, et le motif de cette préférence est facile à comprendre : dans tous les cas où l'emploi de deux hommes est nécessaire, celui qui conduit les animaux doit se placer à leur gauche, selon le principe adopté généralement par les charretiers des attelages de tout genre, pour la commodité du maniement du fouet. Mais il est plus commode pour cet homme de marcher sur l'ancien guéret que sur la terre qu'on vient de labourer, et il faut pour cela que la charrue verse à droite. Cependant, dans quelques cantons où l'on n'emploie jamais que des attelages de deux animaux conduits par un seul homme, on a adopté l'usage des *charrues versant à gauche.* La charrue n'a alors qu'un mancheron fort élevé, de manière que le laboureur le tient d'une main en marchant sur l'ancien guéret, tout à côté de la raie qu'il ouvre. Il est plus commode au laboureur, dans ce cas, d'employer la main gauche au maniement de la charrue, parce que la droite reste libre pour l'usage des guides et du fouet. Il faut donc dans cette combinaison que la charrue verse à gauche. On trouve cet usage dans un petit nombre de cantons du Midi du royaume, et dans quelques localités de la Belgique et de nos départements frontières au Nord.

Lorsque le laboureur, conduisant seul, marche dans

la raie derrière la charrue, il est entièrement indifférent que la terre se verse à droite ou à gauche; et dans tous les cas, soit que le laboureur ait un aide ou qu'il n'en ait pas, il convient certainement mieux qu'il marche, ainsi dans la raie qu'à côté de sa charrue et sur l'ancien guéret. Aussi c'est là l'usage le plus général, et l'on a dù adopter les charrues versant à droite même pour les cas où cela est indifférent, c'est-à-dire lorsque le laboureur n'a pas d'aide, parce que cette construction convient mieux aux circonstances dans lesquelles il deviendrait utile d'employer un second homme pour conduire les animaux. Il suffit que cet usage soit le plus général, pour qu'on doive s'efforcer de l'adopter dans les cantons où l'on a l'habitude de verser à gauche, car c'est aux charrues versant à droite que s'appliquent généralement les améliorations et les perfectionnements qui sont apportés dans la construction de cet instrument; en sorte que les cultivateurs qui refusent d'adopter ce mode de construction restent nécessairement étrangers à la marche progressive de l'art dans la construction des charrues. On ne peut opposer, dans ces cantons, à l'adoption de la charrue versant à droite que des objections prises dans les habitudes des laboureurs ou des animaux de labour, car ici on ne peut alléguer aucun motif tiré de la nature des terres ni d'aucune autre circonstance spéciale : il sera facile aux cultivateurs qui le voudront fermement de changer à cet égard les habitudes de leurs localités.

§ 10. *Des charrues à deux raies.*

On a tenté à diverses reprises de construire des charrues composées de deux corps fonctionnant à la fois, et ouvrant ainsi deux raies ; en sorte que ces charrues labourent le terrain d'une manière beaucoup plus expéditive. On place le corps de charrue de droite un peu en avant de l'autre, de manière que les deux corps fonctionnent sans s'embarrasser réciproquement dans leur marche. On a beaucoup vanté en particulier, au commencement de ce siècle, une charrue de ce genre imaginée en Angleterre par *Lord Somerville,* et qui a été en effet employée pendant quelque temps dans un assez grand nombre d'exploitations ; mais elle a été bientôt abandonnée, ainsi que toutes les autres combinaisons de la même nature que l'on a voulu introduire depuis, tant en Angleterre que sur le continent. Il est facile de comprendre, en effet, que cette construction repose sur une idée fausse : si une charrue ordinaire est bien construite et employée d'une manière judicieuse, la force entière de l'attelage, que je suppose composé de deux chevaux, est employée à opérer les sections verticales et horizontales qui détachent la bande de terre, et à retourner cette dernière. Si l'on veut exécuter une seconde raie avec le même instrument, la résistance sera double, il faudra donc nécessairement doubler l'attelage, et employer un second homme pour la conduire ; et alors, que peut-on y gagner ? Il n'est qu'un seul cas où l'on puisse supposer que l'on trouverait à cette combinaison au moins l'économie d'un homme : c'est celui où, dans un sol extrêmement meuble, la force d'un seul cheval suffirait pour exécuter une raie de labour. Comme un homme peut conduire deux chevaux aussi facilement qu'un seul, il est clair qu'un homme pourrait labourer une étendue double au moyen d'une charrue attelée d'une paire de chevaux, et qui ouvrirait deux raies à la fois. Au reste, il est impossible de disposer les choses de manière que les deux corps de charrue fonctionnent avec une entière uniformité, surtout lorsqu'il se rencontre quelque inégalité dans le terrain ; les instruments de ce genre sont d'ailleurs d'une manœuvre fort difficile, surtout pour terminer les billons, et pour tourner à chaque raie au bout du champ. Il n'est pas vraisemblable qu'ils s'introduisent jamais dans la pratique agricole, et si j'en parle ici, c'est seulement afin de prémunir les cultivateurs contre les inventions de ce genre qui se renouvellent périodiquement, après que l'expérience les a condamnées.

§ 11. *Des charrues à deux versoirs, du rabot de raies et des binots.*

Les *charrues à deux versoirs* sont destinées à jeter à la fois à droite et à gauche la terre qu'elles détachent. On les emploie soit à butter les récoltes, en faisant passer l'instrument entre deux lignes de plantes, soit à ouvrir des raies pour l'écoulement de l'eau dans les terres labourées ou ensemencées, soit à curer les raies qui séparent les planches ou billons lorsqu'ils ont été en partie comblés par le travail de la herse. Le soc de ces charrues est en fer de lance, et ordinairement assez étroit. Les deux versoirs sont généralement disposés de manière à pouvoir se rapprocher ou s'écarter à volonté dans leur partie postérieure, afin qu'on puisse ouvrir des raies plus ou moins larges. A cet effet, les versoirs sont mobiles sur des charnières placées vers leur partie antérieure, et la partie postérieure est retenue dans la position qu'on désire, soit au moyen de crochets, soit à l'aide d'une crémaillère que l'on place entre eux, et que l'on fixe à l'étançon de derrière. Ces charrues peuvent fonctionner, comme toutes les autres, avec ou sans avant-train, mais on ne les emploie guère que sous forme d'araires pour le buttage des récoltes, parce que les roues de l'avant-train seraient fort gênantes dans ce cas.

La charrue à deux versoirs laisse derrière elle la terre qu'elle a remuée, disposée en deux arêtes saillantes, placées à droite et à gauche. C'est là l'effet qu'on cherche à produire dans le buttage des récoltes ; mais lorsqu'on emploie cet instrument à curer les raies des billons après la semaille, ces arêtes sont nuisibles, parce qu'elles empêchent l'écoulement de l'eau de la surface du billon dans la raie. Afin d'abattre ces arêtes en étendant la terre qui les formait sur une partie de la surface du billon, on emploie un instrument nommé *rabot de raies,* que l'on fixe derrière la charrue, en sorte que toute l'opération se fait en une fois. Cet instrument se compose d'un châssis en bois, en forme de trapèze, dont les deux grands côtés ou les *ailes* forment cependant des lignes un peu courbes, leurs parties postérieures s'écartant en dehors. Ces ailes sont les parties agissantes de l'instrument, celles qui, en traînant sur la terre, déplacent les deux arêtes, en rejetant en dehors la terre qui les formait. Ces ailes sont réunies en avant par une traverse qui forme le petit côté du trapèze, ou la *tête* du rabot, et par laquelle on suspend l'instrument à la partie postérieure des versoirs de la charrue, à la hauteur convenable pour que les ailes déplacent et rangent bien la terre des arêtes. Les deux ailes sont d'ailleurs maintenues sur le derrière à la distance convenable, soit par une autre traverse, soit par un croisillon en bois. Le laboureur qui tient les mancherons de la charrue marche entre les extrémités postérieures des ailes, et l'instrument se trouve ainsi placé entre lui et le corps de la charrue. Lorsque cet instrument est manœuvré avec adresse, il exécute fort bien l'opération à laquelle il est destiné. Le soin le plus important du laboureur consiste à attacher aussi court qu'il le faut la tête du rabot aux deux versoirs, en lui laissant toutefois une liberté suffisante pour que l'instrument glisse toujours sur la surface du sol, même dans les différences de profondeur que prend la charrue.

Le *binot* a beaucoup d'analogie avec la charrue à deux versoirs : seulement les versoirs sont beaucoup plus courts, et ne forment que de petites oreilles ordinairement fixes. Le soc est de même en fer de lance, et communément fort étroit. Le binot s'emploie, dans beaucoup de cantons, pour former dans les terres en culture des arêtes relevées analogues à celles que l'on forme dans le buttage des récoltes. On refend ces arêtes par la culture suivante, en sorte que toute la surface du terrain se trouve à peu près remuée dans ces deux façons, mais beaucoup moins parfaitement qu'elle ne l'est par un seul labour exécuté avec une bonne charrue. L'action du binot a néanmoins l'avantage d'exposer aux influences atmosphériques une plus grande surface de terre, par la formation des arêtes. On emploie aussi cet instrument pour couvrir les semences.

On construit quelquefois une charrue qui ressemble beaucoup au binot, mais à l'aide de laquelle on exécute une opération analogue au travail de la charrue à tourne-oreille, en rejetant toujours la terre du même côté de l'horizon. A cet effet, les deux versoirs fixes, formés de simples planches, sont fort relevés par derrière, de façon que lorsqu'on incline la charrue à droite le versoir droit agit seul ; l'autre se trouve en grande partie élevé au-dessus du sol. On incline la charrue du côté opposé lorsqu'on veut verser à gauche. Il est facile de comprendre qu'on ne peut adapter à cette charrue qu'un soc extrême-ment étroit, et ne formant qu'une simple pointe, puisque les ailes du soc gêneraient le travail lorsqu'on incline la charrue d'un côté ou de l'autre. Cet instrument ne peut donc exécuter qu'un labour extrêmement imparfait.

§ 12. *De l'influence du poids des charrues sur la force de tirage.*

Beaucoup de personnes pensent que des charrues pesantes et massives offrent, à cause de cette circonstance, beaucoup plus de résistance aux efforts de l'attelage que des charrues légères, en supposant d'ailleurs la même construction de part et d'autre. Des expériences nombreuses faites à Roville en 1832, à l'aide du dynamomètre, prouvent que cette opinion est erronée et que la pesanteur des charrues n'exerce pas par elle-même une influence appréciable sur la résistance qu'elles offrent en fonctionnant dans le sol.

Il était facile de prévoir ce résultat par le raisonnement. En effet, si une augmentation de charge sur une voiture accroît la force nécessaire pour la tirer sur un chemin, c'est à cause de l'augmentation de pression des roues sur le sol qui en résulte. Dans l'action de la charrue, l'accroissement de résistance ne pourrait également venir que de l'augmentation de frottement de la semelle du sep au fond de la raie, car pour les frottements que le soc et le versoir éprouvent par dessus et latéralement, il est clair que l'accroissement du poids de l'instrument ne peut tendre en aucune manière à les augmenter. Mais la semelle du sep ne repose au fond de la raie que par deux points : le tranchant du soc en avant, et le talon du sep en arrière. C'est donc uniquement à l'un ou à l'autre de ces points que devrait avoir lieu l'augmentation de frottement produite par l'excédant de pesanteur de l'instrument. Au talon du sep le frottement est presque nul dans les charrues bien construites, et il est entièrement indépendant du poids de l'instrument ; aussi voit-on les charrues, même les plus pesantes, lorsqu'elles ont un certain vice de construction, *lever le derrière*, comme disent les laboureurs, c'est-à-dire que le talon se détache du fond de la raie d'un pouce ou deux et quelquefois davantage. Au tranchant du soc il y a bien un frottement, et même un frottement très-considérable, car c'est là que réside la principale résistance de l'instrument dans les sols consistants ; mais ce frottement n'a lieu par-dessous que sur la ligne même du tranchant, et il faut que ce frottement par-dessous se trouve dans un certain rapport avec le frottement que le soc éprouve par-dessus, pour que celui-ci plonge dans la terre, et s'y maintienne à une certaine profondeur. Le rapport entre les deux frottements est déterminé en partie par la pesanteur de la charrue, et en partie par les dispositions d'ajustage au moyen desquelles on donne au soc l'entrure dont on a besoin. Ainsi, si la charrue est légère, il faudra donner plus d'entrure au moyen de l'ajustage, pour ramener dans le rapport convenable le frottement que le tranchant du soc éprouve par-dessus et par-dessous. Il n'y a donc aucune augmentation de frottement produite dans la charrue en fonction par l'excédant de pesanteur de l'instrument, ni au tranchant du soc, ni au talon du sep. L'augmentation de pesanteur ne peut donc accroître en aucune manière la résistance, et cette dernière dépend entièrement de la perfection ou

de l'imperfection des formes de l'instrument. Cette vérité
est au reste, comme je l'ai déjà dit, démontrée par l'expérience de manière à ne donner lieu à aucune incertitude. Chacun peut s'en assurer en appliquant un dynamomètre à une charrue, pesant par exemple 60 kilogrammes,
et que l'on charge successivement de poids jusqu'à 25,
50 ou 100 kilogrammes. Il faut seulement avoir soin que
les poids soient placés au centre de gravité de l'instrument, afin qu'ils agissent de même que si l'augmentation de pesanteur venait d'une augmentation de poids
donnée, dans la construction, à toutes les parties qui composent la charrue.

On a été généralement induit en erreur ici par l'observation d'un fait qui est au reste fort remarquable. Dans
toutes les localités où les charrues sont lourdes et massives, on voit qu'on y emploie de nombreux attelages, tandis qu'une paire d'animaux seulement et quelquefois un
seul cheval s'attèlent aux charrues dans les cantons où
leur construction est légère. Il est évident que partout où
la nature tenace du terrain, où la construction vicieuse
des charrues, ont forcé d'y atteler un grand nombre d'animaux, il a bien fallu renforcer toutes les parties de l'instrument, pour le mettre en état de résister à une puissance
aussi considérable; mais toutes les fois que la charrue
n'éprouve que peu de résistance dans la terre, soit à cause
de la perfection de ses formes, soit par suite de la nature
meuble du sol, on a construit des charrues légères, parce
qu'il y avait peu de dangers de les briser en y attelant un
si petit nombre d'animaux. On a donc pris l'effet pour la

cause, lorsqu'on a cru que c'était de la pesanteur ou de la légéreté des charrues que dépendait la nécessité d'y employer des attelages plus ou moins nombreux.

Il résulte de ces observations que l'on ne doit craindre en aucune façon d'employer des charrues pesantes dans des sols meubles et légers. Ici, comme dans les sols de toute espèce, le point important est d'avoir des charrues dont les formes offrent le moins de résistance dans le travail, car c'est de là que dépend uniquement la fatigue de l'attelage. On ne peut du moins faire valoir en faveur de la légèreté que la question d'économie dans la construction de l'instrument, car le prix de la charrue s'accroît toujours avec son poids, principalement pour les parties en fer et en fonte. Mais comme la solidité dépend aussi essentiellement du poids de ces parties, la question économique se résout presque toujours à la longue en faveur des charrues fortement construites. Il est certain aussi qu'une charrue un peu pesante a plus de fixité dans sa marche, est plus facile à conduire et exécute un meilleur labour qu'une charrue légère, à construction égale d'ailleurs. Ce n'est que dans le transport et le maniement hors du travail que la charrue légère est réellement plus commode.

DEUXIÈME SECTION

Des herses

La herse est destinée à ameublir les terres après le labour, en brisant les mottes à l'aide de dents qui pénètrent plus ou moins profondément dans le sol. Lorsque des racines de chiendent ou d'autres plantes traçantes se rencontrent en grande abondance, la herse en extrait aussi une certaine quantité qu'elle ramène à la surface. Après la charrue, la herse est certainement le plus important de tous les instruments de culture, et si l'on n'en fait pas généralement un usage aussi fréquent qu'on le devrait, on doit l'attribuer à la mauvaise construction des herses, qui ne sont presque jamais propres à exécuter avec quelque perfection les opérations auxquelles elles sont destinées.

La forme de la herse, c'est-à-dire du châssis dans lequel sont plantées les dents, est le premier point qu'il importe de considérer ici : on a cherché presque partout à lui donner une forme irrégulière, afin que, dans quelque direction que l'instrument marche, les dents qui garnissent chacun des limons de la herse ne puissent pas cheminer les unes derrière les autres, ce qui tend à former sur le terrain des raies distinctes, au lieu de répartir les traces de toutes les dents sur toute la surface du terrain, comme cela doit avoir lieu pour un bon hersage. A cet effet, on construit presque partout les herses en forme de trapèze, les trois ou quatre limons étant plus rapprochés entre eux à l'une de leurs extrémités qu'à l'autre; ce résultat s'obtient en donnant des longueurs inégales aux deux traverses qui unissent les limons entre eux par devant et par derrière. Il est certain qu'à l'aide de cette construction, la herse ne peut jamais fonctionner entièrement mal dans toutes ses parties, car si elle est attelée de manière que les dents d'un limon se suivent dans la même raie, le même effet ne peut avoir lieu pour celles des autres limons, puisqu'aucun d'eux n'est parallèle aux autres. Si la herse est attelée par un de ses angles et de façon qu'aucun des limons ne se trouve dans une direction parallèle à la ligne de direction de l'instrument, les dents d'aucun d'eux ne pourront se suivre dans la même raie, mais les lignes que traceront les dents de chaque limon sur le terrain seront différemment écartées entre elles; en sorte que si les cinq dents que je suppose placées le long d'un des limons tracent des lignes distantes entre elles d'un pouce, cette distance serait d'un pouce et demi peut-être pour les dents du limon voisin, et de deux pouces pour celles du troisième. Il n'y a aucun moyen possible d'atteler et de diriger une herse ainsi construite, de manière que toutes les lignes tracées par les dents sur le terrain soient placées à des distances égales entre elles; aussi l'action produite par la herse sur le sol est nécessairement fort inégale, dans les diverses parties de la largeur que l'instrument occupe dans sa marche. On a voulu, dans cette construction, s'en fier au hasard pour les distances des lignes tracées par les dents, en combinant seulement les choses de manière que la herse ne puisse jamais laisser, dans la largeur qu'elle occupe, de grands espaces entièrement privés de l'action des dents. L'usage de cet instrument est commode, par ce motif, pour les hommes qui ne veulent se donner aucun soin dans le mode d'attelage de la herse, car, par quelque point qu'elle soit tirée, elle fonctionne toujours passablement. Mais une semblable construction ne peut satisfaire les cultivateurs soigneux qui veulent exécuter sur toute la surface de leur terrain une culture également efficace sur tous les points. Pour atteindre ce but, la herse doit être construite de telle manière que les lignes que tracent les dents sur le terrain soient également distantes entre elles, dans toute la largeur qu'embrasse l'instrument.

C'est avec le dessein d'atteindre ce but qu'on construit des herses triangulaires, et cette forme a été beaucoup prônée dans ces derniers temps. Ces herses sont composées de deux limons le long desquels les dents sont réparties à des distances égales, et qui se réunissent en avant en formant un angle aigu sur le point par où s'opère le tirage. Par derrière, les deux limons sont maintenus à la distance convenable par une traverse qui forme le troisième côté du triangle. Le tirage s'opérant par l'angle antérieur, on conçoit que si les deux limons se maintenaient constamment dans la même obliquité, relativement à la ligne de direction de l'instrument, la condition que j'ai indiquée plus haut serait bien remplie, car toutes les dents traceraient sur le terrain des lignes également distantes entre elles. Mais dans la pratique il n'en est presque jamais ainsi, car pour peu que le terrain soit incliné à droite ou à gauche, la partie postérieure du triangle tend constamment à se porter du côté le plus bas ; il en est de même toutes les fois que l'instrument éprouve, par quelque cause que ce soit, plus de résistance d'un côté que de l'autre ; et dès que l'instrument ne marche plus droit, il fonctionne fort mal, parce que les traces des dents que porte un des limons se rapprochent entre elles, en même temps que celles de l'autre limon se placent réciproquement à de plus grandes distances, ce dernier limon devenant plus oblique à la ligne de direction de l'instrument à mesure que le premier se rapproche plus de la parallèle avec cette direction. Cet inconvénient est d'autant plus grave, que dans cette construction on est forcé de donner beaucoup de longueur au limon. En effet, on ne peut pas rapprocher au delà d'un certain point les dents entre elles sur le même limon, autrement l'instrument s'engorgerait très-facilement ; et lorsqu'on n'a que deux limons pour répartir toutes les dents, il devient nécessaire de les faire fort longs, si l'on veut que l'instrument embrasse une largeur convenable, et que les traces des dents soient assez rapprochées. La partie postérieure du châssis triangulaire se trouvant ainsi fort éloignée du point unique par où la traction s'opère, cède à la moindre impulsion qui lui est imprimée par la pente du terrain ou par toute autre cause, et les deux limons ne marchent presque jamais dans la position symétrique qui serait nécessaire pour que l'instrument fonctionnât bien. C'est ce vice qui a fait abandonner la herse triangulaire par beaucoup de cultivateurs attentifs.

On évite ces inconvénients en donnant à la herse la

forme d'un parallélogramme oblique ou d'un losange composé de quatre limons parallèles entre eux, et construits de manière que lorsque l'instrument est convenablement attelé, les traces des dents de chaque limon occupent une largeur égale à la distance qui sépare les limons entre eux. Cette construction a été indiquée d'abord par **M.** *de Valcourt;* et après en avoir essayé beaucoup d'autres, je suis demeuré convaincu que c'est celle qui remplit le mieux les conditions que l'on attend d'une bonne herse.

Dans cette construction, la herse ne s'attèle pas par un seul point, mais le tirage s'opère sur une chaîne lâche dont les deux extrémités sont fixées par des crochets à la tête ou extrémité antérieure des deux limons extérieurs. Le crochet de la volée s'attache à l'une des mailles de cette chaîne, de façon qu'en changeant de maille, on fait varier à volonté l'obliquité de la herse ; et l'instrument étant tiré par deux points placés aux deux extrémités de sa face antérieure, se maintient constamment au degré d'obliquité que l'on a fixé en accrochant la volée à l'une des mailles de la chaîne. Pour consolider l'assemblage des châssis de cette herse, on fixe au-dessus deux pièces de bois de même longueur et un peu plus grosses que les limons. Ces pièces, que l'on nomme *chapeaux,* et qui sont parallèles entre elles, se fixent par des boulons à l'extrémité antérieure d'un des limons et à l'extrémité postérieure du limon voisin, en sorte que si le chapeau de gauche lie l'extrémité antérieure du limon de ce côté avec l'extrémité postérieure du limon voisin, les deux autres limons sont liés entre eux par l'autre chapeau ; mais ici, c'est l'extré–

mité antérieure de l'avant-dernier limon qui se trouve liée
à l'autre extrémité du limon extérieur de ce côté. La herse
assemblée ainsi est fort solide; et les chapeaux servent de
traîneau pour le transport de la herse au champ : il suffit
pour cela de la renverser sur le dos.

Les chapeaux ont encore un autre genre d'utilité. Ils
servent à indiquer au laboureur, dans le travail, si la herse
marche dans une direction convenable, c'est-à-dire si elle
est bien attelée. Il faut en effet que les deux chapeaux
marchent dans une direction parallèle à eux-mêmes, ce
qu'il est très-facile de reconnaître en observant la herse
par derrière. Lorsque les chapeaux marchent ainsi, on est
assuré que les traces de toutes les dents de la herse se répartissent également sur toute la largeur de terrain qu'embrasse l'instrument; et lorsqu'on reconnaît que les limons
marchent obliquement, il est facile d'y remédier en changeant de maille le crochet de la volée.

Les personnes qui emploient les herses de cette construction doivent savoir qu'il n'en est aucune qui fonctionne plus mal lorsqu'elle est attelée avec négligence,
car si l'un des limons se trouve placé dans le travail de
manière que toutes les dents tombent dans la même raie,
il est certain qu'il en sera de même des trois autres ; en
sorte que la herse ne traverse que quatre raies au lieu de
répartir son action sur toute la surface du sol. Cet effet a
inévitablement lieu lorsqu'on accroche la volée à l'une des
mailles du milieu de la longueur de la chaîne; et en ce cas
les chapeaux marchent dans une direction oblique à la direction de l'instrument, tandis que les limons marchent

parallèlement ou presque parallèlement à cette direction. Si au contraire on accroche la volée à l'une des mailles voisines des extrémités de la chaîne, le travail n'est pas aussi mauvais; mais il n'est pas encore bon, car les traces des dents ne se répartissent pas avec égalité sur toute la surface. Pour que la herse fonctionne avec toute sa perfection, la volée doit être accrochée à peu près au quart de la longueur de la chaîne, du côté où le chapeau est fixé à la tête du dernier limon. Ce point peut varier, au reste, selon diverses circonstances, et surtout selon que la pente du terrain est à droite ou à gauche; mais on a toujours un moyen de reconnaître ce point, en observant les chapeaux dans leur marche, comme je viens de l'expliquer. Lorsque cette herse est bien attelée, elle fonctionne avec une supériorité incontestable sur le travail de toutes les autres herses connues, et il faut avoir employé celle-ci pour savoir tout ce que vaut un bon hersage dans les cultures de préparation des terres.

Quelle que soit la forme du châssis de la herse, son poids et ses dimensions peuvent varier beaucoup selon les usages auxquels on la destine, et selon le nombre d'animaux que l'on veut y atteler. Les herses moyennes à dents en fer, et appropriées au tirage d'une paire d'animaux, sont celles dont l'usage est le plus fréquent et qui s'appliquent au plus grand nombre de circonstances. Les herses à losange remplissent bien ces conditions avec les dimensions suivantes :

Quatre limons de 1 mètre 60 centimètres (4 pieds 10 pouces) de longueur, 5 centim. 20 millim. (2 pouces 9

lignes) de largeur et 5 centim. 13 millim. (2 pouces 6 lignes) d'épaisseur, distants entre eux de 30 centim. (11
pouces), épaisseur du bois comprise, ce qui donne un peu
moins de 97 centim. (36 pouces) pour la largeur totale de
la herse en avant et en arrière; mais comme elle marche
obliquement, elle embrasse une largeur d'environ 1 mètre
18 centim. (44 pouces) de terrain. Chaque limon porte 6
dents; la herse en contient donc en tout 24, dont les traces
doivent être réparties avec égalité sur la largeur de terrain
qu'embrasse l'instrument. Ces traces se trouvent donc placées à un peu moins de 6 centim. (2 pouces) de distance
entre elles, y compris la largeur de la dent qui a elle-même
près de 3 centim. (1 pouce).

On fait des herses plus grandes et plus fortes dans toutes leurs dimensions, pour le tirage de deux paires d'animaux : celles qui doivent être tirées par un seul cheval
ou par un bœuf sont un peu moins grandes, mais surtout
plus légères, ce qu'on obtient en diminuant l'équarrissage
des limons et des chapeaux. Ces dernières portent ordinairement des dents en bois.

Les dents sont la partie agissante de la herse, et tout le
reste de la construction n'a pour but que de les placer
dans les conditions convenables pour qu'elles exécutent
bien leur travail. C'est seulement dans les sols les plus
légers et les plus meubles que l'emploi des dents en bois
peut être utile: dans tous les autres cas, des herses à dents
en fer peuvent seules fonctionner avec quelque efficacité.
Ordinairement, les dents de herse sont coupées dans un
barreau de fer carré; on les termine en pointe par une de

leurs extrémités, et l'autre est enfoncée avec force dans un trou préparé dans le limon pour la recevoir. On tourne alors chaque dent de manière qu'un des angles du barreau se trouve en avant. On a voulu quelquefois construire les dents en forme de lames plates, et tranchant le sol à peu près comme des coutres; mais cette forme réussit mal, parce qu'il est impossible, dans la construction, de placer le plan de toutes les lames précisément dans la direction que doit suivre la herse : si les lames s'écartent de cette direction quelque peu que ce soit, la résistance de la terre devenant inégale sur les deux faces de la lame, le derrière de la herse tend sans cesse à s'écarter de sa direction. Cet effet a lieu même avec les dents carrées, lorsqu'un des deux côtés de l'angle qui se présente en avant est plus oblique que l'autre à la ligne de direction de l'instrument, ou lorsqu'une des faces du barreau est plus large que l'autre, c'est-à-dire lorsqu'on s'est servi de barreau qui n'est pas tout à fait carré. On évite tous ces inconvénients en employant à la construction des dents du fer rond ou tringle. On équarrit seulement l'extrémité qui doit entrer dans le limon. De quelque manière qu'on tourne, en les assemblant, des dents ainsi construites, la résistance de la terre sera toujours égale sur toute leur largeur.

La longueur des dents influe beaucoup sur l'énergie de l'action de la herse, et il est utile d'en avoir de diverses longueurs dans une exploitation, pour les approprier aux différents états de la terre. Comme ces dents se raccourcissent assez vite par l'usure dans le travail, il suffit de ne pas faire rechausser toutes les herses à la fois pour en avoir toujours à dents longues et courtes. Pour les herses à deux bêtes dont j'ai parlé, les dents ont 16 centim. (6 pouces) de longueur en dessous des limons, 22 millim. (10 lignes) de diamètre, et chacune d'elle pèse environ 1 livre 1/2. Une herse ainsi armée produit un effet extrêmement énergique lorsque les dents sont neuves.

Les dents de la herse ne sont pas implantées perpendiculairement dans les limons : on leur donne une inclinaison de 17 degrés avec la verticale. Cette inclinaison ne doit pas être dans le sens des limons, mais dans celui de la direction que la herse doit prendre dans le travail, afin que la pointe de la dent marche toujours en avant ou en arrière, selon que la herse est attelée à l'une de ses extrémités ou à l'autre. Lorsqu'on a besoin d'une action très-énergique de la herse, on l'attèle de manière que les pointes des dents soient tournées en avant : c'est ce que le laboureur appelle herser *en accrochant;* et l'on herse *en décrochant,* lorsqu'on fait tirer la herse par l'extrémité opposée, de sorte que les pointes des dents soient tournées en arrière. Il est des cas où la herse fonctionne mieux de cette manière, soit parce que les dents pénètrent moins en terre, soit parce qu'en accrochant les dents font sortir de la terre des gazons récemment enterrés, tandis qu'elles les déchirent mieux en les appuyant contre le sol en travaillant dans le sens opposé. Afin de se prêter à ces deux modes d'attelage, les herses à losange portent des crochets fixés aux deux extrémités des deux limons extérieurs, et la chaine d'attelage s'attache à volonté aux uns et aux autres.

Une circonstance fort importante dans la construction

des herses, c'est la longueur de l'extrémité des limons qui
dépassent les premières dents, surtout du côté où l'on attèle en accrochant. Si cette partie est trop courte, c'est-à-
dire si la première dent se trouve trop près du point du
limon sur lequel le tirage s'opère, la herse a trop d'entrure sur le devant, et le derrière tend à se soulever dans
le travail, en sorte qu'il n'y a pas d'égalité dans l'action
des dents. L'effet contraire a lieu si la tête des limons est
trop longue, ou si le crochet d'attelage est fixé trop bas
sur le limon, parce qu'alors la puissance oblique de l'attelage tend à soulever le devant de la herse; et c'est le
derrière qui fonctionne dans ce cas avec le plus d'énergie.
Si la herse est bien construite, le devant et le derrière
doivent s'enfoncer également dans la terre.

Dans les herses à losange des dimensions que j'ai indiquées, on obtient ce résultat en fixant la première dent à
20 ou 22 centim. (8 pouces) du crochet d'attelage qui se
place à la hauteur de la surface supérieure du limon. Cette
distance ou la hauteur du crochet doit varier, dans tous les
autres cas, selon les dimensions et le poids de la herse, et
selon le degré d'inclinaison que l'on donne aux dents. Il est
bon, dans les herses de grandes dimensions, d'établir à
l'extrémité des limons une espèce de régulateur au moyen
duquel on puisse élever ou abaisser le crochet, afin de
donner plus ou moins d'entrure à la herse. La forme la
plus simple de ce régulateur consiste en une bande de fer de
13 à 16 centim. (5 ou 6 pouces) de longueur, fixée verticalement à la tête des deux limons extérieurs. Cette bande
est percée de 4 ou 5 trous dans lesquels on place à volonté
le crochet.

TROISIÈME SECTION

Des Extirpateurs et des Scarificateurs

Les *extirpateurs* sont destinés à remuer et à ameublir la surface de la terre à une profondeur qui peut varier de 5 à 8 centim. (2 à 3 pouces) jusqu'à 12 à 16 (5 ou 6 pouces), à peu près comme le fait la herse, mais en tranchant horizontalement la terre au fond de la couche cultivée, de manière à couper toutes les racines des plantes nuisibles. Pour obtenir cet effet, on termine les pieds de l'extirpateur, à leur partie inférieure, par une surface plane triangulaire dont les deux bords antérieurs sont tranchants. La terre est donc coupée par l'extirpateur de même que par la charrue; mais le premier instrument ne la retourne pas et en mêle seulement les parties entre elles. Les pieds d'extirpateurs sont fixés à un cadre composé généralement de deux traverses placées l'une devant l'autre, et assemblées à leurs extrémités par d'autres pièces de bois. Deux mancherons sont fixés sur les deux traverses, et un homme placé derrière manœuvre l'instrument au moyen de ces mancherons. Un âge, fixé aussi sur les deux traverses, va reposer à sa partie antérieure soit sur un avant-train, soit sur une roulette, à l'aide desquels on règle l'entrure de l'instrument, en donnant plus ou moins d'élévation à l'âge. Quelquefois deux roulettes, placées derrière le cadre, roulent sur la terre que l'extirpateur vient de remuer, et servent aussi à régler la profondeur à laquelle l'instrument doit pénétrer.

Les pieds de l'extirpateur se construisent dans des formes très-diverses, et on les fait en bois, en fer forgé ou en fonte. Les pieds en bois sont généralement triangulaires avec un angle placé en avant, et la partie inférieure du pied est coupée en biseau et revêtue d'une plaque de fer ou de fonte sur ses deux faces antérieures. Les pieds sont couchés en arrière sur un angle d'environ 45 degrés avec la verticale, et se terminent en haut par des tenons qui s'assemblent dans les mortaises pratiquées dans les traverses du cadre. Ce genre de construction a peu de solidité, et l'instrument fonctionne avec beaucoup moins de perfection que l'extirpateur à pieds en fer.

On construit aussi des pieds d'extipateurs en fonte, et de formes assez variées; mais les plus usités sont composés d'une tige verticale en fer forgé fixée à sa partie inférieure à une plaque de fer triangulaire qui forme le soc. Ce dernier est légèrement bombé en dessus, de sorte qu'il ne repose sur la terre que par les deux côtés antérieurs du triangle qui sont tranchants. La tige est fixée au soc par une forte rivure, et ordinairement, pour consolider cet assemblage, elle forme à quelques pouces au-dessus du soc un enfourchement qui vient s'assembler avec le soc un peu en avant de la rivure de la tige. Cette dernière a communément 18 à 21 centim. (7 à 8 pouces) de hauteur, jusqu'au-dessous de la traverse. A ce point, elle forme un épaulement, et se termine par une partie ronde, taraudée à son extrémité supérieure, au moyen de laquelle le pied se fixe dans un trou pratiqué dans la traverse, et où elle est maintenue par un écrou.

Le nombre des pieds d'un extirpateur dépend de la largeur qu'on leur donne. On a conseillé quelquefois de multiplier les pieds en les faisant plus étroits, ce qui offrirait quelques avantages; mais les tiges se trouvant alors trop rapprochées entre elles, l'instrument est sujet à s'engorger, parce que les mottes de terre ne passent pas facilement entre les tiges. Le plus souvent, on donne au soc une largeur de 25 centim. (9 pouces), et les deux autres faces du triangle ont environ 30 centim. (11 pouces), de façon que l'angle antérieur est le plus aigu des trois. Dans ces dimensions, on met 5 pieds à un extirpateur, ce qui donne un tirage suffisant à une paire d'animaux dans les terres faciles. Il n'y aurait aucun avantage à réduire à 3 le nombre de ces pieds; et si l'on voulait en mettre 7, le maniement de l'instrument deviendrait trop pénible. On comprend bien que les pieds doivent toujours être en nombre impair, pour qu'ils soient placés dans une position symétrique sur les deux traverses : on en fixe deux à la traverse de devant, et trois à celle de derrière. On place les tiges dans les traverses à la distance de 45 centim. (16 pouces) entre elles, c'est-à-dire 5 ou 6 cent. (2 pouces) de moins que la largeur de deux socs qu'elles représentent, afin que la trace de ceux de derrière recouvre un peu de chaque côté celle des socs de devant, circonstance nécessaire pour qu'aucune plante ne puisse échapper à l'action des socs.

Les socs doivent avoir un peu d'entrure, c'est-à-dire que la pointe doit être un peu inclinée vers le bas. En supposant que l'instrument soit placé sur un plan bien uni, les pointes seules des socs poseront sur ce plan, et les deux faces tranchantes de chaque soc s'élèveront à partir de ce point, de manière à s'écarter du plan d'environ 6 ou 7 millim. (3 lignes) à leur partie postérieure. Ces socs se construisent soit en fer aciéré, de même que les socs de charrue, soit en feuilles entièrement en acier. Ces derniers ne sont guère plus coûteux que les socs de fer aciéré, à cause de la dépense qu'entraîne la soudure de la feuille d'acier le long des deux grands côtés du triangle.

On met une distance de 40 centim. (15 pouces) entre les deux traverses du cadre de l'extirpateur. Si on les rapprochait davantage, les mottes de terre s'embarrasseraient souvent entre les tiges des pieds, et l'instrument serait sujet à s'engorger. D'un autre côté, on doit rapprocher ces deux traverses autant qu'il est possible, attendu que lorsqu'on élève ou qu'on abaisse l'âge pour faire varier l'entrure de l'instrument et la profondeur de la culture, on élève ou on abaisse nécessairement aussi le rang des pieds de devant, relativement à ceux de derrière, en sorte qu'ils ne se trouvent plus tout à fait dans le même plan horizontal; et cette différence est d'autant plus considérable que les traverses sont plus distantes entre elles.

Les *scarificateurs* ne diffèrent des extirpateurs que par la forme des pieds : ces derniers portent, comme je viens de le dire, des espèces de socs qui tranchent la terre horizontalement au fond de la couche cultivée. Les pieds des scarificateurs, au contraire, ne tranchent la terre que verticalement : ils ont à cet effet des formes assez variées, mais toujours analogues à celle des coutres de charrue ou des dents de herse. L'action du scarificateur diffère donc principalement de celle de la herse, en ce que le premier de ces instruments porte un âge et des mancherons à l'aide desquels un ouvrier la dirige, tandis que la herse chemine librement, et dans le direction qui lui est imprimée par la disposition des moyens de tirage. Cette différence donne beaucoup plus d'énergie à l'action du scarificateur.

En désignant les instruments dont j'ai parlé dans cet article et dans le précédent, je me suis attaché à la nomenclature adoptée par les agriculteurs anglais et allemands les plus recommandables. On a fréquemment indiqué sous les noms de *herses*, *extirpateurs* ou *scarificateurs*, des instruments qui appartiennent à une autre classe, d'après cette nomenclature. La description que j'en ai donnée suffira pour faire reconnaître avec certitude à quelle classe appartient chaque instrument d'après sa construction; mais je dois avertir le lecteur qu'en lisant beaucoup d'ouvrages d'agriculture, il doit se tenir en garde contre la confusion que l'on a souvent établie dans les noms par lesquels on a désigné les instruments qui appartiennent à l'une ou à l'autre de ces classes. Au reste, on construit souvent des instruments en quelque sorte mixtes entre deux classes; ainsi on courbe quelquefois en avant, dans leur partie inférieure, les pieds du scarificateur, et on les élargit un peu dans la même partie, en sorte qu'ils tiennent en quelque sorte le milieu entre des pieds d'extirpateur et de scarificateur. On peut bien alors leur donner l'une ou l'autre dénomination sans déroger au caractère distinctif des deux classes d'instruments.

QUATRIÈME SECTION

Des rouleaux

Les rouleaux sont destinés au double but de briser les mottes qui se trouvent sur la terre, et de tasser la surface d'un sol très-meuble. On en construit en bois, en pierre et en fonte : les rouleaux de toute espèce sont d'autant plus énergiques qu'ils sont plus pesants, et aussi qu'ils sont plus courts, car si l'action du même poids s'exerce sur une surface double, comme cela arrive si le rouleau a le double de longueur, cette action sera de moitié moindre. Elle sera en outre moins égale, parce que la surface du sol n'étant presque jamais parfaitement unie, un rouleau long porte seulement sur quelques points, et n'exerce presque pas de pression sur d'autres parties de sa longueur. Par ce motif, on ne donne pas plus de 1 mètre de longueur aux rouleaux, lorsqu'on veut qu'ils agissent avec une certaine énergie. Avec cette longueur, un rouleau de bois de 40 à 50 centim. (15 à 18 pouces) de diamètre, ou un rouleau de pierre de 20 à 25 centim. (8 à 10 pouces), est très-efficace dans la plupart des circonstances, et donne un travail suffisant à un cheval. Quant à ces rouleaux de bois de 2 mètres de longueur et même davantage, sur un diamètre de 20 à 25 centim. (8 ou 10 pouces), comme on en voit souvent, leur effet est si peu énergique, qu'on peut à peine en conseiller l'usage dans les sols les plus légers ; et encore là le tassement qu'ils produisent dans le sol est presque nul.

On construit aussi des rouleaux en fonte, en les formant d'un manchon creux cylindrique, afin de leur donner un plus grand diamètre, ce qui en diminue beaucoup la résistance dans le travail. On peut calculer l'épaisseur du manchon de manière à donner à un rouleau de 1 mètre de longueur un poids de 200 à 400 kilogrammes, selon l'effet qu'on veut produire, en donnant au cylindre qui forme le rouleau un diamètre de 32 centim. (12 pouces) au moins pour le plus petit de ces poids, et de 40 à 50 centim. (15 à 18 pouces) pour le plus grand. Un axe en fer forgé est fixé au centre de ce cylindre par des croisillons placés aux deux extrémités de ce dernier. Cet axe forme, à ses deux extrémités, des tourillons qui dépassent d'environ 10 ou 11 centim. (4 pouces) la longueur du cylindre de chaque côté. Dans les rouleaux en bois et en pierre, l'axe est ordinairement formé de deux tourillons fixés solidement au centre de chaque extrémité du cylindre.

Un rouleau en fonte beaucoup plus énergique que celui dont la surface est unie est celui que l'on nomme *rouleau-squelette*. Les rouleaux de ce genre que l'on construit à la fabrique de Roville se composent de disques en fonte formant un angle tranchant à leur circonférence, et séparés entre eux par des intervalles un peu moins grands que l'épaisseur du disque lui-même, au moyen de disques en bois d'un diamètre beaucoup moindre que celui des disques en fonte, et qu'on alterne avec ces derniers sur l'axe qui les unit tous. Les disques en fonte sont à jour, c'est-à-dire qu'ils sont formés, comme les roues des voitures, de raies qui soutiennent la couronne qui forme la circonférence. Cette couronne a 47 millim. (21 lignes) d'épaisseur ou si l'on veut de largeur, mais elle présente au milieu de son épaisseur, et à sa face extérieure, une arête tranchante, parce que cette face est formée de deux portions de cône qui viennent se réunir sous un angle de 95 degrés. Ces disques ont 50 centim. (19 pouces) de diamètre, et les raies, au nombre de six, n'ont que 8 à 10 centim. (3 à 4 pouces) de longueur, depuis la couronne jusqu'à la partie pleine du centre du disque, qui a elle-même 27 centim. (10 pouces) de diamètre sur une épaisseur égale à celle de la couronne. Cette partie est percée à son centre d'un trou qui est traversé par l'arbre du rouleau. Les disques en bois que l'on interpose entre ceux de fonte ont 27 millim. (1 pouce) d'épaisseur sur un diamètre de 27 centim. (10 pouces), de même que la partie pleine de ces derniers ; en sorte que lorsque le tout est assemblé, le centre du rouleau semble formé d'un cylindre plein de 27 centim. (10 pouces) de diamètre ; et toute la partie extérieure du rouleau est à jour. Chaque disque en fonte est du poids de 18 kilog. : un rouleau se compose de 13 disques qui sont assujettis avec force sur l'axe, et avec les disques en bois qui les séparent. Le rouleau entier avec son axe en fer pèse environ 250 kilog. Comme il a un grand diamètre, un cheval le traîne facilement.

L'action de ce rouleau est extrêmement énergique. Les mottes les plus dures résistent difficilement à l'action des disques qui tranchent et écrasent à la fois. Il ne s'empâte d'ailleurs jamais, pourvu que le sol ne soit pas trop humide, et dans les cas mêmes où la terre s'attache à la surface des rouleaux pleins. Il est extrêmement solide et ne peut souffrir aucune atteinte dans le travail, même dans les sols pierreux. Cependant, pour le conduire aux champs dans des chemins couverts de pierres, il est convenable d'employer un petit traineau construit exprès pour le recevoir.

CINQUIÈME SECTION

Des rayonneurs et des semoirs

Je parlerai ailleurs des avantages des cultures en lignes, et des limites de ces avantages. Je dois me borner à décrire ici les instruments à l'aide desquels on exécute ces opérations.

Les *rayonneurs* sont de formes très-diverses, mais ils sont toujours composés de plusieurs pieds placés à distances égales sur une traverse, afin de tracer à la surface de la terre des lignes parallèles entre elles, dans lesquelles la semence doit être déposée, ou le long desquelles on repique les plantes à la main. Dans plusieurs semoirs, le rayonneur fait partie de l'instrument lui-même, en sorte que les raies sont ouvertes et la semence y est déposée en même temps.

Cette disposition n'est applicable qu'aux semoirs qui doi-

vent être traînés par un cheval, et qui sèment toujours plusieurs lignes à la fois. Quant aux semoirs qui sont conduits
par un homme de même qu'une brouette, ce qui leur a
fait donner le nom de *semoirs à brouette*, ils ne sèment
qu'une ligne à la fois, et ne peuvent fonctionner que dans
les lignes ouvertes à l'avance par un rayonneur, car l'opération d'ouvrir la raie exige beaucoup trop de force pour
qu'un homme puisse l'exécuter, même sur une seule ligne.
Le semoir à brouette exige donc deux opérations successives, l'une exécutée par le rayonneur traîné par un cheval,
et l'autre par le semoir conduit par un homme. Il faut
même y ajouter l'action de recouvrir la semence, soit à
l'aide de la herse, soit par tout autre moyen, car dans cette
méthode on est forcé d'employer des pieds de rayonneur
un peu larges, de manière qu'ils laissent la raie ouverte
pour que le semoir vienne ensuite y répandre la semence ;
tandis que dans le *semoir à cheval*, qui fait lui-même
les fonctions de rayonneur, les pieds de ce dernier sont
fort étroits et ne font qu'entr'ouvrir la terre, en sorte que
la raie se referme d'elle-même et recouvre la semence aussitôt que cette dernière a été répandue.

On peut conclure de ce que je viens de dire que les semoirs à cheval exécutent l'opération de la semaille d'une
manière beaucoup plus parfaite que les semoirs à brouette ;
mais ils présentent aussi divers inconvénients qui en restrei-
gnent beaucoup l'usage. D'abord, ces semoirs sont toujours
des machines assez compliquées, qui ne peuvent être ma-
niées que par des ouvriers exercés et fort attentifs : si l'on
néglige d'y apporter des soins constants, il arrivera souvent

qu'une ou plusieurs lignes manqueront de semence, ou que cette dernière y sera répandue très-inégalement, ce qu'on ne peut plus reconnaître dès que l'instrument est passé. Ces semoirs sont d'ailleurs d'un prix assez élevé. Mais l'inconvénient le plus grave, qui tend à en limiter beaucoup l'emploi, est que les instruments de ce genre ne peuvent fonctionner que dans des terres qui ont reçu une préparation parfaite : on ne peut donc en adopter l'usage, comme moyen général de culture, que dans les sols d'une nature telle que l'on puisse être assuré de les amener à un état complet d'amendement jusqu'à la profondeur de plusieurs pouces, quelles que soient les circonstances de la température pendant la durée des travaux de préparation. Il faut de plus que la terre soit exempte de pierres ou de galets, même d'une grosseur médiocre. Ces conditions ne peuvent guère être remplies que par des terrains sablonneux et légers, d'une nature très-homogène.

Lorsqu'au contraire on emploie un rayonneur construit spécialement pour accomplir sa tâche, on peut lui donner beaucoup plus de solidité qu'il n'est possible de le faire pour ceux qui font partie des semoirs ; et les rayonneurs de ce genre peuvent fonctionner dans presque tous les terrains, et quel que soit l'état de préparation, en sorte qu'on peut, en les employant concurremment avec des semoirs à brouette, exécuter des semailles en lignes dans des sols et dans des circonstances où cela serait entièrement impossible avec les semoirs à cheval.

On construit quelquefois des rayonneurs à pieds triangulaires en bois revêtus dans leur partie inférieure d'une plaque de fer forgé ou de fonte, et semblables à ceux que j'ai décrits en parlant de l'extirpateur. Ces pieds ne peuvent convenir, au reste, que lorsqu'on veut ouvrir dans un sol très-léger des raies de peu de profondeur, comme cela convient pour la semaille des graines fines, ou pour tracer seulement des lignes le long desquelles on doit repiquer des plantes. Lorsqu'on a besoin d'ouvrir des raies un peu plus profondes, par exemple pour les semences qui demandent à être enterrées à 3 ou 6 cent. (1 ou 2 pouces), on emploie des pieds de rayonneur en fer forgé ou en fonte, et présentant chacun, en petit, une forme analogue à celle du corps d'une charrue à deux versoirs. Les pieds des rayonneurs adaptés aux semoirs à cheval sont ordinairement construits en fonte et sont creux dans toute leur hauteur, formant ainsi un canal par où la graine arrive jusqu'au fond de la raie creusée par le pied. Les rayonneurs de toute espèce sont généralement construits de manière qu'on peut faire varier à volonté, du moins dans de certaines limites, la distance des pieds entre eux, afin d'opérer, par ce moyen, les semailles en lignes plus ou moins rapprochées.

Le mécanisme à l'aide duquel on répand la semence dans les lignes doit varier selon la nature des graines, car il serait fort difficile de construire un mécanisme qui convînt également aux grosses semences, comme le maïs et les féveroles, et aux graines très-fines, comme celles de pavots, ou même celles de carottes ou de navets. Du reste, tous les mécanismes de ce genre peuvent également s'appliquer aux semoirs à cheval et aux semoirs à brouette.

Dans les graines fines, le mécanisme du semoir consiste

le plus communément en une capsule de fer-blanc dans
laquelle on renferme la semence, et qui en tournant la
laisse échapper par de petites ouvertures placées à sa circonférence. La forme de cete capsule est celle de deux
cônes réunis par leur base, et traversés selon leur axe
par une tige de fer fixée solidement à la capsule et arrondie en tourillons à ses extrémités. Ces tourillons sont sup-
portés par des coussinets dans lesquels l'axe tourne librement, et la capsule avec lui. Le mouvement de rotation
lui est imprimé par une poulie fixée sur l'axe de la capsule,
et qui correspond, à l'aide d'une chaîne sans fin, à une autre
poulie placée sur l'axe de la roue qui sert à la conduite du
semoir : de cette façon, la vitesse de la rotation de la capsule
est réglée par celle de la marche de l'instrument. Dans les
semoirs à cheval, plusieurs capsules semblables à celles que
je viens de décrire sont placées sur le même axe, et chacune d'elles sème une ligne. Le mouvement est ainsi imprimé à l'axe par un mécanisme appliqué à l'axe des deux
roues sur lesquelles se meut le semoir.

Les ouvertures de la capsule par où la semence se répand sont distribuées, à des distances convenables, sur la
circonférence formée par la réunion des deux cônes :
on a imaginé divers moyens pour faire varier la grandeur
de ces ouvertures, afin que la même capsule puisse servir
à la semaille de plusieurs espèces de graines. Ainsi, on pratique quelquefois à la capsule elle-même un certain nombre
d'ouvertures plus grandes qu'il n'est nécessaire, et placées
à des distances parfaitement égales entre elles, et l'on en-
toure la circonférence ou le ventre de la capsule par une

bande de fer-blanc d'un pouce de largeur environ, formant une bague qui se meut à frottements sur le ventre de la capsule, dont elle recouvre toutes les ouvertures. Cette bague est elle-même percée d'un assortissement de trous de diverses grosseurs et appropriés aux espèces de graines que l'on veut semer. Les trous de chaque grosseur sont en nombre égal à celui des ouvertures de la capsule, et placés aussi entre eux à des distances parfaitement égales sur la circonférence de la bague, de sorte que, lorsqu'en faisant tourner la bague sur la capsule on a mis en rapport avec une des ouvertures de cette dernière un des trous de la bague d'une grosseur déterminée, tous les autres trous semblables se trouvent en rapport avec les ouvertures de la capsule : l'instrument est alors disposé pour semer l'espèce de graine à laquelle sont destinés ces trous de la bague. Si l'on fait tourner cette dernière seulement d'une ligne ou deux, alors tous les trous sont bouchés, parce qu'aucun trou de la bague ne correspond plus aux ouvertures de la capsule ; mais si l'on fait tourner la bague un peu plus, on amène en correspondance avec les ouvertures de la capsule une autre série de trous égaux entre eux et destinés à une autre espèce de graine. Un bouton saillant est placé sur un des points de la bague, afin qu'on puisse plus facilement faire tourner celle-ci sur la capsule, car elle doit être assujettie à sa place par un frottement un peu rude, pour qu'elle ne se dérange pas dans le travail. On donne généralement aux capsules un diamètre d'environ 20 centim. (7 pouces) au ventre, sur une longueur de 22 centim. (8 pouces) le long de l'axe ; les ouvertures par où la semence se répand sont au nombre de 6, et l'on peut facilement pratiquer dans la bague trois ou quatre séries de différentes grosseurs de trous, chacune également au nombre de 6. On introduit la semence dans la capsule au moyen d'un tube de 27 millim. (1 pouce) de longueur environ, et qu'on place à quelque distance du sommet de l'un des deux cônes. Cette ouverture est ensuite fermée à l'aide d'un bouchon.

Quelquefois aussi, on supprime la bague dont je viens de parler, et l'on donne aux ouvertures de la capsule la forme d'un losange qui correspond à d'autres ouvertures de la même forme et de la même grandeur, pratiquées dans de petites languettes de fer-blanc formant coulisse et recouvrant chaque ouverture. En tirant plus ou moins ces coulisses, qui sont à frottement rude, on agrandit ou l'on rétrécit les ouvertures, afin de les approprier aux diverses espèces de graines.

Les semences, à mesure qu'elles sortent par les ouvertures de la capsule de l'une ou de l'autre espèce, sont recueillies par un entonnoir en fer-blanc qui enveloppe une partie de la circonférence du ventre de la capsule, et qui se termine par le bas en un tube qui conduit la semence dans la raie préparée pour la recevoir.

Pour les grosses graines, on emploie, pour distribuer la semence, des mécanismes différents de celui que je viens de décrire, mécanismes qui varient dans divers semoirs. Dans tous, la semence est contenue dans une caisse fixe en forme de trémie, et c'est à l'ouverture placée à la partie inférieure de cette caisse qu'est appliqué le mécanisme.

Dans la plupart des semoirs, ce mécanisme consiste en une lanterne ou roulette tournante, en bois ou en métal, et qui ferme l'ouverture de la trémie en lui présentant une portion de sa circonférence. Dans la surface de cette circonférence sont pratiquées de petites cavités, ordinairement rondes ou oblongues, dont la profondeur et la grandeur sont proportionnées à l'espèce de graine que l'on doit semer. Cette lanterne est mise en mouvement par un mécanisme semblable à celui que j'ai décrit en parlant du semoir à capsule : à mesure qu'elle tourne, elle emporte en dehors de la trémie les grains qui se sont logés dans les cavités de sa circonférence, et ces grains sont recueillis, en tombant, par un entonnoir qui les distribue dans la raie. Afin d'empêcher qu'il sorte de la trémie d'autres grains que ceux qui se logent dans les cavités de la lanterne, cette dernière est ajustée avec exactitude sur ses deux faces latérales dans l'ouverture du fond de la trémie qu'elle doit fermer ; et l'on place dans l'intérieur de la trémie, au devant et en arrière de la lanterne, deux brosses mobiles contre lesquelles frotte légèrement la circonférence de la lanterne. Dans les semoirs à cheval, on place sur le même axe autant de lanternes que l'on doit semer de lignes, et chaque lanterne correspond à une case ou compartiment particulier pratiqué dans la caisse ou trémie qui surmonte cet axe.

Dans quelques semoirs, le grain sort de la trémie par une ouverture placée au bas de cette dernière, et que l'on ouvre à volonté à l'aide d'une portière mobile. Le grain se rend à mesure dans une petite auge, où il est puisé par des espèces de cuillers placées à la circonférence d'un axe tournant, qui le versent dans l'entonnoir à mesure que leur position change par la rotation de l'axe. Dans d'autres, le grain sort de la trémie comme je viens de le dire, et les cuillers sont remplacées par des cavités pratiquées à la circonférence d'une lanterne placée en dehors de la trémie, en avant de l'auge qui reçoit les grains à leur sortie de la trémie.

Les semoirs à cheval destinés à semer plusieurs lignes à la fois sont quelquefois disposés de manière à répandre les grains uniformément sur la surface, de même que dans l'ensemencement à la volée. A cet effet, on enlève les pieds de l'instrument, ainsi que les entonnoirs qui conduisent les grains dans les raies ouvertes par les pieds, et l'instrument fonctionne d'ailleurs de même que si l'on voulait semer en lignes.

Les semoirs à cheval n'ont besoin d'aucun mécanisme particulier pour recouvrir la semence, du moins lorsqu'ils sèment en lignes, puisque les semences sont conduites par les pieds au fond des raies qu'ils ouvrent, et qui se referment d'elles-mêmes aussitôt que les pieds ont passé. Quelquefois, cependant, on place derrière les pieds une espèce de râteau qui achève d'égaliser la surface du terrain. Quant aux semoirs à brouette, qui répandent la graine dans les raies ouvertes par le rayonneur, on emploie divers moyens pour recouvrir la semence : quelquefois on fixe sur l'instrument une chaîne dont les extrémités sont attachées aux deux bouts d'une traverse placée en arrière de la capsule ou de la trémie ; la chaîne est lâche, et son milieu traîne

sur la terre, en avant des pieds de l'homme qui conduit le
semoir. Dans les sols très-meubles, cette chaîne suffit pour
faire retomber dans la raie ouverte la terre accumulée sur
ses bords et pour recouvrir la semence. Il n'en résulte pas
d'ailleurs une grande augmentation de fatigue pour l'ouvrier qui conduit l'instrument. En traitant des semailles en
lignes et de l'emploi des semoirs, j'indiquerai quelques autres moyens de couvrir les semences dans ce cas.

SIXIÈME SECTION

Des houes à cheval

La *houe à cheval* est destinée à exécuter entre les lignes
de plantes les binages pour lesquels on est forcé d'em—
ployer le travail des bras, et les houes à main lorsque les
plantes ne sont pas disposées en lignes. On en construit
de plusieurs espèces, dont quelques-unes binent plusieurs
lignes à la fois et sont destinées à fonctionner entre des
lignes très-rapprochées, comme elles sont exécutées par les
semoirs qui sèment eux-mêmes plusieurs lignes à la fois.
Ces instruments présentant de grandes difficultés dans leur
emploi sont très-peu usités, je ne parlerai ici que des
houes à cheval qui n'exécutent le travail que dans l'in—
tervalle qui sépare deux lignes de plantes, ce qui suppose
généralement que ces lignes sont distantes de 50 centim.
(18 pouces) au moins, et de 70 à 80 centim. (27 à 30
pouces) au plus.

L'instrument que l'expérience m'a fait reconnaître comme le plus commode pour exécuter cette opération, consiste en une pièce de bois de 1 mètre 50 centim. (4 pieds 9 pouces) de longueur sur 7 centim. (2 pouces 8 lignes) d'équarrissage, et qui porte à son extrémité antérieure un régulateur destiné à faire varier l'entrure de l'instrument, ainsi qu'à le diriger un peu à droite ou à gauche, pour les cas où l'on travaille sur une terre en pente. Derrière ce régulateur se trouve fixé dans la pièce de bois, à l'aide d'une vis et d'un écrou, un pied triangulaire semblable à celui des extirpateurs, avec une tige de 26 centim. (9 pouces 6 lignes) de longueur en dessous de la pièce de bois. A l'extrémité postérieure de cette pièce sont fixés deux mancherons par le moyen desquels l'ouvrier manie l'instrument. Des deux côtés de cette pièce sont placées les deux ailes, formées de pièces de bois de même équarrissage que la première, et de 1 mètre 13 centim. (3 pieds 6 pouces) de longueur. Ces ailes sont fixées par leur extrémité antérieure à la pièce principale par des charnières placées à un pied de l'extrémité où est le régulateur, en sorte qu'elles peuvent en se fermant venir se coller contre les deux côtés de la pièce principale, ou s'en éloigner par leur partie postérieure, en formant entre elles un triangle dont l'angle le plus aigu est placé en avant, au point où les charnières fixent les ailes à la pièce principale. Pour rendre variable à volonté l'écartement des deux ailes, on fixe à la pièce principale, vers le milieu de la longueur des ailes, une bande de fer qui forme à droite et à gauche de la pièce principale et dans le plan horizontal deux arcs de cercle sur lesquels jouent les ailes, au moyen d'une mortaise pratiquée dans ces dernières et dans laquelle les arcs jouent librement. Ces arcs sont percés d'un grand nombre de trous ou portent sur un de leurs bords des entailles qui servent à fixer chaque aile au point qu'on le désire, au moyen d'une broche de fer mobile qui traverse l'aile ainsi que l'arc.

Dans le travail, on fixe ainsi les deux ailes à une distance égale de la pièce principale, et en les ouvrant plus ou moins selon que l'intervalle entre les lignes de plantes est plus ou moins large. On a bien compris, sans doute, que les ailes dont je viens de parler sont pourvues de pieds destinés à cultiver la terre à droite et à gauche de la trace que forme le pied triangulaire placé, comme je l'ai dit, sur la pièce du milieu. Les pieds que portent les ailes sont formés d'une tige de 25 centim. (9 pouces 6 lignes) de longueur en dessous du bois, de même que le pied triangulaire, et de lames tranchantes auxquelles on peut donner diverses formes. Dans les pieds que j'emploie généralement à cet usage, la lame est horizontale et placée d'un seul côté du pied : elle n'est donc formée que par la tige elle-même recourbée à angle droit, la pointe dirigée vers le dedans de l'espace occupé par l'instrument, en sorte que dans le travail l'ouvrier peut approcher de très-près les tiges des pieds des lignes des plantes sans endommager celles-ci. La lame ou la partie horizontale de ces pieds a 16 à 19 centim. (6 à 7 pouces) de longueur, et lorsque l'instrument doit fonctionner entre des lignes peu distantes, par exemple sur une largeur de 40 à 50 centim. (15 à 18 pouces) seulement, il suffit d'un pied de ce genre placé à l'extrémité postérieure de chacune des deux ailes, et accompagnant des deux côtés la marche du pied triangulaire. Dans ce cas, il est bon que les deux pieds ne soient pas placés sur les deux ailes entièrement vis-à-vis l'un de l'autre, mais que l'un des deux soit avancé de quelques pouces sur l'aile qui le porte, afin d'éviter que les pointes des deux lames se touchent ou même se rapprochent entre elles, parce que dans ce cas les herbes que l'instrument a coupées s'y engorgent quelquefois. Lorsque l'instrument doit fonctionner sur une largeur de 60 centim. (22 pouces) ou davantage, il est nécessaire d'ajouter deux autres pieds semblables à ceux que je viens de décrire : on les place sous les ailes vers le milieu de leur longueur, en sorte que l'instrument porte alors 5 pieds. Pour certains usages, on remplace tous ces pieds par de simples dents de herse, que l'on fixe tant aux ailes qu'à la pièce du milieu. Afin de fixer ces dents, ainsi que les pieds dont j'ai parlé, aux pièces de bois, les tiges de fer se terminent par une partie arrondie et taraudée qui traverse la pièce de bois, sur laquelle elle est maintenue par un écrou placé en dessus, et au moyen d'un épaulement pratiqué en dessous de la pièce sur la tige.

SEPTIÈME SECTION

Des instruments de transport

§ 1. — *Des voitures.*

On a souvent discuté les avantages respectifs des *voitures* à deux ou à quatre roues. Dans les pays montueux, la question ne peut être douteuse, et les voitures à quatre roues y conviennent seules, à cause de la fatigue énorme qui résulte pour le cheval placé dans la limonière de l'inégalité de position de la charge dans les montées et les descentes. Dans les pays plats, on peut plus facilement admettre l'emploi de voitures à deux roues pour les travaux de l'agriculture, et il est vraisemblable qu'en général un cheval peut tirer de plus lourds fardeaux sur une voiture de cette espèce que sur une voiture à quatre roues, parce que l'essieu étant élevé à peu près à la hauteur de l'épaule des animaux de trait, il n'y a pas de décomposition de forces. Mais c'est à condition que le chemin soit non-seulement plat, mais aussi passablement solide; car si les roues peuvent s'y enfoncer, les ornières seront plus profondes avec la voiture où toute la charge est répartie sur deux roues, qu'avec celles où elle est supportée par quatre. Sur de tels chemins ou dans les terres en culture, la voiture à deux roues pourra bien perdre, par cette cause, tout l'avantage que lui donne la circonstance que j'ai men-

tionnée tout à l'heure. D'ailleurs, les voitures à quatre roues
sont beaucoup plus commodes pour le chargement et le
déchargement, et elles s'approprient plus facilement aux
chargements de tous genres, comme foin, grains en gerbes,
fumier, terre, racines, etc. Elles ne sont d'ailleurs pas plus
coûteuses que les voitures à deux roues, parce que dans
ces dernières il est nécessaire de donner beaucoup plus de
force non-seulement aux roues de l'essieu, mais aussi aux
pièces de bois qui forment le brancard et qui supportent toute
la charge, chacune de ces pièces ne devant avoir d'appui que
sur un seul point. C'est pour cette raison que les voitures
de cette espèce sont généralement très-lourdes et très-mas-
sives, tandis qu'on peut employer une construction beaucoup plus légère pour les voitures à quatre roues. Par ces
divers motifs, je pense que l'usage des voitures à quatre
roues est de beaucoup préférable pour tous les travaux
agricoles. J'en excepte toutefois les tombereaux, à cause
de la grande facilité qu'ils offrent d'être déchargés par un
mouvement de bascule. Il est donc utile d'avoir, dans une
exploitation rurale située en terrain plat, un ou deux tombereaux pour le transport du sable et de la terre très-
menue, que l'on ne pourrait d'ailleurs charger facilement
sur des voitures à quatre roues.

Presque partout on a adopté l'usage d'atteler plusieurs
chevaux à chaque voiture ; mais des motifs très-graves
doivent, je pense, faire donner la préférence à des voitures
légères auxquelles on n'attèle qu'un seul cheval. Chaque
cheval tire ainsi une beaucoup plus forte charge que lorsque plusieurs sont attelés ensemble, parce qu'il est im-

possible même au charretier le plus exercé de faire en
sorte que les chevaux tirent constamment avec égalité; et
avec un charretier négligent ou inexpérimenté, le cheval le
plus ardent de l'attelage est bientôt épuisé, ou tous se fati-
guent excessivement, lorsqu'on ne peut faire accorder leurs
mouvements dans un pas difficile. Tous ces inconvénients
disparaissent lorsqu'on donne séparément à chaque cheval
sa charge sur une voiture. Il faut à la vérité, dans cette
combinaison, un plus grand nombre d'hommes relativement
au nombre de chevaux employés, mais on exécute ainsi
beaucoup plus de travail avec le même nombre de chevaux;
et l'on peut employer avec des voitures à un cheval à peu
près tous les hommes, même de très-jeunes gens, car la
conduite en est très-facile; tandis qu'avec des attelages de
plusieurs chevaux, il est indispensable de n'employer que
des charretiers très-exercés, si l'on ne veut s'exposer aux
plus graves inconvénients.

Je puis parler de l'usage des voitures à un cheval d'a-
près une expérience personnelle longtemps continuée, et
je ne crains pas, par ce motif, d'en recommander vivement
l'usage. Les petits chariots que j'emploie sont à essieux de
fer et boîtes en fonte. Chaque chariot garni de son éche-
lage pèse environ 300 kilog. Un cheval de taille moyenne,
bien nourri, conduit facilement avec ce chariot, en terrain plat, 80 à 100 gerbes du poids de 12 kilog. environ chacune. A la fenaison, on ne chargeait guère plus
de 700 kilog. de foin, mais seulement à cause de la difficulté de faire de très-grosses voitures. Dans mes travaux
de fenaison et de moisson, je n'emploie généralement que

quatre à cinq chevaux au plus ; et il arrive souvent qu'on rentre dans une journée, avec cet attelage, 3000 à 4000 gerbes de froment ou de 20 à 30 voitures de fourrage. Cette célérité dans le travail est due principalement à la promptitude avec laquelle on peut atteler et dételer un seul cheval : car aussitôt qu'un chariot est arrivé, le cheval est immédiatement attelé à un chariot vide, et il part presque à l'instant ; en sorte que les chevaux sont toujours en route, sauf le temps nécessaire pour charger les voitures, et pendant lequel il faut que le cheval reste attelé pour faire avancer le chariot à mesure du chargement. Pour la rentrée des récoltes provenant de nos terres des côtes, qui sont fort rapides, je n'emploie de même qu'un seul cheval ; mais lorsqu'il est question de conduire du fumier dans ces terres élevées, il est nécessaire d'atteler trois chevaux, et quelquefois quatre, pour conduire la même charge que traîne facilement un cheval dans la plaine. Dans les terrains plats, lorsque le sol du champ est mouvant, un cheval d'aide conduit par un jeune garçon est placé dans la pièce, et sert à conduire les voitures chargées jusque sur le chemin, s'il est question de gerbes, ou depuis le chemin jusque sur le terrain, si c'est du fumier que l'on conduit.

On comprend que pour qu'il soit possible d'accélérer le travail lorsque le besoin s'en fait sentir, il est nécessaire d'avoir dans une exploitation un assez grand nombre de ces chariots, en sorte que le service ne chôme jamais. Pour occuper cinq chevaux attelés à la fenaison ou à la moisson, il est nécessaire d'avoir au moins sept chariots : il vaut mieux encore en avoir huit ou neuf, car il arrive assez souvent que dans des moments de presse, on ne peut décharger toutes les voitures immédiatement à leur arrivée ; et il faut que, lorsqu'un cheval est dételé, il se trouve toujours là un chariot vide avec lequel il puisse partir immédiatement. Lorsque le temps est menaçant, on emploie tous les hommes à charger tous les chariots, que l'on met à l'abri dans les granges et sous les hangars, et l'on peut ainsi sauver en peu de temps de grandes masses de récoltes. Dans la ferme de Roville, où l'on rentre annuellement 30,000 gerbes de grains environ, et 185,000 kilog. de fourrage sec au moins, on emploie dix petits chariots à tous les services, car il en faut bien encore un qui conduise chaque jour le fourrage vert pour le bétail de la ferme, ou pour quelques autres usages accidentels. Ces dix petits chariots sont certainement moins coûteux que le nombre de grosses voitures qui seraient nécessaires pour le service de la ferme, et il résulte de leur emploi une très-grande économie dans le nombre des chevaux employés, ainsi qu'une grande accélération dans le travail. Le seul inconvénient réel que je connaisse au système des petits chariots, c'est qu'il faut des hangars fort étendus pour les mettre à couvert ; mais cet inconvénient ne peut être mis en parallèle avec les nombreux avantages qu'il procure.

§ 2. *Des moyens de transport dans l'intérieur des fermes.*

Je n'ai presque rien à dire ici des *brouettes,* dont l'usage est répandu partout avec diverses modifications dans leur construction. Je dirai toutefois que l'on ne connaît pas assez généralement l'emploi de la brouette suisse, que l'on pourrait appeler *brouette civière*, et qui sert au transport du fumier des étables sur les tas que l'on en forme à proximité. Cette brouette est entièrement plate, et ressemble aux civières avec lesquelles deux personnes transportent le fumier ; mais elle porte une roue à l'une de ses extrémités, de même que les brouettes ordinaires, en sorte qu'elle se manœuvre par une seule personne, circonstance fort importante pour le nettoyage quotidien des étables, parce qu'il est souvent fort embarrassant d'employer chaque jour un second ouvrier pendant quelques instants seulement pour ce nettoyage, lorsqu'un seul homme suffit pour soigner l'étable pendant toute la journée. Le maniement de cette brouette exige toutefois que le tas de fumier ne soit pas trop élevé, et que l'on place à la montée et même sur le sommet du tas des planches sur lesquelles roule la roue, afin de faciliter le travail de l'ouvrier. L'usage de cette brouette exige aussi que la construction des étables, et surtout des seuils de portes, soit calculée de manière à ne présenter aucun obstacle à la libre marche de la roue.

En général, on ne peut mettre trop de soin, dans la construction des bâtiments ruraux, à disposer les choses de telle sorte que tous les transports intérieurs puissent se faire ainsi par le moyen de véhicules à roues, ce qui exige qu'il ne se rencontre que des pentes douces, et que les seuils ne forment pas de saillies qui gênent la marche de ces véhicules.

Outre les brouettes, on pourra ainsi employer à ces

transports un instrument un peu plus coûteux il est vrai, mais d'un usage plus commode dans une infinité de cas, et au moyen duquel un homme peut transporter des charges beaucoup plus lourdes qu'avec une brouette. Cet instrument est une petite charrette à deux roues légères, de 65 centim. (2 pieds) de diamètre environ, et placées, comme dans les charrettes ordinaires, sur un essieu qui occupe le milieu de la longueur du berceau dans lequel on place la charge. Ce berceau est à claire-voie, et construit de manière qu'on puisse y placer des fourrages secs ou verts, des racines, et tous les objets dont le service journalier exige le transport sur divers points des bâtiments de la ferme. Ce berceau pourra avoir 2 mètres ou 2 mètres 1/2 (6 ou 8 pieds de longueur; une de ses extrémités est terminée par un brancard ou limonière de 1 mètre à 1 mètre 30 centim. (3 ou 4 pieds) de longueur : le tout d'une construction fort légère. Un homme peut facilement conduire sur un plan uni, à l'aide de cette charrette, une charge de 200 à 250 kilogrammes.

Un instrument du même genre, fort commode pour le service des jardins, est un tombereau léger qui se conduit à bras au moyen d'un ou deux hommes. Pour cet usage, il est bon de donner environ 10 centim. (4 pouces) de largeur aux jantes des roues, afin qu'elles s'enfoncent moins dans les allées, lorsque celles-ci seront humides. Ce tombereau servant fréquemment à transporter des charges un peu lourdes, comme de la terre ou du fumier, qui exigent l'emploi de deux ouvriers, il vaut mieux remplacer la limonière par un timon de quatre pieds de longueur environ, près de l'extrémité duquel on place, en forme de croix, une traverse faisant saillie de 40 à 50 centim. (15 à 18 pouces) de chaque côté et derrière laquelle se placent les deux ouvriers, ce qui leur permet d'appliquer plus facilement leurs forces au tirage.

HUITIÈME SECTION

De la machine à battre

C'est vers la fin du siècle dernier qu'un Ecossais, nommé Meikle, a inventé une machine destinée à remplacer l'emploi du fléau pour le battage des grains. L'usage de cette machine s'est répandu avec une grande rapidité dans toutes les parties de la Grande-Bretagne, et les cultivateurs anglais la considèrent généralement comme une des plus importantes découvertes agricoles des temps modernes, à cause de l'économie qu'elle apporte à cette opération, et à cause de la perfection avec laquelle elle l'exécute. L'opinion générale des cultivateurs anglais est en effet qu'avec une machine à battre bien construite, on obtient un vingtième de grains de plus que par le battage au fléau le plus soigné, car ce dernier laisse toujours beaucoup de grains dans les épis; et que l'avantage de la machine peut être d'un dixième, si l'on compare son action à celle d'un battage négligé, comme on ne l'exécute que trop souvent au fléau. C'est seulement vers 1822 que l'usage de cette machine a commencé à se répandre en France, et chaque jour on l'y apprécie davantage, partout où les machines sont bien confectionnées.

C'est seulement dans les fermes un peu grandes que l'emploi de la machine à battre est réellement profitable. On a tenté, à diverses reprises, de l'approprier aux petites exploitations, en construisant des machines destinées à être mues à bras; mais c'était là se méprendre complétement sur la nature de l'amélioration que l'on doit à cette machine : son mérite réel consiste à remplacer la force des bras de l'homme par des moteurs moins coûteux, c'est-à-dire par des animaux de trait, ou même par une chute d'eau. Pour les chevaux, en particulier, on sait, d'après les recherches de la mécanique, que la force d'un cheval attelé à un manége équivaut approximativement à la force que peuvent développer sept hommes par le travail de leurs bras. C'est de ce rappport que résulte l'économie que présente l'emploi des chevaux, puisque la dépense d'entretien d'un cheval n'équivaut généralement qu'au salaire de deux ouvriers. Ainsi, toutes les fois que l'on pourra remplacer le travail des bras de l'homme par la force des chevaux, on obtiendra une économie des deux tiers environ sur la dépense occasionnée par le moteur. Cette économie est sans doute diminuée, dans une certaine proportion, par la nécessité d'employer une machine plus coûteuse et plus compliquée pour appliquer la force des animaux de trait; il reste toutefois une grande économie dans l'application de cette force au battage des grains en particulier. Mais si l'on veut appliquer la force de l'homme à mouvoir cette machine, on perd entièrement cet avantage, car il est au moins fort douteux que la force motrice quelconque soit appliquée plus avantageusement dans l'action de la machine de Meikle que dans celle du fléau, à l'opération de l'égrenage des épis.

Les petites machines à manége, par exemple celles qui sont mues par un seul cheval, conviendraient mieux aux petites exploitations que les machines à bras; cependant les machines de ce genre ne présentent qu'une partie des avantages que l'on trouve dans l'emploi des grandes machines. Ces dernières, en effet, ne font pas seulement sortir les graines des épis, mais elles sont généralement construites de manière à séparer le grain de la paille, et à opérer le nettoyage du grain, le tout par la force des chevaux; tandis que les petites machines ne pouvant guère contenir que le tambour-batteur, le grain et la paille se trouvent jetés pêle-mêle sur l'aire, et il faut ensuite un travail manuel assez long pour séparer la paille du grain, et nettoyer ce dernier. Aussi, avec les machines de cette dernière espèce, on emploie généralement trois ou quatre heures de la journée à battre au moyen d'un cheval et de trois ouvriers, et le reste de la journée est employé par ces mêmes ouvriers au surplus des opérations qu'exigent le nettoiement du grain et le bottelage de la paille. Le cheval que l'on attèle seul peut suffire à un travail forcé pendant quatre heures, et il pourra battre de cette manière environ 200 gerbes de froment du poids de 10 à 15 kilog. chacune; mais cet exercice représente le travail du cheval pendant toute la journée, car cet animal a réellement dé-

pensé en peu d'heures, par de grands efforts, tout son travail d'une journée; ainsi, voilà un cheval et trois ouvriers
occupés à battre 200 gerbes pendant la journée. En supposant que la dépense d'entretien du cheval équivaut au
salaire de deux ouvriers, ce qui est approximativement
vrai dans la plupart des localités, on a le travail de cinq
ouvriers employés au battage de 200 gerbes. Cette opération peut être considérée comme préférable à celle du
fléau, surtout parce qu'elle emploie un cheval pour accomplir la partie la plus fatigante de l'opération, en sorte que
le reste peut être exécuté par des ouvriers moins robustes
que les batteurs, et parce que tout ce travail s'exécute
communément par les gens de l'exploitation, à des époques
de mauvais temps où les animaux de trait et les hommes
trouveraient difficilement un autre emploi aussi profitable.
Si nous évaluons, dans cette circonstance, la journée des
hommes à 1 fr. et celle du cheval à 2 fr., nous aurons une
dépense de 5 fr., non compris les frais d'entretien de la
machine, pour le battage de 200 gerbes qui pourront rendre en moyenne 8 hectolitres de froment. C'est donc une
dépense d'environ 62 centimes par hectolitre.

Le prix de battage au fléau peut s'évaluer en moyenne
à 1 fr. par hectolitre; il est même des localités où il coûte
beaucoup plus.

Si nous comparons maintenant ce travail à celui d'une
machine mue par quatre chevaux, séparant la paille et vannant le grain, nous trouvons qu'une machine semblable bat
facilement 100 gerbes par heure, avec l'aide de quatre ouvriers; et ce travail peut se continuer pendant huit ou neuf

heures, parce qu'il n'est pas fatiguant pour les chevaux, et parce que le grain séparé et vanné par la même opération peut être enlevé à mesure qu'il est battu. Chaque cheval ne bat dans cette opération que 25 gerbes par heure, tandis que j'ai supposé qu'on pourrait en battre 50 avec une petite machine attelée d'un seul cheval; mais les épis sont beaucoup mieux dépouillés par la grande machine, parce que la perfection de cette opération dépend essentiellement de la vitesse du tambour-batteur; et dans les machines faiblement attelées, on est forcé de diminuer cette vitesse pour ménager les forces de l'attelage. D'ailleurs, la petite machine n'exécute que l'opération du battage, tandis que dans l'autre, une partie de la force motrice est employée aux autres opérations. Malgré cela, un cheval ne pourrait résister pendant longtemps au travail du battage, même imparfait, de 50 gerbes de froment par heure avec une petite machine.

Si nous calculons la dépense de cette opération avec la grande machine, nous trouvons pour les 4 ouvriers à 1 fr., et pour les 4 chevaux à 2 fr., une dépense journalière de 12 fr. pour le battage de 800 gerbes qui rendent en moyenne 4 hectolitres de grain par cent de gerbes. Le produit du battage de la journée sera donc de 32 hectolitres, et le prix du battage se trouve ainsi fixé à 37 centimes environ par hectolitre de grain, tandis que nous avons vu qu'il se porte à 62 centimes à l'aide de la petite machine.

Quant à la somme dont le battage se trouve chargé pour la répartition de l'intérêt de la première mise de fonds, et

de l'entretien annuel de la machine, cela dépend entièrement de la quantité de grains que l'on aura à battre dans
l'année dans chaque exploitation. On peut supposer que la
petite machine dont j'ai parlé coûtera environ 1,000 fr.,
en y comprenant les frais d'installation; la machine à
quatre chevaux pourra coûter le double. On peut évaluer
en moyenne les frais d'entretien à 25 fr. pour la première,
et ils ne seront guère plus considérables pour la seconde;
cependant je supposerai qu'ils seront doubles pour cette
dernière et qu'ils se porteront ainsi à 50 francs. En y
comprenant l'intérêt de la première mise de fonds, à 5 0/0,
cela formera une dépense de 75 fr. par an pour la petite
machine et de 150 fr. pour la grande. Dans une exploitation
rurale de moyenne étendue où l'on bat annuellement 500
hectolitres de grains de toute espèce, le battage se trouve
donc chargé de 15 centimes par hectolitre avec la petite
machine et de 30 centimes avec la grande. Si nous ajoutons ces sommes aux dépenses de la main-d'œuvre et des
attelages comme nous les avons trouvés, il en résultera
que chaque hectolitre de grains aura coûté, pour tous les
frais de battage, 77 centimes avec la petite machine, et 67
centimes seulement avec la grande. Ce n'est donc que
dans de très-petites exploitations qu'il pourrait être réellement profitable de préférer une petite machine à une
grande. Mais dans les grandes fermes, dans celles par
exemple où l'on bat annuellement environ 2,000 hectolitres de grains de toute espèce, ce qui suppose, dans les
circonstances les plus communes, une étendue de 200
hectares de terre, l'économie qu'offre la grande machine

est très-considérable, car, dans cette supposition, chaque hectolitre de grain se trouve chargé d'environ 4 centimes avec la petite machine est de 8 centimes avec la grande, pour intérêt et frais d'entretien ; et si nous ajoutons à ces sommes les frais de main-d'œuvre et d'attelage que j'ai établis plus haut, nous trouverons que la totalité des frais de battage s'élève, dans ce cas, à 66 centimes par hectolitre avec la petite machine, et à 41 centimes avec la grande. Sur 2,000 hectolitres, cela porte à 500 fr. l'économie annuelle qu'offre la grande machine comparée à la petite, sans compter l'excédant de produit en grains qui est encore un objet assez important, car les petites machines ne peuvent jamais, comme je l'ai dit, dépouiller les épis complétement, ainsi que le font les grandes. En Angleterre, on a senti de bonne heure les avantages des grandes machines à battre, et les cultivateurs les plus éclairés de ce pays étaient généralement d'avis, il y a déjà 20 ans, que les meilleures machines sont celles de la force de 6 chevaux, puissance qu'on leur donne communément dans ce pays, où les fermes sont, à la vérité, généralement plus étendues qu'en France.

Quelques personnes s'efforcent de combiner leurs constructions rurales de manière à appliquer à la machine à battre un moteur hydraulique qui est, du reste, préférable sous quelques rapports à la force des animaux de trait : ces moteurs ayant en général plus de puissance, permettent l'établissement des machines à battre de grandes dimensions, et calculées de manière à donner une très-grande vitesse au tambour-batteur, par exemple 500 tours par minute pour un tambour de 1 mètre environ (36 à 38 pouces) de diamètre, tandis que dans les machines à quatre chevaux on ne peut guère lui donner une vitesse de plus de 300 ou 400 tours, et 150 à 200 tours dans les petites machines à un cheval ; encore, dans ces dernières, donne-t-on généralement moins de diamètre au tambour, afin de diminuer la fatigue de l'attelage, ce qui diminue beaucoup la vitesse de la circonférence du tambour. Mais comme une grande vitesse est ici une condition essentielle de la perfection du battage, les machines mues par l'eau ont généralement, sous ce rapport, un grand avantage. Lorsqu'on considère toutefois la question sous le rapport économique, on trouve qu'il se rencontre bien peu de cas où l'on puisse, sans de grandes dépenses, disposer d'une chute d'eau dans l'intérieur même des bâtiments d'exploitation ; et s'il fallait conduire les gerbes pour les battre, même à une petite distance, pour ramener à la maison le grain, la paille et les balles, il en résulterait un embarras dans le travail et dans la surveillance qui anéantirait presque toujours les avantages que pourrait offrir ce genre de moteur.

L'entretien des attelages est à la vérité fort dispendieux, et l'eau qui coule ne coûte rien. Cependant, dans l'état actuel de l'industrie, un cours d'eau disposé de manière à offrir une chute a partout une valeur, et souvent même une valeur assez élevée. D'ailleurs il est assez rare qu'on puisse employer l'eau comme moteur sans se livrer à la construction de digues, de chaussées, d'écluses, etc., qui rendent ces moteurs fort dispendieux. On ne pourrait

presque jamais employer économiquement une chute d'eau
au seul travail d'une machine à battre, parce que le travail
ne s'exerçant que pendant une petite partie de l'année, on
n'utiliserait qu'une faible portion de la valeur de la chute
d'eau en elle-même ainsi que des dépenses qu'a en-
traînées l'établissement du moteur. Il faudrait donc, dans
presque tous les cas, que le moteur fût applicable
à volonté, tantôt à la machine à battre, tantôt à d'autres usages, comme le service d'un moulin à farine, etc.
On comprend que de cette réunion résulte une grande
complication de moyens; aussi n'est-ce que dans un très-
petit nombre de cas qu'il pourra être réellement économique d'appliquer un moteur hydraulique à une machine
à battre. D'ailleurs, la dépense qui résulte de l'application
des attelages à ce service n'est pas aussi considérable
qu'on pourrait le croire : dans toutes les exploitations rurales, on est forcé d'entretenir des animaux de trait, et
dans le cours de l'hiver, ou même pendant les mauvais
temps de l'automne et du printemps, il arrive souvent que
l'on ne pourrait trouver en dehors un travail utile pour les
attelages. Dans les décomptes que j'ai établis plus haut
des dépenses journalières qu'entraîne le travail de la machine à battre, j'ai supposé qu'on comptait le travail des
chevaux à un prix uniforme pour toute l'année. Mais on
conçoit que c'est un véritable profit, dans ce cas, de trouver un mode d'emploi qui permette de tirer des animaux
un produit égal à celui qu'on en tire aux époques des travaux urgents. C'est de là que résulte un des principaux
avantages de la machine à battre.

On a adressé souvent à la machine à battre deux reproches d'un genre entièrement opposé. Dans les environs
de Paris, où l'on dispose toujours très-symétriquement la
paille dans les bottes que l'on expose sur le marché, on a
trouvé que la machine brise et entremêle beaucoup
trop les brins de paille, en sorte qu'il n'est plus possible
d'en faire des bottes unies et parées avec propreté, comme
les consommateurs y sont accoutumés. Dans nos départements du Midi, au contraire, on trouve généralement que
la paille qui sort de la machine est trop entière, parce que
dans le dépicage des grains par les pieds des chevaux,
méthode qui y est presque partout pratiquée, la paille est
fort brisée et comme hachée ; et l'on croit que cette circonstance est très-favorable dans l'emploi de la paille pour
la nourriture des bestiaux. Ces deux reproches sont peu
sérieux au fond ; cependant, pour ce qui concerne les cultivateurs qui vendent de la paille sur les marchés de la
capitale, ce n'est pas de leur côté qu'est l'erreur, mais
bien du côté des acheteurs, qui attachent beaucoup trop
d'importance à une disposition des bottes qui flatte l'œil,
mais qui n'ajoute rien à la valeur réelle de la marchandise.
Il est certain au contraire que la paille un peu froissée et
entremêlée n'en est que plus propre à l'usage, soit qu'on
l'emploie comme litière, soit qu'on la fasse manger par les
animaux. Quant à l'opinion des habitants du Midi, l'erreur
ne tombe que sur eux-mêmes, et l'expérience leur fera
certainement reconnaître qu'il n'est utile en aucune manière que la paille soit brisée plus qu'elle ne l'est par la
machine à battre.

On a commis quelquefois la faute de placer les machines à battre dans des granges ou dans d'autres lieux fermés : il en résulte un très-grand inconvénient, à cause de la poussière abondante qui s'élève pendant l'opération et qui incommode beaucoup les ouvriers. Cette poussière se déposant d'ailleurs sur le blé battu, nuit essentiellement à sa qualité. C'est donc sous un hangar très-aéré que l'on doit placer la machine à battre ; et, lorsqu'on le peut, il est bon de pratiquer même derrière la machine, et dans le mur qui fait face à la partie ouverte du hangar, des croisées que l'on ouvre à volonté, afin d'établir sous le hangar un courant d'air continuel qui enlève la poussière. J'ai indiqué au reste, en parlant des bâtiments ruraux, la disposition qui me paraît la meilleure pour rendre facile et économique le service de la machine à battre.

Les machines à battre les plus parfaites ne portent que 4 batteurs. Dans celles où l'on a été forcé de diminuer la vitesse du tambour à raison de la faiblesse du moteur, on a cherché souvent à suppléer à cette vitesse par l'augmentation du nombre des batteurs placés à la circonférence du tambour : ainsi, on a construit des tambours à 6 ou 8 batteurs; on en a même quelquefois porté le nombre à 12 ou 16. C'est là le résultat d'une erreur causée par l'inexpérience des constructeurs : la multiplicité des batteurs, en accroissant la résistance, ne peut jamais suppléer à la vitesse pour la perfection de l'égrenage des épis.

Dans les machines qui séparent le grain de la paille, on ne doit pas s'attendre, quelque parfaite que soit la machine, à pouvoir obtenir que le froment en sorte parfaitement nettoyé et propre à être conduit au marché. On a souvent essayé de placer les uns au-dessous des autres plusieurs tarares mus par le même moteur que la machine, et dans lesquels le grain passe successivement. On ne peut jamais atteindre complétement ainsi le but dé-siré, pour plusieurs raisons, et surtout parce que le net-toyage parfait du grain au moyen du tarare exige une grande uniformité dans le mouvement de rotation : on ne peut éviter que le mouvement des animaux de trait soit plus accéléré dans quelques instants que dans d'autres. L'action des tarares placés ainsi est donc toujours impar-faite, et il faut se contenter d'obtenir au sortir de la ma-chine le froment grossièrement nettoyé, pour le passer ensuite sur le grenier au tarare mu à bras. On peut alors apporter à cette dernière opération toute l'attention et les soins de détail qui peuvent seuls assurer un nettoyage par-fait par le moyen du tarare. C'est en 1823 que j'ai fait éta-blir à Roville une machine dont j'ai donné la description et le dessin dans les *Annales agricoles*. C'était, je crois, la première qui eût été construite en France sur le système écossais perfectionné, c'est-à-dire séparant et vannant le grain. Les autres machines que l'on a introduites en France vers la même époque étaient appelées suédoises, parce qu'en effet on les avait tirées de Suède, où elles avaient été imitées des premières machines construites en Angleterre. La machine de Roville a constamment fonc-tionné d'une manière satisfaisante. Cependant j'y ai fait apporter successivement plusieurs modifications qui l'ont beaucoup améliorée; et en 1835, voulant faire l'essai de

quelques nouveaux changements, je me suis déterminé à
la faire reconstruire entièrement à neuf, avec l'intention
spéciale d'étudier les effets de diverses modifications que
je m'étais ménagé les moyens d'y apporter successivement. Après une année d'essais et de tâtonnements avec
cette machine, sa construction a été définitivement fixée
telle qu'elle existe encore aujourd'hui. La machine ainsi
construite bat une plus grande quantité de gerbes que
l'ancienne, avec une diminution très-sensible dans la fatigue de l'attelage.

Cette amélioration est due principalement à ce que le
battage s'opère par-dessus, tandis qu'il s'opérait par-dessous dans l'ancienne ; c'est-à-dire qu'aujourd'hui le mouvement du tambour-batteur a lieu en sens inverse, et en
sorte que sa circonférence se meut de bas en haut, en
avant des cylindres alimentaires. Dans la nouvelle construction, la surface circulaire concave sous laquelle passe
la paille en sortant des cylindres alimentaires n'est plus
fixe, comme elle l'est nécessairement lorsqu'on bat par-
dessous : elle forme un simple couvercle mobile que l'on
approche ou que l'on éloigne à volonté du tambour-
batteur, mais qui ne presse jamais la paille que par son
propre poids, en sorte qu'il peut se soulever un peu pour
laisser circuler la paille, dans les cas où, dans l'ancienne
construction, il y avait un engorgement qui ne pouvait être
vaincu que par un grand effort des animaux. J'avais peine
à me persuader d'avance que l'engrenage dût être aussi
complet dans cette combinaison ; cependant il est aussi
parfait qu'on puisse le désirer.

Il s'est trouvé toutefois qu'en battant ainsi par-dessus, l'action des cylindres cannelés n'était plus aussi efficace pour alimenter la machine, et que le cylindre inférieur tournait quelquefois seul sans faire avancer la paille. Voici l'explication de ce fait : le mouvement de rotation étant communiqué par l'engrenage au cylindre inférieur, c'est la couche de paille elle-même interposée entre les deux qui doit communiquer le mouvement au cylindre supérieur. Lorsque le battage s'opère par-dessous, c'est la surface supérieure de la couche de paille qui reçoit l'action des batteurs, qui tendent à l'entraîner en avant, pendant que la surface inférieure de la couche est entraînée par le cylindre inférieur. Toute la couche s'avance alors avec régularité. Mais lorsque le battage s'opère par-dessus, la couche de paille se relevant à mesure qu'elle sort des cylindres alimentaires, c'est la surface inférieure de cette couche qui reçoit l'action des batteurs, et la surface supérieure n'est plus sollicitée à s'avancer et à faire tourner le cylindre supérieur que par le seul frottement des brins de paille les uns contre les autres. Dans ce cas, si la pression qu'opère le cylindre supérieur sur la couche de paille n'est pas très-forte, ce cylindre cesse quelquefois de tourner, et une grande partie de la couche de paille s'arrête et engorge les cylindres.

C'est sans doute pour remédier à cet inconvénient que l'on place quelquefois, en Angleterre, un engrenage particulier qui rend les deux cylindres alimentaires dépendants l'un de l'autre dans leur mouvement de rotation. Mais comme les deux cylindres doivent avoir la liberté de s'écarter plus ou moins entre eux, selon l'épaisseur de la couche de paille, l'exécution de cet engrenage présente de grandes difficultés, et l'on ne réussit qu'en allongeant d'un mètre au moins d'un des côtés les axes des cylindres, et en plaçant l'engrenage à l'extrémité de ce prolongement, qui est pourvu d'un *genou de cardan* sur l'un des deux axes. Cette disposition est coûteuse, gênante, et ne donne jamais qu'un assez mauvais engrenage. J'ai atteint le même but en augmentant la pression du cylindre supérieur sur la couche de paille, au moyen de deux leviers en fer appuyant sur l'extrémité des tourillons de l'axe du cylindre supérieur, et que l'on charge de poids dont on accroît à volonté la pression, en les éloignant du centre de rotation des leviers. A l'aide de cette disposition, les cylindres alimentaires tirent très-bien, et la couche de paille s'avance régulièrement sans qu'il y ait jamais engorgement.

Le couvercle mobile qui forme la surface circulaire ne présente pas de cannelures comme dans l'ancienne machine, et sa surface inférieure concave est unie. Ce couvercle étant formé de bois de chêne de 5 ou 6 centim. (2 pouces) d'épaisseur, je m'étais réservé de faire exécuter ces cannelures, si l'engrenage des épis n'était pas assez complet; mais cela est devenu entièrement superflu. Il n'y a d'ailleurs, entre les cylindres alimentaires et le couvercle mobile, aucun contre-batteur fixe, comme on en a placé dans quelques machines : tout l'engrenage s'opère par l'action des batteurs du tambour sur les épis placés entre ce dernier et le couvercle mobile.

J'avais d'abord fait construire le tambour-batteur vide,

c'est-à-dire n'offrant à sa circonférence extérieure que les quatre batteurs. Je voulais étudier les effets de cette disposition, qui se rencontre dans quelques machines anglaises, et qui diminue un peu la dépense de construction. Mais l'expérience m'a fait reconnaître que le tambour ainsi construit brise beaucoup plus la paille, en sorte que beaucoup d'épis détachés ou de brins couverts de paille se mêlant au grain, le nettoyage de ce dernier par l'action du ventilateur devient plus difficile et moins parfait. J'ai donc fait garnir de planches, solidement fixées par des cercles de fer à leurs extrémités, toute la surface du tambour entre les batteurs. Ces derniers présentent une saillie d'environ 5 centimètres (2 pouces) sur la surface des planches qui forment la circonférence du tambour. Les batteurs sont garnis, dans leur partie agissante, d'une bande de fer de 7 millimètres (3 lignes) d'épaisseur sur 8 centimètres (3 pouces) de largeur, fixée solidement par des boulons à écrous sur la face antérieure du batteur.

APPENDICE

SUPPLÉMENT AU CHAPITRE DES INSTRUMENTS

Fidèle au plan que nous nous sommes tracé, nous avons respecté dans son intégrité la plus entière le texte même de M. de Dombasle, même en ce qui concerne les *Instruments d'agriculture*. Cette partie de l'œuvre du maître devait toutefois être incomplète. Les instruments qui y sont mentionnés, et qui, pour la plupart, ont été créés par M. de Dombasle, ont subi depuis le moment où ce chapitre fut écrit de nombreuses modifications. Bien qu'émanant toujours, en dernière analyse, de l'illustre inventeur qui les inspira, ces modifications ont souvent changé la nature même des instruments auxquels elles ont été appliquées, de façon à en faire quelquefois des instruments à peu près nouveaux. Fondée, comme on le sait, par M. de Dombasle, la fabrique de Nancy a constamment cherché à se rendre digne de la mission qu'elle avait à soutenir et à marcher dans la voie de progrès qui lui a été primitivement tracée : les instruments qu'elle construit sont tout à fait des *Instruments-Dombasle*, quoique quelques-uns d'entre eux diffèrent de ceux qui leur ont servi de types.

Quelques détails sur chacun de ces instruments nous ont donc paru nécessaires, et nous n'avons pu mieux faire que de transcrire ici la notice insérée sur ce sujet dans la dernière édition du *Calendrier du Bon Cultivateur*. Cette notice, publiée par le gendre de M. de Dombasle, renferme une étude détaillée de tous les instruments construits à la fabrique de Nancy. C'était, croyons-nous, la meilleure manière de commenter et de compléter le chapitre si intéressant qu'on vient de lire.

Note de l'Editeur.

Les instruments sont la base de l'édifice agricole ; ils sont la source de toutes les améliorations pratiques ; leur adoption judicieuse dans une exploitation y amène à la fois l'augmentation des produits et la réduction des frais ; le cultivateur qui se décide à les employer fait par là même un acte de progrès et de renoncement aux idées routinières, et on peut dire avec vérité des instruments perfectionnés qu'ils sont les auxiliaires les plus puissants d'une bonne révolution agricole, parce qu'ils portent avec eux la double influence des résultats qu'ils opèrent, et des idées nouvelles qui sont la conséquence de leur introduction. En effet, ceux qui les voient fonctionner sont amenés tout naturellement à les comparer aux instruments connus dans la localité : le sort des instruments nouveaux est d'être vus d'abord avec défiance ; mais, s'ils sont bons, ils ne tardent pas de devenir l'objet de l'attention des cultivateurs les moins disposés à adopter des idées nouvelles, et ce travail intellectuel ouvre ou du moins prépare leur esprit à accueillir les idées de perfectionnement et de progrès. Sous ce rapport, l'influence des instruments et plus puissante que celle des livres ; car les livres ne propagent que des idées, tandis que les instruments portent à la fois les idées et les faits : or, c'est surtout par l'exemple qu'il est possible d'agir sur la classe des cultivateurs, qui ont toujours le temps de voir, mais qui n'ont pas toujours le temps de lire.

La fabrique d'instruments d'agriculture de Nancy, qui doit à M. de Dombasle toute la confiance qu'elle inspire et tous les développements qu'elle a pris et qu'elle prendra encore, remplirait mal les intentions de son fondateur si elle restait stationnaire : la fabrique de Nancy, qui se fait honneur de n'être protégée par aucun brevet et de n'avoir jamais coûté un centime au budget de l'agriculture, sait bien qu'elle ne peut se contenter de vivre sur son ancienne réputation ; elle se préoccupe sans cesse de marcher dans la voie sans limites d'un sage progrès. Parmi les notices sur les instruments, il en est donc d'entièrement nouvelles, et celles qui ne le sont pas ne sont plus telles que M. de Dombasle les a primitivement écrites. Mais si, par la force des choses, il est devenu nécessaire de supprimer ou de changer quelques pages de son travail primitif, son esprit, ses idées tout entières dominent encore dans cette dernière partie de son livre, où deux articles principaux, l'*influence du poids des charrues* et l'*introduction des nouveaux instruments* n'ont reçu aucune modification ; et dans les instructions détaillées sur les divers instruments, tout ce qu'il y a de bon dans le fond et dans les doctrines, est encore en entier l'œuvre de M. de Dombasle.

Mars, 1855.   C. de M.-D.

Les arts de l'industrie se perfectionnent tous les jours. Lorsqu'on a introduit dans la culture des terres la charrue en place de la bêche, la herse en place du râteau, le chariot en place du traîneau, c'étaient là des innovations qui, sans doute, ont inspiré d'abord beaucoup de défiance et même de répugnance chez les hommes qui tiennent à leurs anciennes habitudes ; mais l'utilité de ces instruments a fini par en faire adopter généralement l'usage. Aujourd'hui que les arts de la mécanique ont fait de très-grands progrès, on a imaginé de nouveaux instruments qui paraissent tout aussi extraordinaires à la plupart des hommes que le chariot l'a paru à celui qui l'a vu pour la première fois : est-ce une raison pour refuser de faire usage d'un instrument qui peut exécuter, avec plus d'économie ou avec plus de perfection, les principales opérations de la culture des terres?

Il y a encore des cantons, en Europe, où l'usage des chariots est inconnu dans les travaux des champs : tous les transports se font à dos d'animaux ou sur des traîneaux. Regarderait-on comme un homme raisonnable l'habitant de ces cantons qui refuserait de faire usage d'un chariot, parce que ce n'est pas la coutume du pays? Il en est absolument de même pour plusieurs nouveaux instruments qui sont en usage déjà depuis quarante ou cinquante ans dans plusieurs parties de l'Europe, où l'on trouve dans leur emploi, une économie immense de main-d'œuvre, ou bien l'avantage d'exécuter les travaux de la culture avec plus de perfection.

Je vais faire connaître l'usage d'un certain nombre de ces instruments choisis parmi ceux dont l'utilité a été constatée par l'expérience, de la manière la plus certaine. Je le ferai avec d'autant plus de confiance, que je les ai employés moi-même pendant longtemps, dans des terres de nature très-variée, et dont plusieurs parties étaient fort argileuses ou encombrées de pierres. J'indiquerai pour chacun d'eux les précautions les plus importantes pour les employer avec succès.

L'araire ou charrue simple. (*Fig. 1.*)

L'araire ou *charrue simple* ou *sans avant-train*, est seul employé à tous les labours dans un grand nombre de contrées ; dans d'autres, au contraire, il est entièrement inconnu, et la plupart des cultivateurs de ces cantons ont peine à croire qu'une charrue puisse marcher régulièrement sans avant-train. Depuis longtemps déjà, la charrue simple a été introduite successivement dans plusieurs parties les mieux cultivées de l'Europe, et l'on a reconnu partout qu'elle donne un labour aussi bon ou meilleur qu'une charrue à avant-train, et qu'elle exige beaucoup moins de force de tirage.

Fig. 1. Araire placé sur le traineau.

Partout où elle est en usage depuis longtemps, on n'y attelle généralement que deux chevaux ou deux bœufs, pour les labours ordinaires, excepté dans les terres fortement argileuses. Dans les cantons où l'on a l'habitude d'employer quatre ou six chevaux, ou même davantage, attelés à une charrue à avant-train, et où l'on a essayé la charrue simple, on a souvent reconnu qu'un attelage de deux ou trois bêtes suffit pour donner un excellent labour. Aussi, partout où l'on a fait ces essais, on voit se propager l'usage de cette charrue, et elle se répand de plus en plus dans les cantons cultivés avec le plus de soin.

Lorsqu'elle est solidement construite et munie d'un versoir en fonte, la charrue simple exige beaucoup moins de réparations que la charrue à avant-train; il suffit d'un seul homme pour la conduire, toutes les fois que l'attelage n'est formé que d'une paire d'animaux, et il est même nécessaire, pour que les sillons soient bien droits, que l'homme qui tient les manches de la charrue conduise aussi les deux chevaux ou les deux bœufs, ce qui est fort facile : de cette manière, les sillons sont bien plus droits qu'on ne peut les faire avec une charrue conduite par un aide marchant à côté des chevaux, parce que l'homme qui tient les mancherons se trouve placé au point le plus favorable pour juger exactement la direction que prend l'attelage.

La charrue simple peut labourer par des temps très-humides, tandis que les roues de la charrue à avant-train s'embarrassent de terre, et que le grand nombre de chevaux qui y sont attelés piétinent le sol de la manière la plus fâcheuse, surtout dans les terres fortes ; elle peut aussi labourer par de grandes sécheresses, où il serait impossible à une charrue à avant-train mal construite de *piquer* en terre. Elle fait des tournées beaucoup plus courtes, et laboure les deux extrémités du sillon aussi bien et aussi profondément que tout le reste, ce qu'il est impossible d'obtenir avec la charrue à avant-train, pour peu que la terre soit dure.

N'ayant guère employé, pendant plus de vingt ans, d'autres charrues que des charrues simples, dans un sol fort argileux et dans un canton où l'on est dans l'usage d'atteler communément six ou huit chevaux à la charrue à avant-train, je puis annoncer avec confiance ces avantages, sans crainte d'être contredit par aucun cultivateur possédant une bonne charrue simple et sachant bien la manier. Au reste, c'est surtout dans les labours profonds que la charrue simple développe toute sa supériorité, et, avec une charrue de cette espèce, il n'est pas plus difficile de faire un labour de 22 à 25 centimètres (8 à 9 pouces) de profondeur, que de ne prendre que 11 à 14 centimètres (4 à 5 pouces), avec une charrue ordinaire à avant-train ; et dans ce cas même, le tirage n'est pas augmenté dans la proportion de la profondeur du labour : aussi, c'est lorsqu'on a été à portée d'observer les bons effets que produisent presque partout les labours profonds, que l'on apprécie convenablement les avantages de la charrue simple. Lorsqu'elle est tenue par un homme sachant bien la conduire, les pierres, quelque nombreuses qu'elles soient dans le sol, ne forment pas plus d'obstacle à sa marche qu'à celle de la charrue à avant-train.

La charrue simple présente cependant un inconvénient qu'il ne faut pas dissimuler : elle est beaucoup plus difficile à construire que la charrue à avant-train ; elle exige bien plus de précision et d'exactitude dans la fabrication et dans l'assemblage de toutes ses parties. Une charrue à avant-train, un peu mieux ou un peu plus mal construite, va plus ou moins bien ; mais elle va, et elle exige seulement, si elle est vicieuse, un ou deux chevaux de plus, ou quelquefois davantage : mais, avec une charrue simple mal construite, il est impossible d'exécuter un labour passable. C'est sans doute cette nécessité d'une plus grande précision dans la confection de cette espèce de charrue, qui en a retardé l'emploi dans les cantons où la maladresse ou l'ignorance des constructeurs les empêchent de s'assujettir à des règles fixes et à une fabrication bien raisonnée et parfaitement uniforme.

Il y a un genre de labour pour lequel la charrue simple convient réellement moins que la charrue à avant-train. Lorsqu'en rompant un pré on ne veut écroûter le gazon qu'à une épaisseur de 4 à 6 centimètres (1 ou 2 pouces), comme cela est préférable pour quelques opérations particulières, par exemple pour l'écobuage ou pour le déchaumage, il est fort difficile de maintenir l'égalité du labour à une aussi petite profondeur avec la charrue simple. Dans tous les autres labours, même pour rompre un pré, pourvu qu'on veuille prendre au moins 8 à 12 centimètres (3 ou 4 pouces) de profondeur, cette charrue se conduit avec beaucoup de facilité. (Voyez, ci-après, *la petite charrue légère à un cheval*.)

Les charrues construites dans ma fabrique, peuvent à volonté être adaptées à un avant-train d'une forme particulière, dont il sera parlé plus en détail ci-après.

Je laisserai chaque cultivateur faire le calcul de l'économie qu'il peut trouver à faire usage des charrues de cette espèce, et je vais donner ici quelques directions aux personnes qui, n'en connaissant pas la marche, voudraient en faire l'essai.

Le maniement de la charrue simple ne présente aucune difficulté réelle; cependant il exige quelque attention et quelques soins particuliers de la part des hommes qui ont l'habitude de manier la charrue à avant-train, ou l'araire à timon roide, employé dans les parties méridionales de la France. Je crois qu'un homme intelligent, animé de bonne volonté, réussira facilement à la manier, au moyen des explications suivantes.

En conduisant la charrue simple, le laboureur est obligé de faire aussi fréquemment le mouvement de soulever les mancherons que celui d'exercer une pression verticale ; il doit donc se placer de manière à pouvoir exécuter facilement ces deux mouvements, qui, au reste, pour l'homme qui manie bien l'instrument, doivent toujours être très-doux, très-modérés et n'exigent que peu d'effort. Pour cela, le laboureur doit marcher dans la raie, le corps droit et non penché en avant, comme dans la conduite de la charrue à avant-train ; il doit saisir les mancherons par-dessous, en plaçant en dessus le pouce et l'extrémité des doigts, et le poignet de côté et non en dessus, comme fait le laboureur qui manie une charrue à avant-train.

La charrue simple s'enfonce lorsqu'on soulève les mancherons ; elle sort de terre ou prend moins de profondeur lorsqu'on presse sur les manches : ces mouvements sont tout l'opposé de ceux qu'exige la charrue à avant-train. Lorsqu'on veut prendre plus de largeur de raie, on appuie légèrement la charrue à droite ; et on l'incline, au contraire, un peu vers la gauche, lorsqu'on veut diminuer la largeur de la raie, ou plutôt de la tranche de terre que prend la charrue.

La charrue doit être ajustée de manière à marcher régulièrement seule, c'est-à-dire, sans que le laboureur touche les mancherons, à la profondeur et à la largeur de raie pour lesquelles elle a été réglée. On doit donc, lorsqu'on n'a pas encore l'habitude de la conduire, l'abandonner ainsi à elle-même pendant quelques instants, c'est-à-dire, sur une longueur de dix à vingt pas, en supposant un sol uni et exempt de pierres : si, dans cette épreuve, la charrue s'enfonce trop profondément; si, au contraire, elle tend à sortir de terre; si la largeur de la bande qu'elle prend augmente ou diminue sensiblement, on peut être

assuré que la charrue n'est pas bien ajustée ; et, comme la régularité
de la marche de l'instrument dépend essentiellement de cet ajustage, on
ne doit rien négliger pour arriver à l'établir avec précision. Je ne puis
trop insister sur ce point, parce que c'est là l'obstacle devant lequel on
a échoué dans plusieurs essais tentés avec la charrue simple : tant que
cette charrue n'est pas bien ajustée, il est impossible qu'elle exécute un
labour passable ; on ne doit donc pas s'obstiner à la faire travailler,
lorsque le laboureur est forcé, pour lui faire prendre la tranche convenable, de faire constamment le même effort, soit en pressant sur les
mancherons, soit en les soulevant, soit en inclinant l'instrument à droite
ou à gauche ; il faut s'arrêter sur-le-champ et changer le régulateur
selon le besoin. Aussitôt que l'on aura trouvé le point d'ajustage convenable, on verra que la charrue marche régulièrement, sans aucune difficulté. L'homme un peu exercé reconnaît sans hésiter ce qu'il y a à faire
au régulateur, pour corriger le défaut de marche de l'instrument ; mais,
lorsqu'on le manie pour la première fois, on doit se résoudre d'avance
à quelques tâtonnements ; avec un peu de persévérance, on arrive bientôt à trouver le point convenable.

La charrue s'ajuste au moyen du régulateur, pièce de fer en forme
d'équerre, placée à la partie antérieure de l'âge. La branche percée de
trous est disposée verticalement dans la mortaise destinée à cet usage,
et elle y est arrêtée à la hauteur que l'on désire, au moyen d'un boulon
qui traverse l'âge ; l'autre branche, qui porte les dents, est placée horizontalement en bas, tournée vers la gauche ou vers la droite, selon le
besoin. La chaîne du régulateur présente une maille allongée qu'on engage dans une des dentures de la branche horizontale du régulateur, le
crochet d'attelage placé en avant ; et la partie postérieure de la chaîne
se fixe en arrière du régulateur sur le crochet placé sous l'âge. Je ferai
remarquer ici que ce n'est pas toujours par la dernière maille de la
chaîne que celle-ci doit se fixer sur le crochet, mais qu'on doit l'accrocher le plus court que l'on peut, de manière que la maille allongée qui
est engagée sur le régulateur y joue librement, sans que jamais la partie postérieure de cette maille vienne s'appuyer contre le régulateur. En
effet, le tirage ne doit jamais s'opérer sur le régulateur, mais bien sur
le crochet placé sous l'âge. J'insiste sur cette recommandation, parce
que c'est une faute que l'on a commise souvent, lorsqu'on a essayé cette
charrue sans la connaître ; et il en est résulté que l'on a forcé le régula-

teur, et que l'on a dit qu'il était trop faible, tandis qu'il éprouve très-peu de fatigue lorsqu'il est employé convenablement, parce qu'alors tout l'effort se porte sur le crochet ; le régulateur n'est là que pour maintenir la partie antérieure de la chaîne sur un point fixe, dans les lignes horizontale et verticale ; mais il ne doit jamais supporter l'effort du tirage.

Pour augmenter la profondeur du labour ou pour donner plus d'entrure à la charrue, on élève le régulateur en le faisant glisser dans la mortaise, et on l'arrête en plaçant le boulon dans un autre trou de la branche verticale. Si, au contraire, la charrue prend trop profondément, on diminue l'entrure en abaissant le régulateur. Pour augmenter la largeur de la tranche de terre, ou pour donner à la charrue *plus de raie*, on avance vers la droite la maille allongée de la chaîne, en l'engageant dans une autre dent de la branche horizontale du régulateur. Pour cela, il suffit de tourner la maille allongée pour pouvoir la faire passer d'une dent à l'autre. On diminue, au contraire, la largeur de la raie, en avançant vers la gauche la maille allongée. Pour ces deux manœuvres, on dispose la branche dentelée vers la droite ou vers la gauche, selon que le besoin l'indique, c'est-à-dire que, si elle est disposée vers la gauche, on la change en retournant le régulateur, lorsqu'elle ne présente plus assez de marge pour avancer la maille allongée vers la droite.

Tout ceci se rapporte au régulateur que j'ai adopté pour les charrues sorties de ma fabrique, et auquel j'ai donné la préférence parce qu'il est à la fois simple, solide et peu coûteux. Avec un peu d'attention, on reconnaîtra facilement la manœuvre qui convient, pour chaque cas, à des régulateurs de forme différente, comme on en rencontre, et même de fort ingénieux, sur quelques autres charrues. Le principe est toujours le même, et on en saisira facilement les applications, en comprenant bien que, quelle que soit la position du régulateur, l'action du tirage tend à placer sur une même ligne droite le point du tirage ou de la puissance (l'épaule des chevaux), le point d'attache (la maille allongée placée sur le régulateur) et le point de résistance.

Avec les moyens que je viens d'indiquer, le régulateur donnera tous les degrés d'entrure que l'on peut désirer, pourvu que les traits des chevaux aient la longueur convenable. On s'apercevra facilement qu'ils sont trop courts, lorsque la charrue ne prendra pas une entrure suffisante, quoiqu'on ait élevé le régulateur autant que possible, en plaçant le boulon dans le dernier trou du bas de la branche verticale. Les traits trop courts, surtout lorsqu'on emploie des chevaux de grande taille, prennent une direction inclinée depuis le collier des chevaux jusqu'au régulateur, et tendent à soulever de terre le devant de la charrue : il faut y remédier en rapprochant la direction des traits de la ligne horizontale, c'est-à-dire, en les allongeant : et réciproquement on doit les raccourcir, lorsque, après avoir abaissé le régulateur jusqu'au dernier trou du haut, la charrue prend encore trop d'entrure. Par la combinaison de ces deux moyens pris dans la manœuvre du régulateur et dans la longueur des traits, on se rend entièrement maître de l'entrure de la charrue, dans toutes les circonstances possibles.

Lorsqu'on travaille avec des bœufs au joug, on les attelle au moyen d'une lancette, pièce de bois semblable à la partie antérieure du timon roide employé dans le midi de la France : la lancette n'est autre chose que ce timon coupé à trois ou quatre pieds en arrière du joug qu'il traverse, et de là part la chaîne d'attelage qui va se fixer sur le crochet de la chaîne du régulateur. Les observations que j'ai faites sur la longueur des traits des chevaux se rapportent également à la longueur de la chaîne d'attelage. Si l'on fait attention à cette observation, on se convaincra que la charrue simple fonctionne avec des bœufs au joug tout aussi bien qu'avec des chevaux, et qu'elle n'a besoin, pour cela, ni de plus ni de moins d'entrure, comme quelques personnes ont cru le remarquer, parce que presque toujours on avait donné trop peu de longueur à la chaîne d'attelage.

Si l'on emploie des bœufs tirant au collier, ils sont attelés absolument de même que les chevaux, c'est-à-dire que les traits de chaque paire de bœufs sont attachés à deux palonniers fixés sur une volée suspendue, par l'anneau qu'elle porte au milieu, au crochet de la chaîne du régulateur.

Deux circonstances peuvent toutefois influer aussi sur la largeur de la raie que prend la charrue : je veux parler de la construction du soc et de la disposition du coutre.

Lorsqu'on fait construire un soc neuf, ou que l'on en fait rechausser un vieux, on doit veiller avec soin à ce qu'il soit entièrement semblable au soc neuf que l'on a reçu avec la charrue, et surtout que la pointe ne donne pas plus à gauche, ce qui ferait prendre trop de largeur de raie à la charrue. Les socs de fonte qui s'adaptent aux charrues que l'on construit à ma fabrique présentent cet avantage, que l'on est partout à l'abri de la maladresse des forgerons. L'usage de ces socs est d'ailleurs fort économique, et, lorsqu'ils sont de bonne qualité, ils conviennent à toute espèce de sols. Il faut remarquer, pourtant, que ces socs de fonte étant destinés à faire un assez long usage, et à s'user, par le frottement, sur la partie latérale de la pointe aussi bien que sur le tranchant, sans qu'il soit possible de les rebattre, il a fallu donner aux socs neufs une tendance à prendre un peu trop de raie. Cette disposition, qui disparaît promptement par l'usage, ne se fait remarquer que dans les premières attelées ; elle est facile à corriger au moyen du régulateur, et elle est tout à fait dans l'intérêt des consommateurs, puisqu'un soc dure plus longtemps à l'état de soc usé qu'à celui de soc neuf, et que s'il ne prenait pas d'abord un peu trop de raie, il arriverait bientôt qu'il n'en prendrait pas assez.

Quant au coutre, la position de la pointe présente une grande importance pour la largeur de la raie que prend la charrue : si le coutre était forcé le moins du monde, de manière que sa pointe fût portée plus à droite ou plus à gauche qu'elle ne doit l'être, cela changerait entièrement la marche de la charrue. La règle, à cet égard, est que la pointe du coutre doit se trouver de 7 à 9 millimètres (3 ou 4 lignes) en dehors de la face gauche du corps de la charrue ; en sorte que le coutre prend un peu plus de terre que s'il était placé immédiatement en avant de la gorge. On doit savoir aussi que plus le coutre pénètre profondément en terre, plus il fait prendre de largeur de raie à la charrue ; en sorte que, sans rien changer au régulateur, on peut diminuer la largeur de la raie, en relevant un peu le coutre. Au reste, la pointe du coutre ne doit jamais descendre à plus de moitié de la profondeur de la raie, et si on la fait pénétrer trop profondément dans un sol très-dur ou rempli de pierres, on risque de forcer le coutre, sans aucun avantage pour le labour. Il convient même, dans les sols de ce genre, de ne faire pénétrer la pointe du coutre que de 3 à 5 centimètres (1 pouce ou 2) dans la terre ; et, dans les sols très-pierreux, il vaut mieux ôter entièrement le coutre : le labour est moins propre, mais n'en est pas moins bon.

L'attelage le plus convenable pour la charrue sans avant-train consiste en une seule paire d'animaux attelés de front, et conduits par le même homme qui tient les manches de la charrue. Le laboureur doit s'habituer à aligner son labour, en fixant les yeux, entre les têtes des animaux, sur un objet éloigné, comme un arbre, une maison, ou un jalon qu'il a placé, à cet effet, à l'extrémité du billon ; de cette manière, il peut tirer des sillons alignés avec une rectitude parfaite. Pour les labours en sols très-tenaces, on est obligé d'y atteler trois ou quatre animaux ; mais alors il devient nécessaire d'employer un second homme à conduire l'attelage, et l'on perd l'avantage de pouvoir tracer des sillons parfaitement droits, parce que le conducteur, étant placé à côté de l'attelage, ne peut juger de la direction aussi bien que peut le faire le laboureur, en s'alignant comme je viens de le dire ; aussi ne remarque-t-on des sillons parfaitement droits que dans les cantons où l'attelage de la charrue est conduit par le même homme qui tient les mancherons. Dans les sols tenaces, en temps humides, il est souvent fort utile d'atteler les animaux à la file, marchant tous dans la raie. Pour quelques cas particuliers, par exemple pour le repiquage du colza derrière la charrue, afin d'éviter que les pieds des chevaux ne dérangent le plan, on attelle deux chevaux à la file, en les faisant marcher tous deux à côté de la raie, sur la terre non labourée. La manœuvre du régulateur se prête à ces diverses combinaisons de modes d'attelage, sans déranger la marche directe de l'instrument.

Pour tourner au bout du billon, on renverse la charrue à droite, en la faisant traîner sur l'extrémité postérieure du versoir, et en la dirigeant au moyen du mancheron gauche ; au moment de rentrer en raie, le laboureur redresse la charrue, et saisissant les deux mancherons, il les tire fortement à lui, en portant la charrue dans la direction de la nouvelle raie qu'il doit entamer. C'est le seul instant qui exige l'emploi d'un peu de force ; cependant cette manœuvre demande plutôt de l'habitude et de l'adresse qu'un effort considérable.

Pour que la charrue marche avec une régularité parfaite, il est nécessaire que le régulateur soit très-fixe sur l'âge : ainsi lorsqu'il arrive que, par usure ou pour toute autre cause, la tige verticale du régulateur prend quelque ballottement dans la mortaise, un laboureur expérimenté ne manque pas de la fixer solidement, au moyen d'une petite buchette de bois qu'il taille en forme de coin, et qu'il enfonce dans la mortaise, au-dessus de l'âge, à côté de la tige du régulateur, de manière à empêcher tout ballottement. Cette observation, au reste, n'est à l'usage que de ceux qui ont déjà acquis une grande dextérité dans le maniement de la charrue : les commençants ne pourraient apprécier la différence qu'apporte cette petite délicatesse de l'art, dans la marche de l'instrument.

Je dois prémunir les personnes qui font usage de la charrue simple contre un défaut dans lequel tombent souvent les laboureurs qui ne la connaissent pas bien ; ce défaut consiste à opérer un labour en *crémaillère*, ce qui arrive lorsque la charrue marche habituellement inclinée vers la gauche, au lieu d'être dans son aplomb : le soc, alors, ne tranche pas la terre horizontalement, comme il doit toujours le faire ; mais la raie se trouve plus profonde sur la gauche contre la terre non labourée que de l'autre côté. C'est un défaut très-grave dans le labour, et qui provient uniquement non pas de ce que le régulateur est mal construit, comme on le croit quelquefois, mais de ce qu'en le mettant en place on lui a donné une disposition vicieuse et mal raisonnée, dont l'effet est de faire prendre trop de raie à la charrue, en sorte que le laboureur est forcé de la tenir constamment inclinée vers la gauche, pour qu'elle ne prenne pas une bande trop large. On fait complétement disparaître ce défaut, en avançant la maille allongée d'un ou deux crans vers la gauche, sur la branche horizontale du régulateur. Lorsqu'on laboure en travers un terrain en pente, on ne doit pas permettre que la charrue marche inclinée à droite ou à gauche, selon la pente du terrain ; mais elle doit toujours être dans une situation verticale, de même que si l'on travaillait sur un terrain horizontal. De cette manière, la bande de terre se retourne bien, même en jetant du côté du haut, pourvu que la pente ne soit pas trop forte.

La dernière raie d'un billon, soit qu'on le fende, soit qu'on l'endosse, est celle qui est le plus difficile de faire correctement avec la charrue simple, pour les personnes qui n'y sont pas habituées. Il est clair que si l'avant-dernière raie qui est à la gauche du laboureur, lorsqu'il trace la dernière, en fendant un billon, ou si la raie du billon voisin, lorsqu'on l'endosse, est aussi profonde que celle qu'on ouvre, le sep de la charrue glissera dans cette raie voisine malgré tous les efforts du laboureur, et la dernière raie se trouvera mal renversée.

Pour éviter cet inconvénient, il suffit de donner à la dernière raie un peu plus de profondeur qu'à la voisine, ce qu'on a dû déjà prévoir en traçant celle-ci ; le sep trouve ainsi un appui sur la gauche, et cette dernière raie, qui est la plus essentielle pour un bon labour, se fait aussi facilement et aussi correctement que toutes les autres.

Le soc étant la partie de la charrue qui éprouve le plus de fatigue dans le travail, doit être attaché très-solidement à la place qui lui convient ;

et la charrue marche irrégulièrement si le tranchant du soc n'est pas ainsi fixé d'une manière bien ferme. Pour les charrues à soc américain, c'est sur les boulons qui unissent le soc à l'avant-corps que l'on doit porter fréquemment son attention, surtout chaque fois que l'on a mis en place un soc neuf. En plaçant le soc, on doit avoir soin de serrer fortement les boulons, de manière que le soc ne forme pour ainsi dire qu'une seule pièce avec l'avant-corps : mais ce premier soin ne suffit pas longtemps, surtout lorsqu'on laboure dans des terrains pierreux ou caillouteux où la succession des petits chocs que reçoit le soc ne tarde pas à déterminer un ébranlement dont le résultat est que la tête des boulons se trouvant logée un peu à l'aise dans le trou fraisé pratiqué sur le soc, l'écrou ne serre plus et peut alors se dévisser tout à fait, si on n'y prend pas garde. On ne saurait donc trop recommander de prendre l'habitude de visiter souvent et de tenir constamment bien serrés les boulons de socs, et surtout, des socs neufs : moyennant cette précaution, on se convaincra bientôt que ce n'est que par négligence qu'on perd quelquefois des boulons.

En posant un soc de la fabrique de Nancy, on s'apercevra que les boulons et par conséquent les écrous sont taraudés à gauche, c'est-à-dire en sens inverse du pas de vis ordinaire. Cette innovation a été introduite pour donner satisfaction à un nombre fort considérable de cultivateurs qui prétendaient que des boulons taraudés à gauche auraient bien moins de chances de se perdre. Rien ne prouve que cette idée soit autre chose qu'un préjugé : mais si elle ne repose pas sur un raisonnement bien juste, elle est du moins un de ces préjugés innocents auxquels on peut, sans inconvénient, faire une concession. Voilà pourquoi les boulons de socs sont taraudés à gauche ; et peu à peu cette pratique s'est étendue à tous les boulons de la fabrique de Nancy.

Lorsqu'on fera *rechausser* un soc, opération que je suis loin de conseiller, ou que l'on en fera faire un neuf, on doit, comme je l'ai déjà dit, mettre une grande attention à ce que sa pointe donne un peu à gauche, mais pas plus que celle d'un soc neuf bien construit, que l'on doit toujours conserver pour modèle, lorsque les ouvriers qu'on emploie n'ont pas encore l'habitude de ce genre de construction. Une erreur que je dois signaler, parce qu'on y est tombé quelquefois, c'est de prendre un soc de fonte pour servir de modèle pour des socs de fer ou d'acier. Par les raisons données plus haut (page 704), les socs de fonte et les socs

d'acier sortis de ma fabrique n'ont pas exactement la même forme. Je
dois ajouter, enfin, que depuis que l'adoption du soc américain a considérablement réduit le prix des socs, le rechaussage est une opération qui
ne présente plus aucun avantage. Du temps des grands socs à douille,
qui coûtaient 16 francs, et qui s'usaient surtout sur le tranchant, il fallait
bien les faire durer ; le rechaussage était une nécessité et une bonne
opération : mais avec des socs américains qui ne coûtent que 6 francs, et
qui s'usent à peu près également sur toute la surface, le rechaussage a
perdu toute son importance ; car, sans parler de la difficulté de trouver
des maréchaux disposés à le bien faire, il est facile de comprendre qu'un
soc rechaussé sera toujours loin de valoir un soc neuf et coûtera presque
aussi cher, puisque au prix du rechaussage il faut ajouter la valeur du
vieux soc qui trouvera toujours utilement son emploi comme acier.

C'est des circonstances dont je viens de parler que dépend principalement la régularité de la marche de la charrue.

Avant-Train (*fig.* 2). Bien qu'une longue expérience ait convaincu
M. de Dombasle de la supériorité de l'araire sur la charrue à avant-
train, il se décida, en 1833, à faire établir, dans sa fabrique, à Roville,
un avant-train d'une construction particulière, pouvant à volonté, s'a-
dapter à toutes ses charrues (bien moins nombreuses alors qu'elles ne
le sont devenues depuis), pour les cas peu fréquents où cette addition
peut être utile ; et cet avant-train était le même qui s'adaptait aussi aux
scarificateurs, aux extirpateurs, aux rayonneurs, etc., sortis de la même
fabrique, de manière que, dans beaucoup de petites exploitations, un
seul avant-train peut suffire pour l'usage de ces divers instruments. Les
fig. 2, 11, 12, 13, 15 et 16, représentent l'avant-train successivement
adapté à une charrue, à un scarificateur et à un rayonneur.

Cet avant-train, auquel M. de Dombasle avait donné le nom d'avant-
train à goujon, et qui sera désormais désigné sous le nom d'*avant-train
Dombasle,* remplace avec beaucoup d'avantage, depuis la fin de 1843,
l'ancien avant-train à montant carré, qui lui-même était déjà une troisième
modification de l'avant-train primitif de 1833. Aujourd'hui, construit
presque entièrement en fer et d'une extrême solidité, il est conçu de telle
sorte qu'on peut facilement et sans arrêter l'attelage, augmenter ou
diminuer la profondeur du labour, en haussant ou baissant la tête de
l'âge de la charrue. Une forte vis en fer, maintenue par une arcade éga-

Fig. 2. Avant-train Dombasle adapté à la charrue.

lement en fer qui prend son appui sur l'essieu, a remplacé le montant carré vertical, sur lequel glissait la boîte à coulisse; et sur cette vis, qui est mise en mouvement par une manivelle, s'élève ou s'abaisse un fort écrou attaché à l'extrémité antérieure du goujon, et servant ainsi de régulateur pour la profondeur du labour.

Dans les premiers avant-trains à vis, il arrivait souvent que diverses causes faisaient tourner la vis dans son écrou, ce qui rendait irrégulière la profondeur du labour. On a évité cet inconvénient dans l'avant-train Dombasle, en y appliquant une manivelle à charnière, dont la poignée vient s'abattre dans l'un des cinq crans de la plaque à coulisse dont la vis occupe le centre.

Cette vis est établie de manière à conserver toujours une direction perpendiculaire à l'essieu, mais elle peut être rapprochée de l'une ou de l'autre roue, au moyen d'un manchon mobile qui glisse sur l'essieu et se fixe avec une goupille en fer. Dans le haut, la vis est maintenue au centre d'une plaque à coulisse qui glisse sur la partie supérieure de l'arcade, où elle se fixe également avec une goupille. Cette disposition permet de rapprocher, suivant les circonstances, la tête de la charrue de l'une ou de l'autre roue, et de régler la largeur de la raie en maintenant l'avant train dans une direction toujours parallèle à la marche de la charrue, sans que jamais la roue qui chemine dans la raie vienne à frotter contre l'ancien guéret.

La position de la vis et par conséquent de la charrue étant ainsi réglée entre les deux roues, on peut, dans le travail, augmenter ou diminuer avec une grande précision la largeur de la bande, en faisant varier la position du crochet sur l'arc percé de trous qui est sur le devant.

Lorsqu'on veut adapter cet avant-train à la charrue, on enfile dans les deux pitons que porte l'extrémité antérieure de l'âge le goujon, c'est-à-dire, la barre ronde de fer qui est attaché à l'avant-train, et l'on fixe au crochet placé sous l'âge la chaîne de tirage de l'avant-train, en ayant soin de n'éloigner celui-ci de la charrue qu'autant qu'il est nécessaire pour que l'écrou mobile, qui unit le goujon à la vis verticale de l'avant-train, n'opère pas de pression contre l'âge lorsque les armons se relèvent comme cela a lieu quand l'instrument est en fonction.

Cet avant-train donne beaucoup plus de facilité que tout autre pour tourner à l'extrémité du bilon ; mais on ne doit pas abuser de cette facilité en tournant trop court, et l'on doit mettre une grande attention à empêcher que l'âge de la charrue ne vienne frotter contre une des deux roues, ce qui arriverait si l'on tournait trop court ; car on risquerait ainsi de forcer le goujon.

Traîneau. Pour conduire au champ ou transporter d'un lieu à un autre les charrues simples, on se sert d'un petit traîneau (voir la figure 1) construit pour cet usage : on place la charrue debout sur le traîneau, en logeant le talon du sept entre les deux montants que porte la traverse postérieure, et en enfilant le plus long de ces deux montants dans le crampon en forme d'anneau placé sur le côté gauche de l'âge de la charrue. Le soc repose sur la traverse antérieure du traîneau. On fixe ensuite la chaîne de tirage de la charrue sur le crochet attaché au traîneau par une chaîne, en plaçant toujours la maille allongée de la chaîne dans un des crans du régulateur, que l'on abaisse autant que cela est nécessaire pour que le tirage s'opère convenablement, c'est-à-dire, sans faire effort sur le régulateur. La charrue est ainsi fixée très-solidement sur le traîneau, et peut être conduite dans les plus mauvais chemins, traverser les fossés, les rigoles, etc.

Lorsque la charrue est adaptée à l'avant-train, on la place de même sur le traîneau, en élevant suffisamment l'extrémité antérieure de l'âge, au moyen de l'écrou qui glisse sur la vis de l'avant-train ; et l'on fixe la chaîne de tirage au traîneau, au moyen du crochet que porte ce dernier.

La charrue légère.

En 1839, sur la demande d'un grand nombre de cultivateurs, M. de Dombasle se décida à faire construire une charrue des mêmes dimensions à peu près que son ancienne charrue moyenne à âge droit, qu'elle était appelée à remplacer. Ne la destinant qu'à des labours à raies peu larges et peu profondes, il ne la fit construire qu'à âge droit, parce que, comme il le dit dans la notice insérée dans les 6e et 7e éditions de son *Calendrier du Bon Cultivateur*, la forme ceintrée de l'âge n'est utile que dans les labours profonds, pour prévenir l'engorgement en avant du coutre ou du corps de la charrue.

L'expérience de cinq années ayant fait reconnaître quelques imperfections dans cet instrument, les continuateurs industriels de M. de Dombasle se sont décidés à abandonner ce modèle, et à construire, en 1844, la charrue désignée dans le catalogue à la fin de ce volume, sous le nom de charrue légère à âge ceintré.

Cette charrue, aussi élevée que la charrue moyenne, exécute parfaitement les labours de 15 à 20 centimètres (5 à 7 pouces) de profondeur, sur 22 à 28 centimètres (8 à 10 pouces) de largeur. Des études nouvelles et les soins apportés à sa construction ont assez bien réussi pour qu'on puisse affirmer qu'à travail égal et dans les limites d'un labour de six à sept pouces de profondeur, elle fait une aussi bonne culture et exige moins de tirage que la charrue moyenne. Elle peut, suivant l'état d'humidité du sol, porter à volonté un versoir en fonte ou un versoir en bois. Elle convient particulièrement aux contrées où l'attelage ordinaire se compose de deux ou trois bêtes de moyenne force. Elle est même assez solide pour résister à un plus fort attelage ; mais, dans ce cas qui suppose un labour plus large et plus profond, son travail ne serait pas toujours correct, parce que le soc deviendrait trop étroit, et ce serait une imprudence en même temps qu'une économie bien mal entendue, que de vouloir l'employer pour les cultures qui réclament une charrue grande ou moyenne.

On ne doit pas s'attendre non plus que même dans les circonstances où elle est le plus convenablement placée, la charrue légère fournisse un service aussi long que le ferait la charrue moyenne. La différence de poids d'une charrue comparativement à une autre charrue plus forte, résulte de deux causes principales : la grandeur ou le developpement de surface des pièces, et leur épaisseur. Plus un avant-corps ou un versoir, ou toute autre pièce de fonte aura d'épaisseur, plus il faudra de temps pour que le frottement de la terre use ces pièces ou les réduise à ce degré d'affaiblissement qui finit par amener leur rupture, lorsque vient à se produire un choc ou un effort inattendus. La diversité de nature du sol entre pour beaucoup dans la durée des instruments, mais, en principe général, l'instrument lourd, formé de pièces de fonte d'une épaisseur de 8 à 10 millimètres, durera bien plus longtemps que l'instrument léger dont l'épaisseur des pièces ne serait que de 6 à 8.

La petite charrue légère à un cheval.

Dans quelques contrées où les attelages sont faibles, et où à défaut de chemins, les instruments ont quelquefois besoin d'être transportés à dos, on fait des charrues qui coûtent peu, qui pèsent peu, mais qui font peu d'ouvrage, et ne donnent que des cultures très-imparfaites. Dans toutes les contrées, il se rencontre des cultivateurs qui n'ayant que de très-petites exploitations, ne sont pas assez forts en attelages pour employer la meilleure de toutes les charrues Dombasle, la charrue moyenne ; et dans la plupart des grandes exploitations, il est certaines terres qui, par leur nature, peuvent recevoir de bonnes cultures avec des instruments légers et faiblement attelés. C'est pour ces cas exceptionnels qu'a été faite, en 1846, la petite charrue légère à un cheval, et quatorze années d'épreuve ont constaté que, dans les limites de sa force et de ses dimensions, cette petite charrue est réellement un excellent instrument. Elle est plus haute que n'était l'ancienne charrue légère à âge droit, et convient parfaitement pour donner des labours de 11 à 14 centimètres (4 à 5 pouces) de profondeur ; elle convient aussi, mieux que les charrues plus fortes, pour donner des labours de déchaumage, surtout lorsqu'on y adapte soit un avant-train Dombasle ordinaire, soit un petit avant-train peu dispendieux, portant deux roues d'inégale hauteur, et donnant à la charrue une étonnante fixité. Pour concilier autant que possible dans cette petite charrue la force et la légèreté, l'avant-corps et le versoir n'y forment qu'une seule pièce, d'où il résulte qu'elle n'est pas susceptible de recevoir un versoir en bois.

Comme tous les instruments petits et légers, cette charrue est exposée à un imminent danger, celui qu'on lui demande plus qu'elle n'est destinée à faire, en l'employant pour des labours qui exigeraient une charrue de force supérieure. On ne saurait trop prémunir les cultivateurs contre cette tentation, qui les expose à briser des instruments, ou à ne faire qu'un mauvais travail. Celui qui donnerait à un cheval faible la charge de deux forts chevaux, ne commettrait pas une plus imprudente absurdité que celui qui veut faire un labour large et profond avec une charrue destinée à n'ouvrir qu'une raie étroite et de peu de profondeur. Dans une petite charrue aussi bien que dans une grande, tout est en proportion : l'âge, le coutre, le soc et le corps de la charrue : augmenter la force de l'une de ces pièces, comme on le fait quelquefois, est une faute grave : c'est détruire l'équilibre de l'instrument, et exposer les autres pièces à se briser. Si cette charrue est légère, ce n'est qu'à condition qu'on lui demandera des labours moins rudes que ceux pour lesquels sont faites les charrues plus fortes et plus lourdes, et c'est à condition aussi qu'on ne lui fera pas supporter le tirage d'un attelage destiné à une forte charrue. Quelque soigneusement que soit construite une charrue légère, il est impossible qu'elle présente autant de force et de solidité qu'une charrue lourde, également bien construite ; et l'on ne doit jamais oublier qu'à *travail égal*, une charrue, quelque légère quelle soit, demande la même force de tirage qu'une charrue plus lourde, et que, par exemple, si la charrue légère était capable de donner un labour de 7 pouces de profondeur sur 10 de largeur, elle exigerait la même force de tirage qu'une charrue plus forte n'ayant à faire que ce même labour : mais, ici, les chances des deux charrues ne seraient pas les mêmes : la charrue forte résisterait à des fatigues qu'elle est faite pour supporter, tandis que la petite charrue serait probablement brisée sous les efforts d'un tirage disproportionné avec la force des pièces qui la composent. On ne saurait trop répéter qu'entre des charrues de diverses forces et également bien construites, chacune a des limites qu'un laboureur prudent ne doit pas dépasser, et que si la petite charrue emploie moins de force de tirage, ce n'est pas parce qu'elle est la plus légère, mais c'est seulement parce qu'elle ouvre des raies moins larges et moins profondes ; et c'est à condition qu'elle aura ainsi moins d'efforts à supporter, qu'on a pu la faire plus légère.

Charrues renforcées.

Pour les besoins de quelques défrichements, ou pour des cultures dans des terres très-difficiles, on a établi des charrues cintrées, grandes ou moyennes, avec des coutres et des coutelières renforcées, et dont l'âge présente aussi plus de force dans la partie où est placée la coutelière. Ces coutres sont du poids de 5 à 6 kilogr. Ainsi disposées, ces charrues présentent une fort grande solidité.

Charrue relevée.

Pour donner de fortes cultures dans les terres où la couche arable est très-profonde, on a fait, en 1851, une modification à la grande charrue renforcée. Au lieu de la tête ordinaire qui unit l'avant-corps à l'âge, on y en a substitué une autre plus élevée de 6 centimètres. Cette disposition donne plus de hauteur à la charrue et la met à l'abri des engorgements qui souvent gênent le travail dans les cultures très-profondes. Cette charrue, à laquelle on a donné le nom de charrue *relevée*, porte les mêmes versoirs que la grande charrue et la charrue moyenne ; elle porte aussi le même sep et les mêmes socs. Au lieu d'un étançon en fonte, elle est munie d'un étançon en fer forgé. La substitution du fer à la fonte a été jugée nécessaire pour éviter les fractures auxquelles un si haut étançon en fonte aurait été exposé.

Charrue à gros coutre et à étrier américain.

Afin de rendre moins dangereuses pour les charrues les premières cultures après défrichements de forêts, on a appliqué, en 1857, aux grandes charrues renforcées une modification qui a présenté de très-satisfaisants résultats. Il est bien reconnu que de toutes les chances auxquelles peut être exposée une charrue, quelque forte qu'elle soit, il n'en est pas de plus terribles que celles qui la menacent lors d'un premier labour après un défrichement. Généralement l'arrachage des arbres qui couvraient le sol est fait avec une grande négligence, et presque toujours il reste, épars dans la région que doit traverser la charrue, quelques souches, quelques troncs, quelques racines traçantes dont le résultat infaillible est de briser l'instrument qui vient s'y heurter, surtout s'il est conduit par des chevaux. Pour atténuer ce danger, sous lequel ont succombé tant de charrues, il fallait trouver le moyen d'amortir le choc et de faire tomber cette résistance inattendue sur une pièce qui pût la supporter impunément. On y est parvenu par un moyen bien simple.

Jusqu'en 1857 les coutres renforcés des charrues Dombasle étaient tenus dans une coutelière en fonte où, glissant comme dans une sorte de rainure, ils étaient fixés par une vis en fer. Quoique forts, les coutres pliaient ou cassaient, la coutelière en fonte éclatait, lorsque venait à se produire inopinément une de ces résistances plus fortes que le coutre ou que la coutelière. Quelquefois l'effort se reportait sur l'âge et le brisait. Plus ordinairement c'était le corps de charrue qui succombait, et la fracture de l'avant-corps amenait celle de l'étançon. Aujourd'hui ces accidents peuvent être évités. Au coutre renforcé pesant 6 à 7 kilogr. a été substitué un coutre d'un poids plus que double et d'une force au moins quintuple. Au lieu de glisser dans une coutelière en fonte attachée à la charrue par quatre boulons, cet énorme coutre est appliqué et maintenu contre la face gauche de l'âge au moyen d'une bride ou collier en fer de forte dimension, entourant à la fois l'âge et le coutre, et les fortifiant l'un par l'autre : c'est ce collier qui est connu dans l'industrie agricole sous le nom d'étrier américain. Mais pour que ce système produise son effet préservateur, il est une dernière condition qui ne doit pas être négligée, puisque c'est sur son observation que repose toute la sécurité. Quelque fort que soit le coutre, quelque efficace que soit l'étrier, ils ne produiraient aucun effet si le coutre était tenu à la hauteur ordinaire : une souche ou une racine oubliées un peu profondément en terre, seraient rencontrées par le soc; le coutre passerait au-dessus; le soc recevrait le choc et le transmettrait directement au corps de charrue qui n'y résisterait pas. Il est donc de toute nécessité que, pour jouir du bénéfice de ce système, le coutre soit toujours tenu très-long et plonge dans la terre jusqu'à quelques centimètres plus bas que la pointe du soc. On comprend que dans cette position, il couvre, il protége la charrue et lui sert complétement de sauvegarde. En effet, le coutre reçoit le choc : trop fort pour plier ou pour se rompre, il prend son appui sur l'étrier qui lui-même ne peut céder sous cet effort : l'attelage s'arrête, et le corps de charrue n'ayant pas éprouvé le plus léger ébranlement, reste tranquillement en arrière, impassible témoin du choc que vient de recevoir le coutre. Mais, encore une fois, pour que les choses se passent ainsi, il faut absolument que le coutre soit tenu plus bas que le soc. Si on néglige cette précaution, il est tout à fait inutile d'employer la charrue à gros coutre. Si, au contraire, on tient la main à ce que cette condition soit toujours observée, on est dédommagé par une sécurité qui a bien son prix, et on peut, comme plusieurs correspondants de la fabrique de Nancy, se féliciter d'avoir rencontré enfin une charrue *incassable*.

Pour bien assurer la marche de cette charrue, on doit ne l'employer qu'avec l'avant-train. Elle peut être utilisée très-avantageusement dans certains travaux de terrassement.

Socs renforcés, socs à pointe, etc.

Ainsi qu'on l'a dit, les *grandes* charrues et les charrues *moyennes* portent les mêmes socs. Les meilleurs de tous les socs d'acier sont les socs ordinaires, sans aile ni pointe, du poids d'environ 3 1/2 kilog. On construit aussi pour les mêmes charrues des socs renforcés. Ces socs, pesant 4 à 5 kilog., n'ont d'autre avantage que de durer plus longtemps, par la raison que, présentant plus de matière, ils peuvent supporter de plus nombreux rebattages et fournir un plus long travail.

On construit aussi des socs à pointe et des socs à aile. Les socs à pointe ne présentent guère qu'un seul avantage : celui de faire durer et de ménager le tranchant du soc. On peut dire aussi qu'ils pénètrent plus facilement dans les terrains rocailleux ; mais en portant la résistance en avant, ils augmentent sensiblement les efforts et par conséquent la fatigue de la charrue. La pointe a aussi l'inconvénient de s'user pardessous en chanfrein ou en biseau, et alors elle tend à faire sortir la charrue de terre. Dans certaines contrées où la pointe est généralement employée, elle est bien plus une habitude routinière que le résultat de saines observations.

L'aile n'est autre chose que le prolongement du tranchant du soc, ayant pour but de donner plus de largeur à la raie (au détriment du labour) et pour résultat d'augmenter sensiblement le tirage. C'est surtout pour la Lorraine, où les attelages sont communément de huit bons chevaux, que les socs à aile et à pointe ont été placés sur le catalogue de la fabrique de Nancy. M. de Dombasle ne les a jamais employés à Roville, et je croirais mal comprendre l'honneur de lui succéder si je cherchais à en étendre l'usage.

On m'a demandé quelquefois des socs de fonte à pointe. Deux raisons principales m'empêchent d'en livrer : 1° la fonte est une substance déjà assez fragile pour qu'on ne doive pas augmenter sans motifs sérieux ses chances de fracture ; 2° l'inconvénient signalé plus haut de la tendance à faire sortir la charrue de terre lorsque la pointe du soc est usée par-dessous, serait beaucoup plus grave et même irrémédiable avec des socs en fonte qui ne peuvent pas, comme les socs en acier, être mis à la forge et rebattus.

La charrue tourne-oreille. (*Fig. 3.*)

Dans les plaines et partout où la surface du sol est peu accidentée, ou bien encore sur les pentes où la configuration des pièces de terre met le laboureur dans l'obligation de faire marcher les instruments de culture du bas en haut et du haut en bas, il est facile de faire un bon labour, puisqu'il suffit de se servir d'une bonne charrue. Mais dans les localités où les pièces de terre situées sur des pentes rapides demandent d'être cultivées non plus de bas en haut, mais transversalement, une grande difficulté se présente, devant laquelle ont échoué bien des tentatives. Une des conditions générales de toute bonne culture, c'est que la bande de terre soit bien tranchée et bien retournée. Or qu'arrive-t-il lorsqu'une bonne charrue ordinaire se trouve ainsi obligée de marcher sur une pente rapide en suivant une ligne horizontale? Il arrive forcément que, lorsqu'elle parcourt sa ligne en ayant la pente de gauche à droite, la bande de terre est facilement renversée, puisque le travail de la charrue se borne à la trancher, la soulever et la laisser tomber de haut en bas. Mais au retour de la charrue, lorsque placée dans une position tout à fait inverse, elle doit, pour renverser la bande, la soulever et la jeter de bas en haut, la meilleure charrue munie du plus haut versoir y devient impuissante ; la terre soulevée mais non renversée, retombe confusément dans la raie après le passage de la charrue, et la surface du sol offre un aspect hérissé et irrégulier peu propice à la végétation des plantes. En semblables circonstances, il n'est qu'un moyen de donner à la terre une culture à peu près uniforme et régulière : c'est de renverser toujours la bande de terre de haut en bas.

On peut arriver à ce résultat de plusieurs manières. On peut n'employer qu'une seule charrue ordinaire, mais après chaque raie il faut la ramener *à vide* sur un traîneau, et c'est beaucoup de temps perdu. On peut employer deux charrues, l'une versant à droite, l'autre versant à gauche. Chaque fois qu'on arrive au bout du champ, on dételle l'attelage pour le faire passer alternativement d'une charrue à l'autre, et un cheval conduit par un enfant ramène tour à tour sur un traîneau la charrue qui vient de faire sa raie. Plusieurs fois on imagina de construire des charrues à deux corps, soit superposés, soit adossés. Deux corps de charrues plantés l'un au-dessus de l'autre et ayant un seul âge commun pour les deux, sont sans contredit la combinaison la plus ingénieuse pour obtenir théoriquement un bon travail. En effet, ces deux corps de charrue, tout à fait isolés l'un de l'autre, n'ont besoin de se faire aucune concession et conservent toutes les conditions qui constituent une bonne charrue. Mais, dans la pratique, un tel instrument a un grand défaut : c'est qu'il est assommant pour l'homme qui le dirige et qui souvent fait d'impuissants efforts pour le maintenir d'aplomb. Deux corps de charrue adossés ont l'inconvénient de nécessiter un trop long frottement sur le fond de la raie, puisque les deux seps des deux charrues ne peuvent être que le prolongement l'un de l'autre.

M. de Dombasle avait à Roville quelques pièces de terre sur lesquelles il a employé ces divers systèmes, d'abord avec une seule charrue ; puis avec deux, l'une versant à droite, l'autre versant à gauche ; puis avec une charrue jumelle, à deux corps superposés ; puis enfin avec une charrue dos à dos ou tricorne, construite d'après les idées de M. de Valcourt, mises en pratique d'abord à Grignon. Plus tard, M. de Dombasle fit, pour la culture des mornes de la Martinique, une charrue lourde et matérielle dont l'emploi ne s'est pas soutenu. Elle portait un large sep terminé par un soc en fer de lance, un coutre mobile et un versoir en bois presque plat et s'accrochant alternativement d'un côté ou de l'autre d'un avant-corps étroit par en bas et large par le haut.

Dans diverses contrées de la France, et particulièrement dans la Picardie, l'usage de labourer à plat et de faire travailler la charrue toujours dans la même raie, pour jeter constamment la terre du même côté, a donné naissance à plusieurs instruments de ce genre : mais ces charrues, suffisantes pour des terres faciles, ne résisteraient pas longtemps aux difficultés que présentent des coteaux abruptes et pierreux.

Les choses en étaient là lorsque, vers 1846, la fabrique de Nancy reçut, d'un de ses correspondants de la Martinique, les débris d'une charrue tourne-oreille, n'ayant aucune analogie avec les essais faits en France jusqu'à ce jour. Ces débris furent complétés, rémontés, et donnèrent naissance à la charrue que nous livrons encore aujourd'hui, et dont la figure ci-jointe

Fig. 3. Charrue tourne-oreille.

présentera une idée plus exacte qu'il ne serait possible de la donner dans une longue description. Je dirai seulement qu'elle se compose, comme toutes les charrues, d'un âge en bois portant en avant un régulateur, en arrière des mancherons, et soutenant au milieu un bâti fixe en fonte, assemblé très-solidement avec l'âge. Ce bâti fait l'office d'étançons et de sep, et il supporte, sur les deux points extrêmes de sa partie inférieure, une pièce en fonte de forme bizarre, qui par suite de sa mobilité vient s'appliquer latéralement soit à droite soit à gauche, en passant par dessous le bâti auquel elle est en quelque sorte suspendue. Sur cette pièce, qui représente l'avant-corps et le versoir d'une charrue, est fixé par deux boulons un soc à deux tranchants dont alternativement l'un coupe et soulève la terre au fond de la raie, tandis que l'autre la tranche latéralement comme ferait un coutre. En somme, cette charrue faite pour donner des cultures de 15 à 20 centimètres de profondeur, est très-solide, d'une conduite facile et a satisfait, sans exception, tous ceux qui en ont fait l'essai.

Depuis 1850 jusqu'à la fin de 1859, il est sorti de la fabrique de Nancy 347 charrues tourne-oreille, ainsi réparties : Martinique et Guadeloupe 287 ; France 53 ; pays étrangers 7. Comme preuve de la confiance qu'elle inspire, on peut ajouter qu'elle a été imitée, plus ou moins fidèlement, tant en France qu'à l'étranger, et dans plusieurs grandes expositions on en a vu figurer des copies dont la fabrique de Nancy rejette toute responsabilité, parce qu'il en est qui, par la négligence de leur exécution, dépassent réellement les bornes de la liberté d'imitation.

Cette charrue peut se passer de coutre, parce que le soc est disposé de façon à trancher à la fois la terre au fond de la raie et latéralement. Toutes les charrues de ce système envoyées aux Antilles sont sans coutre ; mais il n'est pas moins vrai que lorsqu'on ajoute un coutre à cette charrue, son travail est plus net et plus beau. La culture ne vaut pas mieux, mais l'œil est plus satisfait. Sur les 347 charrues dénombrées ci-dessus, il n'en est que 6 qui aient été accompagnées d'un coutre, ce qui prouve qu'il n'est pas d'une bien impérieuse nécessité. Il serait probablement plus répandu s'il était moins cher : mais c'est une pièce qui demande une telle précision d'exécution, qu'elle ne peut être faite et entretenue que par de bons ouvriers, ce qui élève forcément son prix. Ce coutre, avec ses accessoires, pèse 6 à 7 kil. et se vend 18 francs.

La charrue tourne-oreille peut être construite pour marcher avec un avant-train ; mais dans la plupart des circonstances où il est avantageux d'employer cette charrue, l'avant-train serait gênant. C'est par cette raison qu'elle porte, en avant du soc, une roulette dont la tige s'engage dans une mortaise pratiquée dans la partie antérieure de l'âge et y est fixée par un boulon à la hauteur nécessaire. La roulette est très-commode pour servir de point d'appui lorsqu'on soulève l'arrière de la charrue, afin de faire passer d'un côté à l'autre la portion mobile du bâti. C'est un mouvement auquel on s'habitue promptement, parce qu'il demande plus d'agilité que de force réelle.

Quelques cultivateurs en ayant fait l'essai dans les labours en plaine, en ont été aussi satisfaits que dans des labours de coteaux. Quand il serait vrai que la charrue tourne-oreille puisse donner en toutes circonstances une bonne culture, ce ne serait pas moins une faute que de l'adopter comme charrue unique et de s'en servir dans les pièces de terre qui peuvent être cultivées par la charrue ordinaire. Quelque satisfaisant que soit le travail de la charrue tourne-oreille, il est peu probable qu'il égale le travail de la charrue moyenne, et impossible qu'il vaille mieux. Or, l'instrument coûte plus cher et son entretien est plus dispendieux, parce que son soc, qui s'use à la fois sur ses deux tranchants, est difficile à forger, plus difficile à rebattre et coûte le double d'un soc de charrue ordinaire. Si, pour obtenir de cette charrue une culture aussi belle qu'elle puisse la donner, on voulait l'employer avec le coutre, l'excédant du prix de revient de son travail ressortirait mieux encore. C'est donc tout à fait contre le gré de ceux qui la fabriquent et la vendent, qu'on emploierait cette charrue dans des circonstances où une bonne charrue ordinaire ferait un aussi bon et même un meilleur travail.

La Charrue sous-sol, ou charrue de défoncement et d'assainissement.

Depuis que l'esprit d'observation a commencé d'exercer un peu d'influence sur les travaux agricoles, depuis surtout que la propagation des bonnes charrues a mis en évidence l'avantage des labours profonds, on remarque, dans la plupart des contrées de la France, une tendance à donner aux cultures bien plus de profondeur qu'on ne leur en donnait autrefois. Quelquefois on exécute dispendieusement des défoncements à bras d'hommes. Malgré son haut prix, c'est une bonne opération; mais elle n'est pas praticable pour la grande culture : à celle-ci, il faut des instruments qui puissent être dirigés par un homme et traînés par des bêtes de trait. On a demandé quelquefois à la fabrique de Nancy des charrues capables de donner des labours de 50 à 60 centimètres de profondeur. C'est là une illusion : chaque chose a ses limites qui n'est point donné à l'homme de dépasser, et lorsqu'une charrue fait un labour régulier de 26 à 28 centimètres de profondeur, c'est à peu près le maximum de puissance qu'on peut attendre d'un semblable instrument. Dans des terres fortes, ce travail nécessiterait souvent six et même huit forts chevaux, et tout le monde comprendra qu'à moins de construire des charrues tout en fer forgé, ce qui serait énormément cher, il est peu prudent d'espérer qu'une charrue en fonte résiste longtemps à de tels efforts. C'est donc à l'aide d'un second instrument qu'on peut parvenir à augmenter la profondeur du sillon ouvert par la première charrue. Quelquefois, on se sert, pour arriver à ce résultat, d'une seconde charrue enlevant du fond de la raie ouverte par la première, autant de terre qu'elle en peut prendre, et déposant cette terre vierge et souvent infertile par-dessus la terre versée par la première charrue. La charrue Bonnet, qui se fabrique dans le département des Bouches-du-Rhône, produit, dit-on, très-bien ce résultat.

La charrue sous-sol a un autre but. Elle passe dans la raie ouverte par une bonne et grande charrue ordinaire, mais au lieu d'enlever la terre du fond de la raie, elle l'entame, elle la brise et la laisse en place, en la faisant *foisonner* au point que la raie ouverte devant elle se trouve presque remplie et comblée lorsqu'elle a passé, par le seul fait de l'augmentation de volume que prend la terre durcie et tassée, lorsqu'elle a été soulevée et pulvérisée par le passage du soc et du sep de la charrue sous-sol. Cette terre vierge est recouverte par le renversement de la bande suivante retournée par la charrue ordinaire, et lorsqu'un billon a été ainsi traité, il prend une élévation sensible au-dessus de ceux qui n'ont reçu qu'un seul et bon labour. Le résultat de l'opération est donc d'augmenter la couche de terre meuble, tout en laissant à la partie supérieure la terre fertile dans laquelle les plantes non pivotantes doivent germer et développer léurs racines : quant aux plantes pivotantes, il est hors de doute que leur végétation ne peut qu'être favorisée par la facilité de lancer leur pivot plus profondément qu'elles ne l'auraient fait à la suite d'un labour moins profond.

Fig. 4. *Charrue sous-sol.*

Cette charrue, ainsi qu'on peut le voir (fig. 4), ne porte pas de versoir, et c'est pour cette raison qu'elle n'exige pas un tirage aussi fort qu'il le semblerait d'abord. Le corps de la charrue construit entièrement en fer et en acier, ne se compose que d'un soc en fer de lance et d'un sep de forme cylindrique, solidement attachés à l'âge par deux étançons en fer, dont celui de devant remplit l'office de coutre. Elle porte, à la partie antérieure de l'âge, une tige mobile terminée par une roulette, dont le but principal est de lui servir momentanément d'appui, afin de l'empêcher d'entrer trop bas, lorsque, par quelque accident du terrain, le soc pourrait avoir propension à piquer trop profondément en terre. Du reste, la profondeur du travail qu'on veut en obtenir se règle aisément au moyen du régulateur. Elle peut facilement entamer une couche de terre de 30 centimètres ; ainsi, lorsqu'elle marche à la suite d'une bonne charrue qui a ouvert une raie de 26 à 28 centimètres de profondeur, il en résulte pour le terrain une culture de défoncement de près de 60 centimètres. Il n'est pas besoin de dire qu'elle ne peut fonctionner que dans des sols profonds et dépourvus de roches ; et c'est surtout dans les terrains à sous-sol imperméable, froids, humides et parcourus par des infiltrations d'eaux souterraines, qu'elle produit l'effet le plus sensible, en permettant à l'eau de s'insinuer au-dessous des racines, au lieu de rester stagnante dans la couche du sol occupée par la végétation des plantes. Dans les terrains secs et sablonneux et dans les saisons brûlantes, ce défoncement est également favorable à la végétation, en conservant la fraîcheur dans un sol profondément ameubli.

On sait qu'il est presque partout des prés qui ne donnent qu'un foin plat et peu nourrissant, parce que la couche de gazon qui forme la prairie végète dans une terre constamment abreuvée par des infiltrations d'eau qui ne permettent pas aux bonnes essences de prospérer dans ce sol froid et humide. Dans des prairies de cette nature, on obtient de très-bons résultats par l'établissement de saignées couvertes, dont l'effet est presque toujours de changer et d'améliorer l'essence de l'herbe, même sans recourir au procédé qui vaudrait mieux, de rompre la vieille prairie après l'avoir assainie, et de la ressemer en graminées bien appropriées à la nature du sol. Mais l'établissement de saignées couvertes ne laisse pas que d'être une opération un peu dispendieuse, bonne pour un propriétaire, mais dont, pour cette raison même, peu de fermiers se décideront à faire les frais. Dans les prairies de cette nature, la charrue sous-sol peut produire, à très-peu de frais, un excellent résultat, en remplissant l'office de charrue d'assainissement, ou, comme on l'a dit quelquefois, de charrue-taupe. En effet, elle pratique, à 25 ou 30 centimètres de profondeur, des boyaux ou conduits souterrains qui soutirent l'eau des parties voisines et produisent ainsi l'assainissement du sol. Il n'est pas besoin de dire qu'en employant ainsi cette charrue, on doit toujours lui faire suivre la pente naturelle de la prairie, et donner issue à ces conduits dans un fossé situé à la partie la plus basse : on comprend bien aussi que ces conduits doivent être plus ou moins rapprochés, suivant la nature du sol et l'abondance des eaux que l'on veut évacuer. Sans doute cette opération ne produira pas son effet pour un temps aussi long que le feraient des saignées couvertes ou bien un drainage ; mais elle est prompte, elle est peu dispendieuse, et alors même qu'on devrait la recommencer tous les ans, ce ne serait pas une raison pour ne pas profiter des bénéfices qui doivent en être le résultat.

Lorsqu'on emploie la charrue sous-sol dans une prairie, on peut la faire marcher avec la roulette comme dans les terres ; mais sa marche est plus assurée quand on lui donne pour appui un avant-train Dombasle, et c'est pour cela qu'elle porte deux pitons comme les charrues ordinaires.

La charrue à deux versoirs ou buttoir et le rabot de raies. (*Fig.* 5 *et* 6.)

Fig. 5. Buttoir.

Cet instrument porte deux versoirs qui peuvent s'approcher ou s'écarter à volonté, selon l'exigence des cas ; il jette donc à droite et à gauche
la terre soulevée par le soc. On l'emploie soit pour curer, après les
semailles, les raies qui séparent les billons, soit pour faire des rigoles
transversales nécessaires pour l'écoulement des eaux, toutes les fois que
la pente du terrain n'est pas uniforme dans le sens des billons.

Le même instrument sert aussi à butter les pommes de terre, le maïs
ou autres récoltes qui peuvent en avoir besoin. Comme il convient ordinairement d'opérer le buttage en deux fois, à huit ou quinze jours d'intervalle, on écarte davantage les versoirs pour la première fois, en ne
faisant prendre au soc que 8 à 11 centimètres (3 à 4 pouces) de profondeur, et, pour la seconde opération, on resserre un peu les versoirs, ce
qui permet de prendre 6 ou 8 centimètres, (2 ou 3 pouces) de profondeur de plus. Cet instrument peut fonctionner avec ou sans avant-train :
mais, lorsqu'on l'emploie pour le buttage, l'avant-train serait nuisible
aux plantes et fort incommode.

Le *rabot de raies* est une sorte de châssis ou d'assemblage en bois,
destiné, ainsi que son nom l'indique, à aplanir les arêtes que la charrue

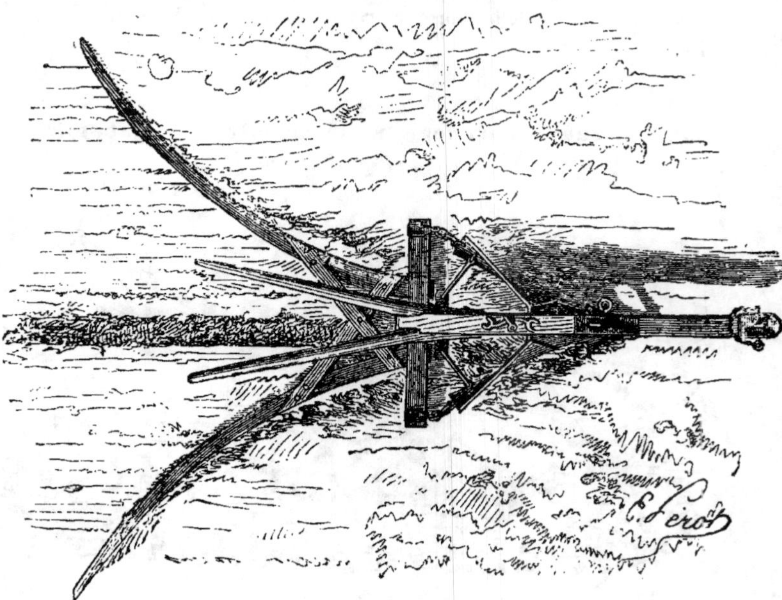

Fig. 6. Buttoir et rabot de raies.

à deux versoirs laisse toujours après elle, en rejetant la terre des deux côtés de la raie. Cet effet est produit par les deux grands côtés de l'instrument, qui se prolongent en s'écartant en lignes courbes, et glissent sur les ados en les aplanissant. Ces deux grands côtés ou *ailes* sont réunis et consolidés par plusieurs traverses dont celle qui forme la partie antérieure de l'instrument est armé de deux crochets, d'où partent deux chaînes qui réunissent le rabot au buttoir, en s'attachant à deux autres crochets placés en dedans de la partie postérieure des versoirs. Ces deux chaînes, dont la longueur varie suivant la profondeur de la raie et suivant que les versoirs sont plus ou moins ouverts, doivent en général être tenues le plus courtes possible, afin que le devant plonge dans la raie et agisse un peu énergiquement sur les arêtes de la terre. Pour que le rabot de raies fonctionne bien, il faut donc régler avec adresse la longueur de ces chaînes ; car, lorsqu'elles sont trop longues ou trop courtes, les deux ailes ne fonctionnent pas également dans toute leur longueur, comme elles doivent le faire. Après avoir attaché le rabot, le laboureur qui conduit le buttoir marche entre les deux ailes, en tenant, comme à l'ordinaire, les mancherons du buttoir. C'est surtout au travail des raies qui séparent les billons ou planches que cet instrument est applicable, aussitôt après la semaille. Le terrain est ainsi parfaitement aplani des deux côtés de la raie, et forme sur les bords des billons des plans inclinés qui facilitent l'écoulement de l'eau des pluies. Pour quiconque est sensible aux charmes d'une belle culture, c'est un bien bel aspect que celui que présente, après les semailles, une grande pièce de terre, divisée régulièrement en larges planches légèrement endossées et nettement limitées par des raies d'écoulement bien droites, ouvertes par le buttoir et polies par le rabot de raies.

La herse. (*Fig.* 7.)

Après la charrue, la herse est, sans aucun doute, le plus utile des instruments de culture. Pour qu'une herse agisse efficacement, il faut qu'elle ait un certain poids et que les dents soient disposées de manière à se répartir à intervalles égaux sur toute la surface du terrain qu'occupe l'instrument. Des herses à dents de fer sont nécessaires dans le plus grand nombre des cas, pour agir avec quelque énergie : cependant il est quelques circonstances où des herses à dents de bois sont suffisantes.

Les herses à losange, dites *herses-Valcourt*, sont celles qui exécutent le travail le plus parfait, pourvu qu'on les attelle bien. La volée ou le palonnier doivent s'accrocher, non pas au milieu de la chaîne de la herse, mais près d'un des deux angles, et toujours du côté de l'angle obtus. De cette manière, chaque *patin* se trouve placé, dans le travail, sur une ligne parallèle à celle de la direction de l'instrument. Si l'on accrochait le palonnier à tout autre point de la chaîne, ou si l'on voulait supprimer cette dernière pour attacher directement la chaîne de tirage sur un point quelconque de la herse, celle-ci fonctionnerait fort mal.

Fig. 7. Herse à losange.

Les dents étant implantées dans le bois non pas perpendiculairement, mais suivant une ligne modérément inclinée dans le sens de la marche de l'instrument, on peut faire fonctionner la herse en *accrochant*, c'est-à-dire, en faisant marcher les pointes des dents en avant, en sorte qu'elles accrochent les gazons ou les mottes, ou en *décrochant*, c'est-à-dire, en tournant les pointes des dents en arrière. Chacun de ces modes d'emploi convient dans certains cas que l'habitude a bientôt fait reconnaître. C'est pour laisser cette facilité que les herses portent un crochet à chacun de leurs angles. C'est pour cela aussi que l'on ne fixe point à demeure la chaîne à la herse, en sorte qu'on peut la placer d'un côté ou de l'autre.

On fait, à la fabrique de Nancy, des herses de deux sortes : la herse à deux bêtes, et la herse légère pour un seul cheval. Ces deux herses ont même forme et mêmes dimensions, occupent la même surface, et portent chacune 24 dents traçant sur le sol 24 petits sillons parallèles espacés de 53 mil., ou embrassant une largeur totale d'environ 1ᵐ. 25 c. ; et pourtant il y a entre ces deux herses une grande différence, et c'est une grave erreur que de croire qu'en attelant deux chevaux à la herse légère, et quelquefois en la chargeant d'un poids supplémentaire, on puisse en obtenir le même travail que de la herse à deux bêtes. Celle-ci pèse 61 kilog. ; l'autre n'en pèse que 56 : cette différence de poids indique clairement que, dans toutes les parties qui la composent, la herse à deux bêtes est beaucoup plus forte que la herse à un cheval. Il devrait donc être superflu de dire que la herse à deux chevaux, dont la saillie des dents est de 19 centimètres, convient pour les hersages énergiques donnés sur des cultures grossières ou dans des terres pierreuses ; c'est elle aussi qui, dans la plupart des circonstances, doit être employée pour herser les blés au printemps ; tandis que la herse à un cheval, dont les dents n'ont que 16 centimètres en dehors du bois, est faite pour les hersages légers, sur des terres douces et bien préparées par les cultures antérieures. Malheureusement la plupart des cultivateurs n'ont pas la véritable intelligence de leurs vrais intérêts dans l'emploi des instruments.

Séduits par une légère économie dans le prix d'acquisition, ils demandent à une petite charrue des labours profonds, et ils condamnent une herse faible et légère à faire d'inutiles efforts sur des terres grossières, ou à se heurter contre des pierres qui lui permettent à peine d'atteindre la couche superficielle du sol. Sous ces rudes épreuves pour lesquelles elles ne sont pas faites, la charrue se brise, la herse se disloque, et on s'en prend aux instruments, tandis que la faute en est tout entière à ceux qui ne savent ni les choisir ni les bien employer.

On ne saurait donc trop bien prémunir les cultivateurs contre la tentation de se servir d'une herse faible et légère, là où ce ne serait pas trop d'une herse forte et lourde. Pour qu'un hersage soit bon, pour qu'il produise son effet, il faut presque toujours qu'il soit énergique, et cet effet ne peut être obtenu que par l'emploi d'une herse qui réunisse à la fois le poids et la force nécessaires pour dompter les difficultés qu'elle rencontre dans un sol rude ou pierreux. Comme tous les instruments légers et par conséquent faibles, la herse à un cheval fait un très-bon service lorsqu'on l'emploie à propos : mais si on lui demande plus qu'elle ne peut faire, on l'use promptement, et souvent on la brise, tout en ne faisant qu'un mauvais travail.

Lorsque la charrue et la herse formaient à peu près tout l'attirail agricole d'un cultivateur, les herses très-fortes et très-lourdes présentaient une importance qu'elles n'ont plus aujourd'hui. Depuis que le travail pour lequel elles étaient utiles est fait d'une manière plus parfaite par des instruments tels que le scarificateur ou autres analogues, le rôle de la herse s'est resserré, son emploi est devenu moins fréquent, on a abandonné tout à fait les énormes herses destinées autrefois au tirage de quatre bêtes, et la herse est devenue pour la grande culture à peu près ce qu'est le râteau dans la culture des jardins. En employant à propos des herses comme celles que livre la fabrique de Nancy, on peut en obtenir d'excellents résultats; mais c'est une économie très-mal entendue que de les placer dans des circonstances où ce ne serait pas trop de la force du scarificateur.

Pendant longtemps, à la fabrique de Nancy, comme précédemment à celle de Roville, les dents des herses ont été plantées dans les limons assez solidement pour ne jamais tomber dans le travail. Mais il en résultait un inconvénient: c'est que chassées dans le bois à coups de masse et incrustées en quelque sorte par les bavures ou hachures relevées sur les quatre angles, il était très-difficile de les faire sortir sans briser le bois. Quelquefois on a fait des herses dont les dents étaient serrées par des écrous; mais ces herses étaient chères et lourdes, parce qu'il fallait que, pour supporter par-dessous l'effort de l'épaulement de la dent et, par-dessus, celui de l'écrou, les limons fussent garnis de deux bandes de fer. Vers 1855, on a eu l'idée de fixer chaque dent de la herse par un boulon qui traverse à la fois le limon et la dent, et est serré latéralement par un écrou. Ce mode donne une très-grande facilité pour démonter et replacer les dents lorsque le besoin s'en présente, et il offre aussi un autre avantage fort appréciable: c'est que ces six boulons traversant chaque limon, le compriment, le renforcent et rendent impossible les gerçures qui, dans l'ancien système de monture, faisaient quelquefois périr un limon lorsque les dents avaient été chassées dans le bois un peu brutalement, ou bien, lorsque, dans le travail, elles venaient à exercer sur le limon un effort latéral. Cette innovation dans le posage des dents a été accueillie avec d'autant plus de faveur qu'elle n'a pas augmenté le prix des herses, bien qu'elle nécessite une notable augmentation de travail et la fourniture de 24 boulons.

Pour transporter les herses d'un lieu à l'autre, on les retourne sur le dos, c'est-à-dire sur les *patins*, pour celles qui en portent. On doit alors atteler de manière que les patins cheminent parallèlement à la ligne de tirage, de même que les semelles d'un traîneau. Aux herses légères, on ne met pas ordinairement de patins, de crainte de les rendre trop lourdes, et la herse renversée glisse sur les limons. Mieux vaudrait la conduire sur un traîneau fait exprès, le traîneau des charrues n'offrant pas une base suffisante pour une herse.

Vers 1858, la fabrique de Nancy a commencé de livrer concurremment des herses à dents de fer et des herses à dents aciérées. Ces dernières se vendent 5 fr. de plus que celles à dents de fer : mais elles offrent une telle supériorité de durée, que ce serait agir dans l'intérêt des cultivateurs que de refuser dorénavant de leur livrer d'autres herses que des herses à dents aciérées.

L'Extirpateur.

L'extirpateur ne figure plus sur le catalogue de la fabrique de Nancy. C'est un instrument qui a fait son temps, et qui se trouve aujourd'hui remplacé et dépassé par le *scarificateur*. Mais en considération des services qu'il a rendus et du rôle important qu'il a joué dans la rénovation agricole qui s'est opérée depuis une cinquantaine d'années, ce n'est que justice de consacrer ici quelques lignes à la mémoire de ce doyen des instruments perfectionnés.

Pendant bien des siècles, la charrue et la herse composèrent tout le matériel agricole. N'ayant à subvenir qu'aux besoins d'une population peu nombreuse, on n'éprouvait pas la nécessité d'amener la terre à toute la fertilité dont elle est susceptible. Mais à une époque récente, l'accroissement de la consommation stimula une plus grande production ; le progrès agricole prit un essor qu'il soutient encore aujourd'hui, et ce fut alors que l'on vit apparaître quelques instruments nouveaux qu'on décora du titre d'instruments perfectionnés. Parmi eux, l'extirpateur fut le premier par lequel M. de Dombasle donna le signal de la révolution dans les pratiques agricoles à laquelle il consacra la seconde moitié de sa vie. Il employa d'abord l'extirpateur de M. de Fellenberg. On peut voir, dans les *Annales de Roville,* que pendant une vingtaine d'années cet instrument fut l'objet de ses méditations et reçut quelques améliorations, mais jamais d'assez complètes pour qu'il n'ait pas dû disparaître devant le scarificateur.

Voici la définition que M. de Dombasle a donnée de l'extirpateur ; elle mérite d'être conservée parce qu'elle pose bien nettement les conditions du travail exécuté par ce groupe d'instruments auxquels on a donné divers noms, et dont le point de départ est l'extirpateur de M. de Fellenberg.

« On donne le nom d'*extirpateur* à des instruments qui portent plu-
» sieurs socs ou pieds, ordinairement triangulaires et tranchants, plats,
» mais plus ou moins bombés, qui tranchent entre deux terres toutes les
» plantes qui peuvent végéter sur le sol, en donnant à toute la terre de
» la surface un léger mouvement, mais sans la retourner comme ferait la
» charrue. Ces instruments sont destinés à couvrir les semences, dans
» les sols déjà trop repris pour que la herse y exerce bien son action,
» et aussi à donner, à 8 à 11 cent. (3 ou 4 pouces) de profondeur, une
» culture qui remplace dans un grand nombre de cas le travail de la
» charrue. Comme l'extirpateur prend ordinairement une largeur de
» 1 mètre à 1,33 (3 à 4 pieds), il est beaucoup plus expéditif que la
» charrue, et son travail est moins coûteux... »

Manquant de point d'appui en arrière, n'étant soutenu que par le contact que ses pieds exerçaient sur le sol, l'extirpateur était exposé au très-grand inconvénient de ne faire qu'un travail inégal et irrégulier. Tantôt il plongeait dans la terre lorsqu'elle était trop meuble, tantôt il glissait sur le sol lorsqu'il était un peu durci. Ne pouvant être réglé que par le devant, ses pieds tour à tour s'enfonçaient ou bien traînaient sur le talon. Du jour où les pieds de l'extirpateur ont pu être placés sur le cadre du scarificateur, le premier instrument est devenu inutile, et le règne du scarificateur a commencé et durera probablement fort longtemps.

Le Scarificateur. (*Fig. 8 et 9.*)

Si la perfection pouvait être atteinte par les ouvrages des hommes, on pourrait presque dire que le scarificateur tel que le livre aujourd'hui la fabrique de Nancy, est un instrument parfait. Sans élever si haut son éloge, disons seulement que le scarificateur de 1855 est un très-bon et très-bel instrument qui, depuis sa création, a satisfait tous ceux qui en ont fait usage et semble ne plus rien laisser à désirer aux praticiens les plus exigeants. Probablement une plus longue expérimentation provoquera à lui faire encore quelques modifications, mais ce ne seront que des améliorations de détail ; l'ensemble et l'idée générale de l'instrument paraissent fixés pour bien longtemps. Pour prouver dès ce moment combien il a été pris au sérieux et appréciés par les meilleurs juges en fait d'instruments, c'est-à-dire, par les vrais cultivateurs, il suffira de constater que sur 186 scarificateurs de ce système, sortis de la fabrique de Nancy dans les cinq dernières années (1855-1860), 91 ont été achetés par des cultivateurs d'un seul département, celui de la Meurthe ; et ce chiffre serait bien plus élevé si, dès avant l'apparition du modèle de 1855, un nombre au moins égal de scarificateurs des précédents systèmes n'eût été déjà répandu dans ce même département. Ces chiffres s'appliquant à un instrument d'un prix élevé, dispensent d'en faire un plus long éloge ; mieux vaut exposer rapidement les trois phases bien distinctes par lesquelles il a passé pour arriver à ce qu'il est aujourd'hui. L'histoire des 25 premières années d'un instrument de cette importance offre bien quelque intérêt, puisqu'elle reflète et résume le développement d'une idée et l'extension réelle du progrès.

Le scarificateur est bien véritablement un instrument lorrain. Il a pris naissance à Roville, en 1835. Sa première période, qu'on peut appeler période d'essai ou d'observation, fut longue et dura jusqu'à 1852. La seconde, la période de perfectionnement, fut courte, puisqu'elle finit en 1855. En cette dernière année s'ouvrit la troisième phase, celle du véritable succès et de la propagation, à laquelle il est difficile d'assigner un terme. On pourrait aussi l'appeler période d'imitation, car déjà ont apparu quelques copies plus ou moins fidèles, plus ou moins intelligentes du scarificateur de 1855. Pour compléter cet exposé rapide, rappelons ce qu'a été cet instrument dans chacune de ces phases.

En 1835, M. de Dombasle eut principalement pour but de faire un instrument qui, par la forme de ses pieds, pût donner une bonne culture plus promptement que la charrue, plus profondément et plus énergiquement que la herse ou l'extirpateur. Pour certaines opérations, par exemple, pour enfouir les semences de céréales à l'automne ou au printemps, on employa concurremment à Roville, pendant sept ans encore, jusqu'à la fin du bail, l'extirpateur et le scarificateur, sans qu'il ait jamais été possible de discerner lequel des deux s'acquittait le mieux de cette importante fonction. Dès les premières années commença de se faire remarquer la facilité de règlement et de manœuvre que donnait au scarificateur la présence de ses roues en arrière ; mais en même temps un grave inconvénient se fit sentir : c'était la nécessité où se trouvait le laboureur de soulever par la force des bras le cadre de l'instrument et de le soutenir ainsi hors de terre, chaque fois qu'il fallait tourner pour changer de direction. Ce moment d'effort qui se renouvelait bien souvent dans le cours d'une journée, contraignait de ne confier la conduite du scarificateur qu'à des hommes de première force et de grande taille, robustes et ardents au travail. Ce fut pour alléger cette fatigue et rendre plus accessible à tous l'emploi d'un bon instrument, que dans cette période on construisit des scarificateurs à 7 et même 5 pieds. Ce fut aussi vers la même époque que quelques constructeurs cherchèrent à faire disparaître cette nécessité d'un pénible effort en adap'ant aux roues un essieu coudé mis en mouvement par divers moyens insuffisants et inefficaces. L'idée était bonne, mais la solution resta incomplète et ne fut étudiée qu'en 1852, à la

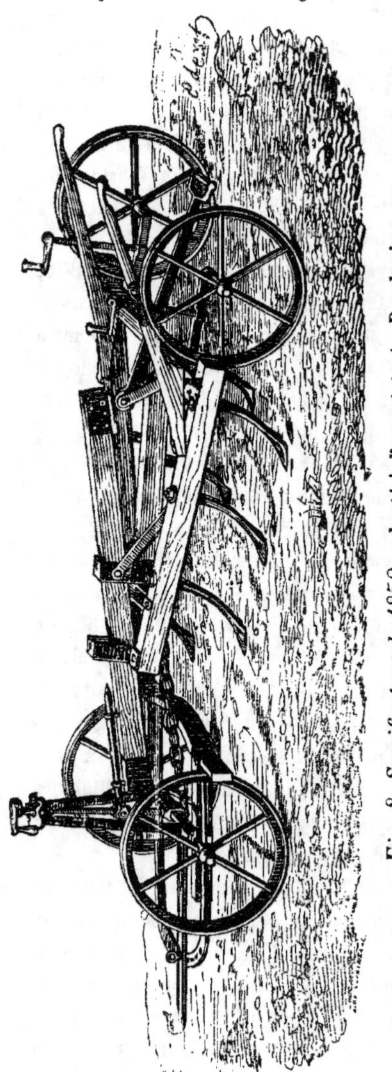

Fig. 8. Scarificateur de 1852, adapté à l'avant-train Dombasle.

fabrique de Nancy. En cette année apparut le scarificateur tel qu'il est figuré ici.

Ce qui caractérisa cette révolution bienfaisante du scarificateur en 1852, ce fut l'application d'un levier ou bascule, ayant pour effet de produire le soulèvement des pieds hors de terre, sans nécessiter le déploiement de force musculaire qu'exigeait le même acte avec le scarificateur précédent. De ce jour, cet instrument reçut en quelque sorte un baptême démocratique ; au lieu de rester à l'usage exclusif des hommes forts et robustes, il devient accessible à tous, aux faibles comme aux forts, aux vieux comme à ceux qui sont dans la vigueur de l'âge : de ce jour aussi son succès fut assuré, et malgré qu'il en coutât fort cher pour appliquer au scarificateur primitif les modifications de 1852, on vit affluer à la fabrique de Nancy, pendant les premières années, les scarificateurs anciens pour y être convertis en scarificateurs nouveaux. Ce levier offre un double avantage. Lorsqu'il est relevé, le cadre jouit de toute sa mobilité, et les pieds entrent en terre de toute la profondeur pour laquelle·on a réglé l'instrument, profondeur qui peut atteindre une couche de 12 centimètres du terrain repris et durci. Lorsque le levier est baissé, le cadre est soulevé et par conséquent les pieds sont hors de terre et restent dans cette position, sans qu'il soit besoin d'exercer aucune pression sur le levier, jusqu'au moment où l'on juge à propos de le relever pour que les pieds redescendent sur le sol.

Le règlement ou la profondeur de la culture se donne pour le devant au moyen de la vis de l'avant-train qui abaisse ou élève plus ou moins la portion antérieure de l'âge et pour le derrière, au moyen des deux vis placées de chaque côté du conducteur en prenant leur appui sur les deux branches coudées formant essieu.

Dans le scarificateur de 1852, les deux roues de derrière furent disposées plus commodément qu'elles ne l'avaient été jusque-là. Primitivement, placées de chaque côté et en dehors du cadre dans sa partie la plus large, elles augmentaient démesurément la largeur de l'instrument et rendaient sa marche incommode, soit pour passer dans des portes, soit pour circuler sur des chemins étroits, ou le long de plantations, etc. Aujourd'hui, le scarificateur est réduit à la stricte largeur nécessitée par l'espacement de ses pieds, et on peut étendre la culture donnée par lui jusqu'à la limite extrême d'une pièce de terre, sans être obligé de faire marcher une roue sur le terrain du voisin, ou de laisser inculte une petite bande étroite. Moins beau, moins élégant que le scarificateur de 1855, le scarificateur de 1852 n'est pas moins un très-bon instrument.

Il lui faut un avant-train, comme il en fallait déjà un au scarificateur primitif. Cet avant-train peut être soit un avant-train Dombasle, soit un avant-train ordinaire du pays (dont il faut toujours indiquer la hauteur). La manœuvre de l'instrument est plus facile avec l'avant-train Dombasle ; mais pourtant, lorsqu'il s'agit de tourner au bout d'un champ étro t, pour reprendre la culture en sens inverse, il est *fort* ordinaire que l'une des roues vienne frapper contre l'âge ; et si, en ce moment l'attelage tirait trop fort ou tournait trop court, il pourrait en résulter que le goujon, ou quelque autre partie de l'avant-train fussent forcés. C'est pour parer à cet inconvénient qu'à été construit le scarificateur de 1855.

Le caractère le plus saillant de ce dernier instrument, c'est qu'il forme un ensemble complet ; c'est que l'avant-train spécial dont il est pourvu est attaché fixement à la partie postérieure et ne peut recevoir une autre destination. La différence fondamentale d'un scarificateur à l'autre, et le vrai titre de supériorité de celui de 1855, c'est l'âge en fer, cintré en cou de cygne, et formant une arcade sous laquelle peut passer librement l'une ou l'autre roue, suivant qu'on tourne d'un côté ou de l'autre. Cette disposition, belle pour les yeux et plus satisfaisante encore dans le travail, permet de tourner pour ainsi dire sur place, au lieu de décrire de longues courbes à grand rayon que nécessite le scarificateur de 1852. Dans celui de 1855, toutes les précautions ont été prises pour que les moindres exigences réclamées par la disposition du terrain puissent être satisfaites, et que le règlement et le maniement de l'instrument trouvent dans tous les cas une solution prompte et facile. Il serait trop long de décrire ici tous ces détails difficiles à expliquer et à saisir, lorsqu'on n'a pas l'instrument sous les yeux, et dont n'ont pas besoin les vrais cultivateurs, parce que leur intelligence les conçoit d'elle-même lorsque se présente l'occasion de les appliquer. On dira seulement que toutes les conditions qui rendent recommandables le scarificateur de 1852, se retrouvent dans celui de 1855, accompagnées de quelques facilités qui n'existent pas dans le premier. En résumé et faisant abnégation de tout amour propre de fabricant, je ne crains pas de dire, avec plusieurs de mes correspondants, que le scarificateur de 1855 est le plus bel instrument aratoire que l'industrie française puisse opposer aux fabricants étrangers. Cette supériorité est du reste facile à expliquer. C'est dans une seule et même fabrique que le scarificateur est né il y a 25 ans, et qu'il a passé par les diverses modifications qui l'ont amené à ce qu'il est aujourd'hui ; or, depuis 29 ans, cette fabrique est dirigée par un homme qui a rendu et rendra encore de très-grands services au progrès agricole,

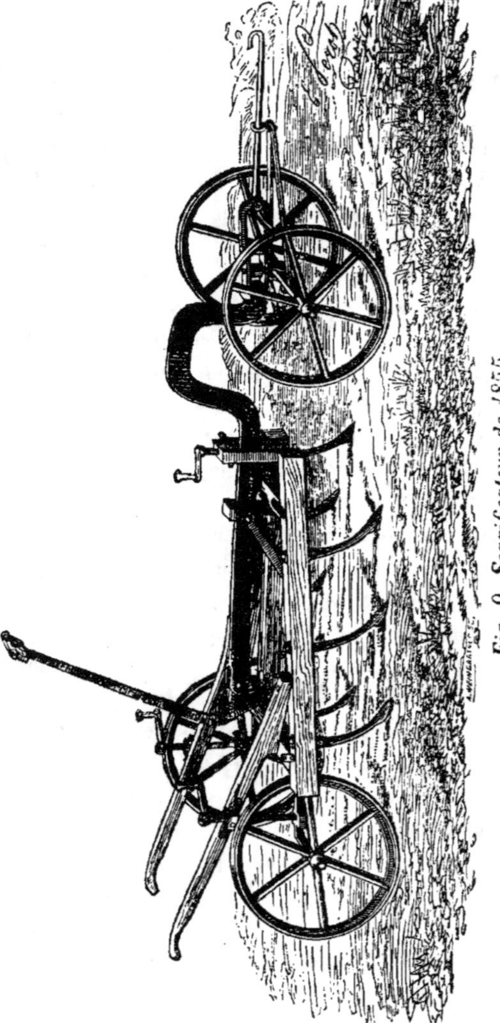

Fig. 9. Scarificateur de 1855.

en s'inspirant des idées de M. de Dombasle avec lequel il a eu 12 ans de relations journalières. Les cultivateurs Lorrains et tous ceux qui ont visité la fabrique de Roville ou celle de Nancy, aimeront à placer ici le nom de M. Noël.

On livre des scarificateurs à 9 et à 7 pieds. On a renoncé à fabriquer des scarificateurs à 5 pieds, parce que, pour les faire profiter des avantages que présentent l'âge en col de cygne , le levier et l'avant-train spécial, il eut fallu élever leur prix à un chiffre hors de proportion avec le peu de travail que peuvent faire des instruments aussi étroits.

Le seul motif qui, dans quelques circonstances, pourrait faire donner la préférence à un scarificateur à 5 pieds, c'est qu'il demande moins de tirage ; mais cette considération tombe devant la facilité que l'on a de réduire à 5 pieds un scarificateur à 7, en démontant les 2 pieds extérieurs, et en diminuant ainsi son tirage dans la proportion de 7 à 5. Puis, dans d'autres moments, dans des terres légères et faciles, on se trouvera bien de pouvoir prendre plus de largeur et faire plus de travail; il suffira de remettre les deux pieds à leur place.

De cette facilité de diminuer le tirage en démontant quelques pieds, on pourrait induire que le scarificateur à 9 pieds doit être plus répandu que celui à 7 ; et pourtant il n'en est pas ainsi. Sur les 186 scarificateurs à col de cygne livrés en 5 ans par la fabrique de Nancy, il y en a 142 à 7 pieds et seulement 44 à 9 pieds (un peu moins de 24 pour 0/0). Parmi les 91, répartis dans le département de la Meurthe, la proportion du scarificateur à 9 pieds est encore moins élevée : 16 contre 75, ou environ 18 pour 0/0. Dans les grandes propriétés où les pièces de terre sont vastes et les attelages forts et nombreux, le scarificateur à 9 pieds doit avoir la préférence : dans la petite culture ou dans les contrées très-morcelées, celui à 7 pieds convient mieux.

Les scarificateurs à 7 ou à 9 pieds ne diffèrent que par le nombre des pieds et par la dimension du cadre qui les porte : sur les uns comme sur les autres les pieds sont distribués de manière que les lignes de travail tracées par eux, soient espacées entre elles de 167 millimètres (6 pouces). Par conséquent l'espace embrassé par les deux pieds extrêmes est de mètre 1,00 (3 pieds) pour le scarificateur à 7 pieds, et de mètre 1,333 (4 pieds) pour celui à 9 pieds. Le tirage varie suivant bien des circonstances, telles que la profondeur du travail, la nature de la terre, le temps écoulé depuis la dernière culture qu'elle a reçue, etc. Dans les terres argileuses de la Lorraine, il est fort ordinaire de voir 6 chevaux et quelquefois même 8 devant un sarificateur à 9 pieds, tandis que quelquefois, dans la même commune, 4 chevaux et même trois sont suffisants dans des terres d'alluvions sablonneuses.

On pourrait varier presque à l'infini la forme des pieds de scarificateur. Pour ne pas tomber dans la confusion, la fabrique de Nancy, mettant à profit vingt années d'observations et de renseignements, s'est restreinte à trois espèces de pieds : les pieds de scarificateur proprement dits ; les pieds d'extirpateurs, et les pieds étroits en dents de herse. Ces pieds ont chacun leur mode d'action ; ils peuvent être substitués les uns aux autres sur le même cadre.

Les premiers donnent la culture la plus énergique. Pour qu'ils aient plus d'aptitude à entrer en terre, et aussi pour éviter l'engorgement des plantes, du fumier pailleux, etc., ils sont recourbés en avant par le bas, et portent à leur extrémité inférieure une sorte de palette de 9 à 10 centimètres de largeur qui, attaquant la terre par sa pointe, la soulève et la bouleverse sur toute la largeur embrassée par l'instrument. C'est muni de ces pieds, que le scarificateur convient le mieux pour enfouir les semences de céréales.

Les pieds d'extirpateur sont formés d'une tige en fer solidement implantée dans une plaque triangulaire d'acier, dont les deux côtés, formant ailes tranchantes, portent à plat sur le fond du terrain, tandis que le milieu est légèrement bombé, afin d'éviter le frottement et le roulement qui les feraient sortir de terre s'ils appuyaient sur toute leur largeur. Ces pieds conviennent surtout pour nettoyer les terrains infestés de plantes à racines pivotantes. De ce qu'ils tranchent la terre sur une largeur de 20 centimètres, dépassant un peu la distance des pieds entre eux, il résulte qu'ils donnent au sol une sorte de coup de rabot général, ayant pour effet de passer en dessous de toutes les plantes traçantes et de couper sans exception toutes les racines pivotantes. C'est là la distinction fondamentale entre les pieds du scarificateur et ceux d'extirpateur. Les premiers remuent bien et jusqu'à une profondeur de 12 centimètres toute la couche supérieure du sol, mais quelques racines peuvent échapper à leur action : les pieds ou socs d'extirpateur tranchent entre deux terres toute la surface, comme ferait une lame continue, et rendent très-facile à une bonne herse d'enlever toutes les herbes, si on ne leur laisse pas le temps de s'enraciner de nouveau.

Les pieds étroits ou en dents de herse dont on peut armer le scarificateur, font un travail bien moins énergique que les pieds ordinaires ; mais ils exigent beaucoup moins de tirage, et sont fort utiles pour ameublir la terre et la tenir propre. Ils conviennent pour tirer le chiendent des terres où on ne voudrait pas le faire périr, comme il a été dit à la page 155. Monté de ces pieds étroits, le travail du scarificateur offre une grande analogie avec celui de la herse Bataille, bon instrument fort répandu dans les environs de Paris.

Pour compléter ces longs détails nécessaires pour faire connaître un bon instrument qui n'avait pas encore été décrit, il ne sera pas sans intérêt pour un certain nombre de cultivateurs, de trouver ici quelques extraits d'une lettre adressée en 1858, à un propriétaire du département de la Meuse, qui désirait acheter un scarificateur et hésitait entre celui de 1852 et celui de 1855.

« ..... L'amélioration (l'âge cintré et l'avant-train pivotant) a été telle-
» ment sensible que plusieurs cultivateurs de la Meurthe, aujourd'hui
» bien bons juges en fait d'instruments, n'ont pas reculé devant une dé-
» pense fort considérable (environ 120 fr.) pour faire convertir leurs
» scarificateurs de 1852 en scarificateurs de 1855, opération que je ne
» fais qu'à regret, parce que le scarificateur de 1852 est assez bon pour
» qu'on s'en contente quand on l'a. Mais pour ceux qui comme vous,
» Monsieur, n'ont encore ni l'un ni l'autre, la position est fort différente,
» et je ne puis m'empêcher de dire que c'est une faute d'acheter un
» scarificateur de 1852, préférablement à celui de 1855. Ce ne peut-être
» qu'une considération d'économie. Mais en fait d'instruments qui doi-
» vent durer aussi longtemps qu'un scarificateur, c'est un calcul bien
» faux que de se laisser aller à la tentation d'épargner quelques pièces
» de 20 fr. en renonçant aux avantages réels qui résultent des derniers
» perfectionnements. C'est du reste une question sur laquelle je dois
» vous laisser une entière liberté..... »

Le Rouleau. (*Fig. 10.*)

Les *rouleaux* sont employés dans la culture, soit pour briser les mottes dans les sols argileux, soit pour tasser la terre sur les semences
fines, afin de faciliter leur germination et d'entretenir l'humidité dans le
sol, en ameublissant la couche supérieure.

On construit des rouleaux en bois, en pierre et en fonte, et on leur
donne diverses dimensions en longueur et en diamètre. En général, plus
les rouleaux sont courts, plus leur action est énergique, à diamètre égal.
On ne doit pas dépasser une longueur d'un mètre pour les rouleaux destinés aux terrains argileux ; et l'on ne peut guère attendre un effet sensible des rouleaux en bois de cinq ou six pieds de longueur, comme on
en voit souvent, si ce n'est dans les sols extrêmement légers et meubles.

Un rouleau en pierre, d'un mètre de longueur sur 22 centimètres (8
pouces) de diamètre, produit une action suffisamment énergique dans la
plupart des cas ; mais il est fatiguant pour le cheval, à cause de l'exi-

guité du diamètre ; et, par la même cause, il pousse quelquefois la terre devant lui en tournant. Un rouleau en bois de la même longueur, sur 42 centimètres (15 pouces) de diamètre, fonctionne mieux.

On a construit, en 1833, dans la fabrique de Roville, et on continue de construire dans celle de Nancy, un rouleau creux et à jour, en fonte, dit *rouleau-squelette,* dont l'action est d'une grande énergie, parce qu'il est composé de disques présentant à la surface du sol des arêtes tranchantes qui divisent puissamment les mottes de terre. Il ne s'engorge jamais, comme le font quelquefois les rouleaux à pointes, dont l'usage n'a pas paru à M. de Dombasle répondre aux éloges qu'on leur a donnés. Le rouleau-squelette formé de 15 disques en fonte de 52 centimètres de diamètre assemblés en un seul cylindre de 88 centimètres de longueur, pèse environ 260 kilogrammes ; mais il est fort peu tirant pour un cheval de force ordinaire, à cause de son grand diamètre. Il brise avec une grande énergie les mottes de terre les plus dures, et il convient également pour tasser la terre sur les semailles.

Fig. 10. Rouleau-squelette.

Une des conditions les plus importantes dans l'usage du rouleau, est de ne l'employer que lorsque le sol est bien ressuyé ; et si la terre humide s'attache au rouleau, ou même si les mottes s'applatissent sans se briser, on doit aussitôt cesser le travail. Pour ameublir certains sols argileux couverts de mottes, rien n'est plus efficace que l'action successive et réitérée du rouleau et de la herse : les mottes que le rouleau n'a pas brisées ont été du moins enfoncées en terre, et fixées de manière que la herse a plus de prises sur elles, et agit bien plus énergiquement pour les diviser que lorsqu'elles sont roulantes sur le sol ; d'un autre

côté, chaque trait de herse ramène à la surface les mottes qui n'ont pas
été divisées, et qui se trouvent dans la position la plus favorable pour
recevoir l'action du rouleau.

Rouleau articulé. *(Fig. 11.)*

En 1859, la fabrique de Nancy a commencé de livrer des rouleaux
formés des mêmes disques que les rouleaux-squelettes, mais présentant
dans leur mode d'assemblage une différence qui constitue une très-grande
amélioration. Au lieu de ne former qu'un seul cylindre dont toutes les
parties ne reçoivent qu'un même mouvement, ces rouleaux nouveaux,
auxquels on a donné le nom de rouleaux articulés, se composent de
groupes de disques montés sur le même axe, mais ayant chacun un mouvement de rotation libre et tout à fait indépendant du mouvement du
groupe contigu. Dans le travail en ligne droite ou sur de très-grandes
courbes, cet avantage est complétement annulé : en effet, il importe peu
qu'un rouleau qui suit une ligne droite soit composé de portions indé-
pendantes les unes des autres, ou bien ne forme qu'une seule masse,
puisque ses diverses parties ont toutes à parcourir la même longeur dans
le même temps. Mais dans les circonstances ordinaires du travail, c'est-
à-dire, lorsqu'un rouleau parcourt une pièce de terre dans sa longueur, pour revenir en sens inverse parallèlement à la ligne qu'il vient
de suivre, et laisser ainsi successivement son empreinte sur toute la surface
de la pièce, il faut bien, lorsqu'il est arrivé à la limite, qu'il tourne sur
lui-même pour entrer dans sa nouvelle direction. Or, si l'on prend une
de ses extrémités pour centre de ce mouvement de conversion, il en résultera que le disque qui se trouve au centre, sera obligé de pivoter sur
lui-même, tandis que le disque placé à l'autre extrémité du rouleau aura
à parcourir en ligne courbe un développement de quelques mètres. De
là résultera forcément que le point central sera creusé, bouleversé, et
que s'il s'agit, par exemple, d'un roulage donné au printemps sur les
céréales, il y aura à chaque tournée un petit espace sur lequel les plantes seront broyées et probablement mises hors d'état de continuer leur
végétation. Avec les rouleaux articulés ce danger n'existe plus, ou du
moins il est tellement atténué qu'il ne peut en résulter aucun dommage.
Chaque tronçon étant libre de prendre son allure sans être obligé de
subir l'entraînement du tronçon voisin, cette mobilité permet au rouleau

de se placer dans sa nouvelle direction sans qu'aucun point du sol sur
lequel s'est fait ce mouvement soit bouleversé ni même creusé d'une
façon dommageable.

Fig. 11. Rouleau articulé.

On peut former des tronçons de 3, 4, 5 disques, et même de 6 ou 7
si, par exemple, on voulait qu'un rouleau de 12 ou de 14 disques fût divisé
seulement en deux tronçons. Cette division en deux groupes donne une
très-sensible mobilité au rouleau. Pour une petite culture et un faible attelage, un rouleau de 12 disques en 2 tronçons vaudrait déjà bien mieux
que l'ancien rouleau de 13 disques en une seule masse : mais le rouleau
articulé de 12 disques serait plus lourd et plus cher que l'ancien rouleau
de 13 disques. Pour les cultivateurs bien montés, le meilleur rouleau
est celui de 15 ou de 16 disques. Les 15 disques peuvent être groupés
en 5 tronçons de 3 disques ou en 3 tronçons de 5 disques. (On pourrait
même faire entrer dans la formation d'un rouleau des tronçons composés
d'un nombre inégal de disques.) 5 tronçons de 3 disques donnent au
rouleau une facilité de mouvement qui étonne ceux qui en sont témoins
pour la première fois. 3 tronçons de 5 disques offrent moins de mobilité, mais pourtant encore assez pour faire ressortir avec éclat la supériorité des rouleaux articulés. Et à ce propos, il est bon de donner ici
quelques explications sur la différence de prix et de poids qui existe
entre deux rouleaux composés l'un et l'autre de 15 disques exactement
semblables au moins en apparence, et formant deux instruments de
même longueur, c'est-à-dire, laissant sur le sol leur empreinte sur une

largeur de 95 centimètres mesurés de l'arête du premier disque à celle du quinzième.

Le rouleau de 15 disques en 5 tronçons de 3 disques pèse 497 kilog. et se vend 250 fr.

Le rouleau de 15 disques en 3 tronçons de 5 disques, pèse 433 kilog. et se vend 219 fr.

Voici l'explication de cette différence de 64 kilog. sur le poids et de 51 francs sur le prix.

Les disques de rouleaux sont de deux sortes : les uns vides et à jour sont exactement semblables aux disques de l'ancien rouleau-squelette. L'axe les traverse au centre, mais n'est pas en contact avec eux. Ces disques pèsent 17 kilog. Les autres, qu'on désigne sous le nom de disques-plateaux, et qui pèsent 33 kilog., sont exactement des mêmes dimensions, mais l'une de leurs faces est fermée dans sa partie centrale par une calotte ou plateau ayant peu de saillie en dehors, mais portant sur sa face intérieure cinq gonflements principaux, l'un au centre et les autres près du rebord cylindrique. Le gonflement central, consolidé par de fortes nervures, fait beaucoup plus de saillie que les autres : il dépasse même un peu l'épaisseur d'un disque. C'est lui qui forme le moyeu que traverse dans toute la longueur du rouleau un fort axe en fer de 40 millimètres de diamètre. Les quatre autres gonflements sont destinés à donner passage aux quatre boulons qui réunissent en une seule masse les disques formant chaque tronçon. De tout cela résulte que, quel que soit le nombre de disques qui composent un tronçon, il doit entrer dans sa formation deux disques-plateaux et au moins un disque ordinaire : or les premiers étant d'un poids presque double des seconds, il est évident que plus un rouleau de même longueur se subdivise en un plus grand nombre de tronçons, plus son poids et son prix doivent être élevés. Par exemple, un rouleau de 15 disques partagés en 5 tronçons de 3 disques, renferme 10 disques-plateaux et 5 disques ordinaires, et pèsera par conséquent 415 kilog., seulement pour les 15 disques ; tandis que le même rouleau divisé en 3 tronçons de 5 disques ne renfermera que 6 disques-plateaux et 9 disques ordinaires, ne faisant pour les 15 qu'un poids total de 351 kilog. voilà pour l'excédant de poids. Quand à l'excédant de prix, il n'est que la conséquence : 1° d'un poids supérieur ; 2° de l'excédant de main-d'œuvre, car il faut tout autant de travail pour assembler un groupe de 3 disques que pour un de 5, et il faut 20 boulons et 40 écrous pour un rouleau de 5 tronçons, tandis qu'il ne faut que 12 boulons et 24 écrous pour un rouleau de 3 tronçons.

Ces détails feront comprendre que le poids et le prix d'un rouleau articulé ne peuvent pas être proportionnels avec le nombre des disques qui le composent, et qu'un rouleau de 16 disques formant 4 tronçons de 4 disques chacun peut bien être un peu moins cher et un peu moins lourd qu'un rouleau de 15 disques en 5 tronçons. En effet, le rouleau de 16 disques pèse 487 kilog. au lieu de 497 et se vend 243 fr. au lieu de 250. Cette combinaison de 16 disques en 4 tronçons a l'avantage de faire un peu plus de travail que le rouleau de 15 disques : or, comme il faudra plusieurs chevaux pour l'un comme pour l'autre, mieux vaut utiliser leur force en obtenant un peu de travail de plus.

Il aurait été facile de construire les disques-plateaux de telle sorte qu'on pût en appliquer deux l'un contre l'autre, et former ainsi des tronçons de deux disques. Cette combinaison eût présenté un avantage purement apparent compensé par un inconvénient réel. L'avantage eût été de donner au rouleau plus de facilité pour opérer son mouvement de conversion ; mais en voyant manœuvrer un rouleau formé de tronçons de 3 disques, on est convaincu jusqu'à l'évidence que la mobilité est bien assez complète. Or, comme l'emploi exclusif de tronçons de 2 disques exigerait qu'on ne fît usage que de disques-plateaux, il en résulterait une énorme augmentation de poids et de prix. On voit, il est vrai, quelques rouleaux où chaque disque est entièrement indépendant des disques voisins : mais on voit aussi, surtout après quelques années de service, que l'axe ne remplissant plus bien exactement l'ouverture pratiqué au centre de chacun des disques, ceux-ci fléchissent, s'inclinent les uns sur les autres, et souvent finissent par ne plus pouvoir tourner, ou par ne tourner que péniblement comme s'ils ne formaient qu'une seule masse mal ajustée. Cet inconvénient fort grave n'est nullement à craindre pour les rouleaux-articulés de la fabrique de Nancy, par la raison qu'en traversant chaque tronçon, l'axe est en contact avec le gonflement intérieur sur une longueur d'au moins 20 centimètres, bien suffisante pour qu'il ne puisse s'opérer aucun fléchissement latéral de nature à gêner la liberté de mouvement des tronçons.

Sans contredit ces rouleaux n'ont pas la même énergie que les rouleaux Croskill ; mais ces derniers étant beaucoup plus lourds sont aussi beaucoup plus chers, et ils exigent un attelage au moins double, ce qui les exclut à peu près de la petite et même de la moyenne culture. Jusqu'ici la fabrique de Nancy n'en a pas fait, et elle n'a pas le dessein d'en faire.

Le Rayonneur. (*Fig. 12.*) — Le Semoir à brouette. (*Fig. 13.*)

Ces instruments servent à placer les plantes en lignes parallèles et à égales distances entre elles. Dans les semoirs qui sèment plusieurs lignes à la fois, le rayonneur et le semoir sont combinés en un seul et même instrument qui est traîné par un cheval et conduit par deux hommes; en sorte que, dans la même opération, on trace les lignes et l'on y dépose les semences qui se trouvent recouvertes à la profondeur à laquelle les a placés l'instrument. Pendant longtemps on a employé exclusivement, à Roville, les semoirs à brouette détachés du rayonneur. Pour opérer ainsi, on trace d'abord les lignes, en ouvrant les raies à l'aide du rayonneur traîné par un cheval; puis un homme conduisant seul le semoir de même qu'une brouette, répand dans chaque raie la semence, qui est ensuite recouverte par un des moyens que j'indiquerai tout à l'heure.

Fig. 12. Rayonneur adapté à l'avant-train Dombasle.

Le rayonneur de la fabrique de Nancy porte des pieds en fonte dont on peut à volonté faire varier l'espacement, en les répartissant à égales distances sur une traverse percée de trois en trois pouces sur une largeur de quatre pieds et demi. Les pieds sont fixés sur la traverse par trois boulons à écrous, et les 76 trous disposés sur deux lignes parallèles étant percés à des distances uniformes, il suffit de les compter pour espacer avec égalité les pieds entre eux.

Pour bien assurer la marche de ce rayonneur, pour que les raies tracées par lui soient ouvertes à une profondeur bien uniforme, et pour le mettre à l'abri des déviations auxquelles est exposé un instrument opérant de front sur une aussi grande largeur, il est indispensable qu'il prenne son appui sur un avant-train. En conséquence on lui adapte soit un grand âge, soit un âge court à pitons, suivant qu'il doit être employé avec un avant-train ordinaire de pays ou avec un avant-train Dombasle.

On construit aussi un rayonneur plus solide et moins cher destiné spécialement à la plantation des pommes de terre. Ce rayonneur porte deux forts et larges pieds placés à la distance fixe de mèt. 0,666 (2 pieds). On essaya d'abord de lui faire porter trois pieds ; mais le tirage était trop pénible, et la traverse sur laquelle étaient montés les trois pieds ne pouvaient résister à un tel effort. Ce rayonneur à deux pieds convient particulièrement aux grandes cultures rapprochées des féculeries ou des distilleries de pommes de terre.

Enfin on a construit depuis quelques années un rayonneur désigné au catalogue sous le nom de rayonneur à *petit cadre*. Cet instrument qui finira par être généralement préféré, peut porter 2 pieds larges pour pommes de terre, à distances variables de 24, 36 ou 42 pouces ; ou bien 5 pieds ordinaires, à distance de 12, 18 ou 21 pouces.

Le terrain que l'on veut rayonner doit avoir été préalablement égalisé autant qu'on le peut par un ou deux hersages. Dans le travail, on fait passer en revenant un des pieds du rayonneur dans la dernière raie que l'on a ouverte en allant, afin de conserver exactement le parallélisme dans toutes les lignes. Quelques rayonneurs portent un *marqueur*, afin d'éviter cette perte d'une raie à chaque tour ; mais on a trouvé dans l'usage que ce procédé est embarrassant et beaucoup moins sûr que celui que l'on vient d'indiquer. Cependant avec les rayonneurs à deux pieds, il faut bien se contenter du marqueur, sous peine de ne faire que trop peu de travail.

Le grand rayonneur peut parcourir et façonner deux ou trois hectares dans la journée. On peut l'employer soit pour ouvrir les raies dans lesquelles on veut répandre les semences, soit pour tracer les lignes le long desquelles on opère le repiquage des plantes à l'aide du plantoir à main.

Pour le semoir qui répand les graines dans les raies tracées par le rayonneur, on a cherché pendant longtemps, à Roville, un instrument propre à toutes les espèces de graines, grosses ou fines. Après avoir passé par l'essai de divers systèmes de semoirs à brosses, à trémie, à lanternes, à capsules, à cylindres, etc., ce but n'a été atteint d'une manière très-satisfaisante, que par l'adoption d'un mécanisme d'origine anglaise et qui a été introduit en France par l'institut agronomique de Grignon. Cette construction a reçu à Roville d'importantes modifications, et c'est dans ce système que seront construits désormais tous les semoirs qui sortiront de la fabrique de Nancy.

Dans cet instrument, le mécanisme qui répand la semence se compose de cuillers placées à la circonférence d'un disque, comme cela sera plus amplement expliqué dans l'article sur le semoir à cheval qui se trouve ci-après. Le nombre des cuillers et l'emploi des divers godets offrent deux moyens d'accroître ou de diminuer la quantité de semence ; on en trouve un troisième dans la disposition dont je vais parler.

Les semoirs à brouette portent une paire de poulies à trois gorges correspondant entre elles, mais opposées dans leurs différents diamètres, en sorte qu'on répand plus ou moins de semence, selon qu'on place la chaîne sans fin sur l'une ou l'autre des trois paires de gorges. La plus petite des poulies, placée sur l'arbre des cuillers, est toujours celle qui donne la semaille la plus épaisse, et la chaîne se trouve alors placée sur la plus grande des poulies que porte l'axe de la roue du semoir, qui se trouve en face de la plus petite des poulies que porte l'autre arbre. La chaîne, en effet, ne doit jamais se placer que dans les gorges qui se correspondent respectivement, c'est-à-dire, qui sont placées en face l'une de l'autre. La chaîne doit toujours être croisée comme on le voit dans la figure, de manière que, lorsque l'une des poulies tourne dans un sens, l'autre tourne dans la direction opposée. Quand on conduit l'instrument aux champs, ou lorsqu'on ne veut pas qu'il répande de semence, on enlève la chaîne sans fin, et on la suspend à deux crochets placés à cet effet sur le limon du semoir, à gauche.

L'axe qui porte les cuillers doit toujours être très-libre dans ses tourillons, en sorte qu'il soit mis en mouvement par le plus léger effort de la

chaîne, et même sans que cette dernière soit très-tendue ; et, si l'on re-
connaissait que la chaîne a besoin d'un effort considérable pour faire
tourner cette poulie, on peut être assuré que le mécanisme est embarrassé par quelque cause qu'il faut s'empresser de rechercher pour y
apporter remède. Il importe, en particulier, de verser de temps à autre
un peu d'huile pour adoucir le frottement des tourillons dans les coussinets, et ces derniers ne doivent pas être trop serrés.

Comme c'est la roue du semoir elle-même qui imprime le mouvement
de rotation aux cuillers, on comprend que l'instrument répand la même
quantité de semence sur une longueur déterminée, quelle que soit la lenteur ou la vitesse de la marche de l'ouvrier qui le conduit. Cependant
cette allure ne doit pas dépasser celle que prend un homme marchant un
bon pas ; et elle ne doit pas non plus être trop lente, parce qu'alors la
graine ne recevrait pas de la cuiller assez d'impulsion pour être rejetée
en dehors de l'auget et tomber dans l'entonnoir.

Les cuillers qui sont ajustées sur le disque, lorsqu'on reçoit les semoirs de la fabrique de Nancy, sont celles qui conviennent à la graine de
betteraves. Avec quatre de ces cuillers et en plaçant la chaîne sur les
deux poulies moyennes, on répand 18 grains par mètre de longueur ; on
peut en répandre plus ou moins sans rien changer aux cuillers en plaçant la chaîne sur l'une des deux autres paires de poulies. Pour les
graines de carotte et pour le colza, on emploie les plus petits godets des
cuillers n° 2. Pour toutes les autres espèces de graines, on choisit les
godets les mieux appropriés à chacune.

Fig. 13. Semoir à brouette.

Comme pour tous les semoirs, les semences doivent être proprement nettoyées et exemptes de corps étrangers qui pourraient obstruer le passage de la portière. Au reste, ici l'ouvrier qui conduit le semoir voit constamment fonctionner le mécanisme qui est à découvert et qu'il a sous les yeux, en sorte que, s'il survient quelque obstacle qui empêche que la graine ne se répande uniformément, il s'en aperçoit aussitôt. Les semences de toute espèce sont distribuées par cet instrument avec une régularité qui ne peut rien laisser à désirer.

On peut couvrir par un trait de herse en long, mais non en travers, les graines répandues par le semoir, pourvu que le travail du rayonneur ait été bien uniforme, c'est-à-dire qu'il ait ouvert des raies d'une profondeur égale et appropriée à l'espèce de graine que l'on sème. Cette uniformité dans le travail du rayonneur suppose que la surface du terrain était très-unie, car, sans cela, quelques lignes seront plus profondes que d'autres. Cette différence s'aperçoit dans le travail du rayonneur, qui laisse les raies ouvertes ; mais elle n'existe pas moins dans le travail des semoirs à plusieurs raies, tels qu'ils sont généralement construits, quoiqu'elle ne soit pas apparente après l'opération. C'est là un avantage du rayonneur séparé, parce qu'on peut, du moins, remédier à cette inégalité de profondeur, si on le juge nécessaire.

A cet effet, on fait couvrir les semences par des hommes ou des femmes qui suivent le semoir, et qui travaillent à l'aide d'un instrument à main que je nomme *râteau-couvreur*. C'est une espèce de râteau oblique, dont le ratelier est remplacé par une bande de fer de 47 centimètres (17 pouces) de longueur et 5 centimètres et demi (2 pouces) de largeur, sur 5 millimètres (2 lignes) d'épaisseur. Le manche a environ 2 mètres de longueur. L'ouvrier, marchant à côté de la ligne qu'il veut couvrir, tire ou pousse de la terre meuble sur les semences, et à l'aide d'un peu d'attention, il lui est facile de les enfouir à une profondeur à peu près uniforme, quelle que soit l'inégalité de la profondeur des raies. Ce procédé est fort expéditif, car deux femmes suffisent généralement pour suivre la marche d'un semoir qui expédie environ un hectare et demi par jour, les lignes étant espacées à 67 ou 75 centimètres (24 ou 27 pouces), en sorte que le travail, quoique bien préférable par sa perfection, est réellement moins coûteux que celui d'une herse attelée de deux chevaux. Ce travail est toutefois un peu plus long, lorsque le terrain contient beaucoup de mottes que les ouvriers doivent briser pour obtenir de la terre meuble.

Ce procédé convient bien aux semailles de betteraves. Pour les graines fines, comme les carottes, le meilleur moyen de couvrir les semences répandues dans les lignes, consiste à faire piétiner le terrain par un troupeau de moutons. Quant aux semences de colza, elles se recouvrent très-bien par un hersage modéré sur les lignes ensemencées par le semoir à brouette.

Le Semoir à cheval. (*Fig. 14.*)

On a établi, en 1838, à Roville, la construction d'un semoir destiné à semer plusieurs lignes à la fois, et par conséquent à être traîné par un cheval. De même que les divers instruments de ce genre, il trace et ouvre les raies dans lesquelles il dépose la semence; et cette dernière se trouve recouverte lorsque le semoir a passé. Cet instrument a été constamment employé depuis dans la ferme de Roville, spécialement pour les semailles de betteraves : on a été parfaitement satisfait de son emploi; et il en a été de même des personnes à qui la fabrique en a fourni.

Ce semoir se distingue de tous ceux qui avaient été construits jusque-là, par la mobilité du rayonneur qui porte les pieds destinés à ouvrir les raies : quoique ce rayonneur soit placé sous la caisse du semoir et entre les deux roues, ses mouvements sont indépendants de ceux des autres parties de l'instrument, en sorte que, lorsqu'il arrive qu'une des roues ou même toutes les deux s'élèvent ou s'abaissent par l'effet de l'inégalité de la surface du sol, le rayonneur se prête à ces irrégularités sans en éprouver aucun dérangement, et continue d'ouvrir les raies à la profondeur pour laquelle il a été réglé. Cette disposition remédie à un des principaux inconvénients que présentait l'usage du semoir à cheval dans les sols qui n'ont reçu qu'une préparation imparfaite.

On a obtenu cet effet en fixant à la traverse du rayonneur qui porte les pieds, un âge court qui se termine au-dessous de la traverse de la limonière, où il joue librement dans un collier qu'on peut élever ou abaisser à volonté, afin de donner plus ou moins d'entrure aux pieds du rayonneur. Celui-ci porte d'ailleurs deux mancherons au moyen desquels l'ouvrier peut, lorsque le besoin l'exige, soulever le rayonneur, lui faire prendre plus de profondeur par la pression, ou même l'incliner à droite ou à gauche, indépendamment de la marche du semoir porté sur ses deux roues. Les pieds construits en fonte sont fort solides et fonctionnent bien, même dans les terrains qui contiennent une grande quantité de mottes.

Fig. 14, Semoir à cheval.

L'avantage spécial du semoir à cheval consiste dans une grande économie de temps et de travail, puisque l'opération entière de la semaille se trouve réduite à l'équivalent du travail du rayonneur qui précède le semoir à brouette. Avec un cheval, un ouvrier intelligent qui tient les mancherons et un jeune homme qui conduit le cheval, on peut ensemencer avec cet instrument environ trois hectares par jour.

Ce semoir est construit de manière à pouvoir semer en lignes espacées de 25, 33.3, 50, 66,6 et 75 centimètres (9, 12, 18, 24 et 27 pouces); et il est disposé de manière qu'à toutes ces diverses distances, les roues du semoir se trouvent éloignées du dernier pied de chaque côté, soit de la distance entière des lignes entre elles, soit de la demi-distance. Dans ce dernier cas, il suffit de faire revenir la roue sur la trace qu'elle a laissée dans le tour précédent, pour espacer exactement les lignes de l'allée et de la venue. Dans l'autre cas, on atteint le même but, en plaçant au retour le premier pied de l'instrument sur la trace qu'a laissée la roue au tour précédent. Au moyen de cette disposition on n'a pas besoin de marqueur ou trace sentier, qui fonctionne souvent fort mal, tandis que la trace de la roue est visible dans quelque sol que ce soit.

Afin d'obtenir la combinaison que je viens d'indiquer, on a prolongé une des fusées de l'essieu, de manière qu'on peut faire varier de 167 millimètres (6 pouces) la distance qui sépare les deux roues, et qui peut être ainsi de 1 mètre 33 cent. ou de 1 mètre 50 cent. (48 ou 54 pouces). La plus grande distance sert pour les lignes espacées de 25, 50 et 75 centimètres (9, 18 et 27 pouces) ; et les roues sont placées à la distance de 1 mètre 33 cent. (48 pouces), pour les lignes distantes de 33.3 et 66.6 centimètres (12 et 24 pouces).

Pour les lignes à 25 centimètres (9 pouces), on place cinq pieds dont les deux extrêmes sont à la distance de 25 centimètres (9 pouces) des roues, c'est-à-dire, du milieu de la largeur des jantes.

Pour les lignes à 33.3 centimètres (12 pouces), on place trois pieds, dont les deux extrêmes se trouvent à la distance de 33.3 centimètres (12 pouces) des roues.

Pour les lignes à 50 centimètres (18 pouces), on place également trois pieds, dont les deux extrêmes se trouvent à 25 centimètres (9 pouces) des roues.

Pour les lignes à 66.6 centimètres (24 pouces), on ne met que deux pieds, dont chacun se trouve à 33.3 centimètres (12 pouces) de la roue de son côté.

Pour les lignes à 75 centimètres (27 pouces), on met également deux pieds qui se trouvent placés à 37. 5 centimètres (15 pouces 1/2) des roues.

Parmi les cinq pieds, un seul diffère des autres en ce que sa tête est tournée d'un seul côté. Il ne s'emploie que pour les lignes à 25 centimètres (9 pouces), et se place à l'extrémité de la traverse du rayonneur, du côté de la roue mobile.

On construit aussi des semoirs du même genre, destinés spécialement aux betteraves, et semant seulement deux lignes à distance fixe de 75 centimètres (27 pouces) au maximum, ou à toute autre distance inférieure qui sera indiquée d'avance par le demandeur.

Un mécanisme à dégrener est placé près de la main de l'ouvrier, en sorte qu'il peut en un instant arrêter la chute de la semence, quoique l'instrument continue à marcher; il peut aussi avec facilité soulever le rayonneur et le fixer dans cette position, au moyen de deux crochets, de manière que les pieds ne portent plus à terre.

Pour le mécanisme à l'aide duquel les semences sont répandues, on a adopté le système des cuillers, dont on a pu apprécier tous les avantages par l'emploi qui en a été fait pendant six ans à Roville, dans les semoirs à brouette dont j'ai parlé dans l'article précédent. Ce mécanisme permet d'employer le même instrument pour toutes les espèces de semences, depuis les plus fines, comme la graine de pavot, jusqu'au maïs et aux féveroles; il offre, en outre, l'avantage très-précieux de permettre de varier dans une grande proportion la quantité de semence que l'on répand. Il est à l'abri de tout dérangement, et, comme le mécanisme fonctionne à découvert sous les yeux de l'homme qui marche derrière le semoir, ce dernier voit à chaque instant si la semaille s'opère régulièrement. Cependant, en cas de pluie ou de grand vent, il convient que l'ouvrier abaisse le couvercle sur l'arbre des cuillers; mais il peut le soulever d'une seule main à chaque instant, afin de s'assurer si tout fonctionne bien.

Les cuillers sont en cuivre et disposées en forme de rayons autour de petits disques ajustés sur un arbre mis en mouvement par un engrenage placé sur l'une des roues. Les cuillers sont mobiles, et l'on peut en placer sur chaque disque une, deux, trois, quatre ou six, selon la quantité de semences que l'on veut répandre. Il est convenable d'éviter le nombre cinq, parce qu'on ne pourrait répartir uniformément les cuillers à la circonférence du disque.

Chaque cuiller porte deux godets d'inégale grandeur, pour des semences de diverses grosseurs, en sorte qu'il suffit de retourner la cuiller pour la rendre propre à d'autres semences. On livre le semoir avec deux jeux de cuillers, portant des cavités de différentes grandeurs, ce qui suffit pour toutes les espèces de semences, si l'on en excepte toutefois quelques-unes qui ne peuvent être semées par aucun instrument, par exemple, celles de panais, de pastel, et quelques autres, de forme

très-allongée, ou munies de grandes ailes. Toutes les cuillers de chaque
jeu, au nombre de trente, sont entièrement semblables entre elles, et il
est facile de distinguer celles des deux jeux à la grandeur des godets.
Pour quelques graines plus grosses que la féverole, par exemple de
grosses fèves de marais, des glands, etc., il serait facile et peu dispendieux d'ajouter quelques cuillers portant des cavités plus profondes.

Les godets qui sont en fonction dans les cuillers ajustées sur les disques,
lorsqu'on reçoit l'instrument, sont ceux qui conviennent pour la graine
de betterave. On peut calculer, pour cette dernière, qu'avec une seule
cuiller ajustée sur chacun des deux disques, en supposant qu'on sème
deux lignes à 66. 6 centimètres (24 pouces) de distance, on répand environ 2 kilogrammes et demi (5 livres) de semence par hectare ; en
sorte qu'avec trois cuillers sur chaque disque, on répand 7 à 8 kilogrammes (15 livres) de graine, ce qui forme une semaille très-épaisse
pour les semis en place. Cependant comme il convient de faire la part
de beaucoup d'accidents dans les semis, il sera rarement avantageux de
diminuer cette quantité. Pour toutes les autres espèces de semences, on
cherchera les godets qui leur conviennent le mieux, et on en réglera le
nombre d'après la quantité de graine que l'on veut répandre.

On met en fonction le nombre de disques dont on a besoin pour chaque semaille, en levant les portières qui leur correspondent, en sorte
que la graine contenue dans la grande trémie s'écoule dans les augets
où les cuillers la puisent. La portière doit être plus ou moins ouverte,
selon la nature de la semence, et assez pour entretenir au fond de l'auget une couche de semence suffisamment épaisse pour que les cuillers
s'emplissent en la traversant.

Les disques ne devant jamais être déplacés sur l'arbre qui les porte,
il arrive souvent que ceux qui doivent fonctionner ne correspondent pas
verticalement au-dessus des pieds qu'ils doivent alimenter. On a disposé
de manière à ce qu'ils puissent prendre une direction oblique les tuyaux
de fer-blanc qui conduisent la semence, en leur donnant la forme de
cornets allongés, au moyen de laquelle ils s'emboîtent les uns dans les
autres, en conservant une grande flexibilité.

Les personnes qui voudront employer ce semoir, de même que tout
autre instrument de ce genre, feront bien de se familiariser d'avance
avec le jeu de ces diverses parties, avec la manière de démonter et
remonter les cuillers, etc. Ce mécanisme est fort simple ; mais pour

qu'il fonctionne bien, il faut avant tout que la personne qui doit le diriger se soit donné la peine de l'étudier. Lorsqu'on voudra chercher quelle quantité de semence on répand sur une longueur donnée, en employant en tel nombre tel assortiment de godets, on pourra faire cet essai en faisant marcher l'instrument sur des draps ou sur un terrain bien uni, et en élevant les pieds de manière qu'ils ne posent pas sur le sol. On devra toutefois remarquer alors qu'il faut que l'instrument prenne une certaine vitesse analogue à celle de la marche du cheval dans le travail, afin que les godets reçoivent une impulsion assez rapide pour qu'ils jettent la graine hors de l'auget, dans l'entonnoir qui doit la recevoir.

La Houe à cheval. (*Fig. 15.*)

Cet instrument sert à remplacer le travail de la main pour le binage des plantes cultivées en lignes. On a donné à la houe à cheval une grande diversité de formes. Celle dont on a fait usage à Roville, pendant vingt ans, et qui a reçu successivement plusieurs modifications, présente beaucoup de facilité dans son emploi, et accomplit l'opération à laquelle elle est destinée, avec autant de perfection qu'on peut le désirer. Elle est composée, comme on peut le voir dans la figure, d'un *âge* qui porte à l'une de ses extrémités le régulateur, et à l'autre un mécanisme à la fois simple et solide, au moyen duquel on règle l'ouverture de l'instrument. Vers le milieu de la longueur de l'âge, sont attachées par des charnières les *ailes*, qui par-dessous, portent les pieds ou couteaux, et, à leur extrémité postérieure, les *mancherons*, au moyen desquels l'ouvrier dirige le travail de l'instrument. Il résulte de cette disposition que les ailes peuvent s'écarter ou se rapprocher à volonté, en sorte que la houe peut donner des cultures plus ou moins larges entre des lignes de plantes distantes de 45 à 83 centimètres (16 à 30 pouces).

Dans son état ordinaire, la houe à cheval porte cinq pieds, savoir : un soc triangulaire et quatre couteaux recourbés en forme d'équerre, les pointes dirigées vers l'intérieur de l'instrument. Le soc est placé en avant sous l'âge et les couteaux sont portés par les deux ailes. Ces quatre couteaux sont ajustés sur des tiges de la même hauteur, mais parmi eux il en est deux qui sont un peu plus longs que les deux autres. Les plus courts doivent toujours être placés en avant des plus longs. Lorsqu'on travaille entre des lignes distantes seulement de 50 à 55 centimètres (18 à 20 pouces), deux couteaux deviennent inutiles, et on enlève sur une aile le premier, et sur l'autre aile le second. Cette disposition a pour but d'empêcher que les pointes de deux couteaux placés vis-à-vis l'un de l'autre, ne se croisent ou ne se rapprochent trop, parce qu'alors les racines et les herbes pourraient s'arrêter, et faire engorgement dans cette partie.

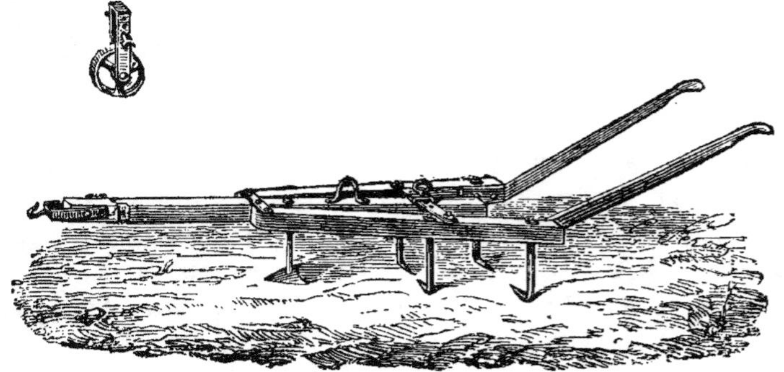

Fig. 15. Houe à cheval.

Après avoir subi diverses modifications, le régulateur se compose aujourd'hui d'une chape et d'un crochet. La chape est fixée à la tête de l'âge par un boulon qui lui sert d'axe pour faire un mouvement de bascule. Sur la face antérieure de la chape sont percés trois trous, dans l'un desquels on place le crochet auquel s'attache le palonier ou la chaîne de tirage. Dans les terrains plats, le crochet se place dans le trou du milieu : dans les terrains en pente cultivés en travers, on le placera dans l'un ou l'autre des trous latéraux, et dans cette circonstance et dans quelques autres que la pratique fera aisément reconnaître, on pourra aussi s'aider de la facilité de donner à l'une des ailes un peu plus ou un peu moins d'écartement qu'à l'autre. Enfin, pour arrêter invariablement la partie antérieure de la chape à la hauteur convenable, suivant la profondeur de la culture, on se sert de la clef, qui accompagne toujours l'instrument. L'âge et les deux extrémités latérales de la chape sont percés chacun de deux trous qui se correspondent. La tige de la clef sert ici de goupille et peut traverser l'âge et les deux faces de la chape, ou

bien être placée par-dessus ou par-dessous l'âge. Il résulte de cette combinaison une variété de positions plus que suffisante pour répondre à tous
les besoins, et régler la marche de l'instrument dans le sens vertical, pour
lui donner de la profondeur ou de l'entrure, et dans le sens horizontal,
pour régulariser sa marche sur un sol en pente.

On élève la partie antérieure du régulateur, lorsqu'on veut faire pénétrer plus profondément le soc de devant ; et il importe de donner ainsi
assez d'entrure à ce soc pour qu'il ait en terre une tenue un peu ferme,
et qui permette à l'ouvrier d'appuyer sur les mancherons pour faire pénétrer les couteaux postérieurs, sans faire sortir de terre la partie antérieure de l'instrument.

Dans les houes à cheval construites jusqu'en 1839, les mancherons
étaient fixés à l'extrémité de l'âge; depuis cette époque, on a trouvé
préférable de les fixer à l'extrémité postérieure de chacune des ailes, ce
qui donne plus de facilité pour faire pénétrer les couteaux en terre soit
à droite, soit à gauche. Un ouvrier très-exercé et surtout très-attentif,
pourrait même rendre tout à fait libre l'une des deux ailes, et se donner
ainsi la facilité d'écarter ou de resserrer instantanément les ailes par un
seul mouvement des bras : mais cette mobilité d'une aile présente en
réalité bien plus de danger que d'avantage.

Les mancherons se fixent ordinairement sur la face intérieure des ailes ;
mais lorsqu'on travaille entre des lignes très-rapprochées, c'est-à-dire,
distantes seulement de 45 à 55 centimètres (15 à 20 pouces), il pourrait
arriver que les mancherons ne laissassent pas entre eux assez d'espace
pour que l'ouvrier pût les manier commodément. Dans ce cas, on doit
les démonter, ce qui est facile au moyen de la clef, et les replacer sur la
face extérieure des ailes. En examinant les mancherons avec attention,
on verra même que dans la partie traversée par les deux boulons, l'une
des faces est droite ou parallèle à la longueur du mancheron, et l'autre
coupée dans une direction oblique. En appliquant contre les ailes, en
dedans ou en dehors, l'une ou l'autre de ces faces, et en variant ainsi la
manière de placer, soit un seul mancheron, soit tous les deux, on
peut facilement, quel que soit le rapprochement des lignes de plantes,
donner à l'ouvrier la facilité de se placer commodément entre les mancherons pour manœuvrer l'instrument.

On attelle à la houe un seul cheval; et celui-ci s'accoutume bientôt
à marcher entre les lignes de plantes. L'ouvrier le conduit seulement

par des guides, pour le faire tourner aux extrémités des raies. Cependant lorsque les plantes sont encores fort jeunes, en sorte qu'on distingue à peine les lignes, ou lorsque le cheval n'est pas bien dressé, il faut employer un jeune homme pour le conduire par la bride.

Lorsqu'on travaille entre les lignes de maïs déjà un peu grand, il arrive quelquefois que les extrémités du palonnier peuvent coucher ou blesser les plantes ; on supprime dans ce cas le palonnier, en fixant l'extrémité des deux traits au crochet du régulateur, et afin d'éviter que les traits ne blessent le cheval, on les tient écartés au moyen d'un bâton court que l'on fixe entre eux, derrière les jarrets de l'animal.

La précaution la plus importante pour le succès des cultures à la houe à cheval consiste à l'employer toujours à propos, c'est-à-dire, lorsque les herbes que l'on veut détruire sont encore petites et lorsque la terre n'est pas encore desséchée à fond ; car si l'on attend que les herbes soient grandes et fortement enracinées, ou que la terre soit durcie par la sécheresse, l'instrument fonctionne mal. Toutes les fois que l'on a été peu satisfait du travail de la houe à cheval, on peut être assuré que c'est à quelque faute de ce genre qu'on doit l'attribuer. On doit donc saisir avec soin l'instant propice pour introduire la houe à cheval dans une pièce de terre. Cet instant ne manque jamais au cultivateur attentif et diligent, et comme on peut expédier au moins un hectare et demi par jour, avec un seul cheval, il n'est pas difficile de profiter des moments favorables pour la culture d'une grande étendue de terrain. Lorsqu'on a ameubli la surface par un premier binage, elle ne se durcit plus aussi facilement, quoique la sécheresse se prolonge, et l'on peut aisément procéder aux cultures subséquentes. S'il survient une pluie après ce premier binage, on doit veiller à ne pas permettre qu'il se forme une nouvelle croûte à la surface, comme cela arrive dans certains sols, et on l'empêche, en donnant à propos une nouvelle culture, c'est-à-dire, lorsque le terrain est ressuyé, sans être encore durci à fond par la sécheresse. Ici, comme pour toutes les cultures, on doit éviter de toucher la terre lorsqu'elle est très-humide ; et les binages de tous genres sont d'autant plus efficaces qu'ils sont donnés dans un terrain plus sec. Ainsi on ne peut mieux favoriser la végétation des plantes qu'en leur donnant des labours superficiels réitérés, lorsque la sécheresse persiste.

Pour la culture des pommes de terre ou des betteraves repiquées, dans un sol déjà passablement nettoyé par de bons travaux antérieurs, la houe à cheval accomplit seule tout le travail des binages; et ce travail est beaucoup plus énergique et plus efficace que les binages à la houe à main, parce que l'instrument pénètre plus profondément, et aussi parce qu'on peut le réitérer plus souvent presque sans dépense. Il arrivera peut-être, toutefois, que quelques mauvaises herbes s'élèveront entre les plantes, dans les lignes, là où la houe à cheval n'a pu atteindre : on se contentera de les faire arracher à la main, sans biner le terrain, ce qui exige que très-peu de temps.

Pour les betteraves sémées en place, il est indispensable de biner à la main le long des lignes et entre les plantes, dans les parties que la houe à cheval ne peut atteindre. Cette opération se fait selon les circonstances, soit avant la première culture à la houe à cheval, soit après, mais toujours lorsque les plantes sont encore fort petites ; et l'on réitère un peu plus tard cette culture si cela est nécessaire, au moment où l'on éclaircit les plants dans les lignes, ce qui doit se faire avant qu'ils aient atteint la grosseur du doigt. En cultivant les betteraves de cette manière, il n'est pas possible de s'affranchir entièrement du travail manuel ; mais si l'on sait bien employer la houe à cheval, elle fera presque toujours plus des trois quarts de la besogne.

Vers 1837, on a commencé d'appliquer à la houe à cheval, dans les cultures de Roville, cinq pieds de forme semblable à celle des pieds de scarificateur, mais plus petits. Cette armature est excellente pour approfondir la culture jusqu'à quatre ou cinq pouces dans un sol dont le fond est durci, et où le soc et les quatre couteaux ordinaires ne pourraient pénétrer aussi profondément. Dans cette circonstance, on a donné quelquefois aux betteraves, à l'aide de ce changement de pieds, une culture dont l'effet sur la végétation des plantes a été prodigieux. L'armature ordinaire de la houe à cheval convient mieux toutefois pour les cas les plus fréquents et pour les cultures superficielles ; mais on peut dire, sans aucune exagération, que la houe à cheval n'est complète et ne peut produire tous ses bons résultats matériels et économiques, que lorsqu'elle est accompagnée de ces cinqs pieds forme de scarificateur.

Pour satisfaire au désir de quelques cultivateurs, on ajoute quelquefois à la houe à cheval un pied-butteur, destiné à écarter la terre et la rejeter vers les lignes des plantes. Ce résultat ne pouvant être obtenu que fort imparfaitement par l'emploi de ce moyen, on croit devoir sé borner à signaler ici l'existence de ce pied-butteur, sans user d'aucune influence pour en propager l'emploi.

On a vu que l'armature primitive et normale de la houe à cheval se compose de 5 pieds : le soc et quatre couteaux, dont quelquefois on supprime 2. On a dit qu'à ces 5 pieds pouvaient en être substitués 5 autres ayant la forme des pieds de scarificateur, et enfin qu'on place quelquefois sur la houe un pied-butteur. Voilà donc 11 pieds qui peuvent être mis en fonction sur un seul instrument. D'autre part les houes telles que les livre aujourd'hui la fabrique de Nancy sont percées de 9 trous propres à recevoir des pieds (3 sur l'âge et 3 sur chacune des ailes). Quelquefois il arrive que des cultivateurs qui ont demandé une houe simple de 48 fr., s'étonnent de ne recevoir que 5 pieds, accompagnant un instrument percé pour 9. C'est là une erreur fort excusable, qu'il est bon de dissiper par quelques mots d'explication.

De ce que les houes portent 9 trous, on ne doit pas en conclure qu'elles doivent jamais porter 9 pieds à la fois. Cette multiplicité de trous susceptibles de recevoir des pieds n'a pour but que de faciliter et de permettre de varier la combinaison des pieds suivant l'état du sol, suivant l'espace à cultiver entre les lignes, etc. Il suffira d'en donner quelques exemples.

Ces exemples suffiront pour appeler la réflexion sur les nombreuses combinaisons auxquelles peut donner lieu le placement des dix pieds de la houe. En pareille matière, où les circonstances locales exercent une influence toujours variable, il n'est pas de préceptes absolus, et c'est ici une des nombreuses occasions où il est à désirer que chacun agisse, raisonne, compare et développe la faculté la plus importante pour un agriculteur, celle sans laquelle il n'est pas de succès possible ni durable : l'esprit d'observation. Seulement on peut dire que plus l'espace à cultiver est large, plus on peut placer de pieds sur la houe à cheval, sans pourtant arriver jamais à en placer neuf à la fois.

Une fort bonne combinaison, ou plus exactement une transformation de la houe à cheval, c'est de l'armer de 7 pieds, forme de scarificateur, ou de 6 de ces pieds et d'un soc ordinaire, précédé quelquefois d'un pied-scarificateur placé sur l'âge, au n° 1. Dans des terres douces, une houe ainsi montée pourra remplacer avec beaucoup d'avantage la rite, pour l'enfouissement des semences de céréales, et elle conviendra particulièrement aux cultivateurs qui n'ont pas d'assez forts attelages pour employer à cet usage le scarificateur.

Les dernières modifications que la houe à cheval a reçues, en 1845, dans la fabrique de Nancy, ont eu pour résultat de donner à l'âge une plus grande longueur que celle qu'il avait précédemment, et de mettre ainsi une plus grande distance entre le point d'attache et le point central de résistance ; c'est-à-dire, entre le régulateur, sur lequel s'exerce le tirage, et le soc antérieur. Il en est résulté une plus grande fixité dans la marche de l'instrument. La longueur de l'âge est même suffisante pour pouvoir y placer à volonté, en avant du soc, une roulette, qui se règle au moyen d'une tige double formant chape et se fixant à l'aide d'une goupille qui traverse l'âge. On doit dire, du reste, que d'après l'avis de plusieurs bons praticiens, l'adjonction de la roulette présente plus d'inconvénient que d'avantage.

Pour transporter la houe à cheval d'un lieu à l'autre, on la couche de côté sur le même traîneau qui sert au transport des charrues, en enfilant le montant du traîneau dans le crampon qui se trouve sur l'âge de la houe à cheval.

Le couperacine. (*Fig. 16 et 17.*)

Lorsqu'on emploie les racines à la nourriture du bétail, on éprouve bientôt le besoin d'un instrument qui abrège et facilite le travail nécessaire pour découper ces racines, que l'on ne pourrait donner entières aux bestiaux, sans beaucoup d'inconvénients. On a imaginé divers instruments pour atteindre ce but ; mais celui dont la construction offre le plus de solidité, et dont l'usage est le plus commode, se compose d'un disque vertical en fonte, que l'on arme de deux ou de quatre couteaux qui se présentent successivement à l'orifice d'une trémie dans laquelle on place les racines que l'on veut découper. Lorsque ce couperacine est bien construit, et surtout lorsqu'on a donné aux parois latérales de la trémie une courbure convenable pour que l'action des couteaux puisse s'exercer sur la surface entière des matières qui se présentent à l'orifice de la trémie, l'instrument fonctionne très-bien, et un seul homme, en le faisant mouvoir, peut découper dans une heure de travail, en tranches de sept à dix millimètres d'épaisseur, 6 à 800 kilog. de racines. Si la machine est servie par un second homme, qui place les racines dans la trémie, on peut en découper beaucoup plus.

Lorsqu'on opère sur des pommes de terre, on peut tenir la trémie constamment pleine ou presque pleine ; mais lorsqu'on découpe des betteraves ou des carottes, il arriverait quelquefois, si l'on agissait ainsi, que ces racines, trop grosses et trop irrégulières, s'engorgeraient dans la trémie, et ne descendraient pas régulièrement pour être soumises à l'action des couteaux ; il vaut donc mieux les jeter une à une, ou au plus deux à la fois, pendant que l'on tourne la manivelle : elles sont dévorées dans un instant à mesure qu'elles tombent dans la trémie, et le travail est plus prompt et moins pénible.

On doit disposer, suivant la localité, en avant de la machine, un plancher entouré sur deux de ses faces de rebords latéraux suffisamment élevés : les tranches de racines sont reçues sur ce plancher dont un côté ne doit pas porter de rebord, afin qu'on puisse plus facilement enlever les tranches à la pelle.

Ce fut en 1830 que M. de Dombasle commença de construire des couperacines. En 1834, ses travaux sur la fabrication du sucre de betteraves l'amenèrent à remplacer, sur quelques instruments, les lames droites ou unies par des couteaux dentelés, et un grand nombre de personnes se souviennent encore du beau travail que faisait un de ces couperacines dans la bergerie de Roville. Ce fut aussi vers cette dernière époque que le disque en bois fut remplacé par un disque en fonte, et cette amélioration fut tellement importante que le couperacine, avec ses couteaux unis, resta à peu près stationnaire pendant dix ans. Et pourtant, les couperacines de Roville laissaient sur un seul point quelque chose à désirer : l'entretien des couteaux et surtout leur remplacement présentaient de réelles difficultés. M. de Dombasle avait bien le dessein d'y porter remède ; sa mort si regrettable a laissé ce soin à ses continuateurs.

En 1844, le couperacine a été refait en entier. Sur un disque en fonte plus fort et plus grand que le précédent, s'appliquent avec facilité quatre couteaux, qu'on peut avancer à mesure qu'ils s'usent, ou pour graduer l'épaisseur des tranches. Ces couteaux sont traversés par deux boulons qui les serrent de la manière la plus ferme sur un plan incliné faisant corps avec le disque, et à l'abri de tout dérangement, de sorte que, sans qu'il soit besoin de placer en dessous aucune garniture, le tranchant se présente toujours sous l'angle le plus favorable pour couper et détacher les tranches de racines. Lorsqu'ils sont hors de service, il est

également facile de les remplacer par des couteaux neufs, et par conséquent aussi, de substituer tour à tour, sur le même instrument, suivant
le besoin, des couteaux dentelés aux couteaux droits. Une trémie en fonte,
faite de manière à éviter l'engorgement, et solidement établie sur un
bâti qui lui-même présente une extrême solidité, permet de faire passer
le disque très-près du cadre de la trémie, et d'éviter ainsi la chute de
fragments de racines qui n'auraient pas été divisés par les couteaux.
Avec ce couperacine, deux hommes ou plutôt deux jeunes gens peuvent
facilement découper, en une heure de travail, 12 à 1500 kilog. de
betteraves en tranches, ou 6 à 800 kilog., en rubans de 15 millimètres
de largeur. Tel qu'il est aujourd'hui, ce couperacine est l'un des plus
beaux et des meilleurs instruments que puissent présenter la fabrique de
Nancy.

Fig. 16. *Couperacine.*

Lorsqu'on a démonté les couteaux pour les faire affiler, on éprouve
quelquefois un peu d'embarras pour les remettre en place et les régler
d'une manière uniforme. Voici quelques indications qui rendront très-
facile cette opération.

D'abord il faut bien comprendre que ce qui détermine l'épaisseur des
tranches, ce n'est pas, comme on le croit quelquefois, l'espace qui existe

entre le tranchant des couteaux et le cadre de la trémie. Cet espace,
d'au moins un centimètre, est nécessaire pour empêcher les couteaux de
s'ébrécher contre l'embouchure en fonte. L'épaisseur des tranches est
déterminé par la distance qui sépare le plan continu ou la surface unie
du disque, d'un autre plan discontinu formé successivement par le tranchant
des couteaux. En d'autres termes, les tranches ont tout juste autant
d'épaisseur que les tranchants ont de saillie en dehors du plan du disque.
Et, en effet, si les couteaux étaient renfoncés de telle sorte que leur
tranchant se confondît avec le plan ou la surface unie du disque, cette
surface frotterait contre les racines enfermées dans la trémie, mais celles-
ci ne seraient pas entamées. En faisant avancer les couteaux, on fait saillir
leur tranchant, et alors ils commencent à couper. Plus donc on les fait
descendre sur le plan incliné, plus on augmente l'épaisseur des tranches.
Ceci bien compris, il est facile d'induire comment il faut régler les quatre couteaux afin qu'ils enlèvent chacun des tranches de même épaisseur, ou, ce qui revient au même, afin que leurs tranchants passent le
plus exactement possible dans le même plan. Il suffit d'avoir une règle
ou une planchette d'une épaisseur bien régulière dans toute sa longueur,
et un peu plus longue que les couteaux, c'est-à-dire d'environ 55 centimètres. On l'applique sur la face unie du disque, sur la lumière ou
entaille par laquelle passent les lames et sortent les tranches de racines.
Par ce moyen, il est facile de régler le couteau de manière que son tranchant affleure dans toute la longeur la planchette appliquée devant lui ;
et quand les quatre couteaux auront été réglés de la même manière, on
obtiendra aussi régulièrement que possible des tranches d'égale épaisseur. Il suit de là que pour obtenir des tranches plus ou moins épaisses,
il suffit de régler les couteaux au moyen de planchettes ou de règles
ayant plus ou moins d'épaisseur.

Si, par circonstance, on avait chassé les couteaux en avant de quelques millimètres, afin d'obtenir les tranches plus épaisses que celles que
produisait précédemment l'instrument, il serait prudent de retirer d'autant le disque sur son axe, afin de laisser toujours un espace d'au moins
un centimètre entre le tranchant des couteaux et l'embouchure de la
trémie. Cet espace, limité ainsi, ne peut avoir d'inconvénient, et il pré-
vient les désordres qui arriveraient si les couteaux venaient à se heurter
contre le cadre.

Lorsqu'on remet en place les couteaux unis, il importe peu qu'on

prenne indistinctement les premiers qui se présentent, car ces quatre couteaux sont exactement semblables. Il n'en est pas de même des couteaux
dentelés. Ils ont même longueur ; 525 millimètres, mais parmi eux il
en est deux qui présentent 11 dents et 10 vides, tandis que les deux
autres présentent 11 vides et 10 dents. Les premiers sont marqués de la

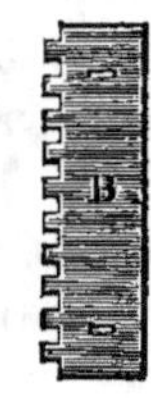

lettre A ; les seconds, de la lettre B. Cette différence a pour but de faciliter l'exécution du décou-
page, en faisant alterner les vides et les pleins des
couteaux. Or, pour atteindre ce but, il faut avoir
soin que les couteaux soient, eux aussi, alternés
sur le disque. On y arrive d'une manière toute
simple en plaçant sur une même ligne, comme on
le voit en la figure 17, les deux couteaux portant la
même lettre.

Fig. 17. Couteaux dentelés.

Le grand Hachepaille rotatif. (*Fig. 18.*)

En 1852, M. de Dombasle, frappé de l'importance que présente, dans
l'alimentation du bétail, l'usage de lui faire consommer le fourrage haché, se décida à faire construire un hachepaille. Il connaissait depuis
longtemps le bon emploi que, dans l'Alsace et dans certaines contrées
de l'Allemagne, on fait d'un petit hachepaille qu'il s'est plu à décrire,
tout en s'efforçant de le perfectionner : « Cet instrument (comme le di-
» sait M. de Dombasle dans les précédentes éditions de ce volume) est
» simple dans sa construction, et si efficace dans les effets qu'il produit,
» que, lorsqu'on le voit fonctionner entre les mains d'un ouvrier expé-
» rimenté, on est tenté de le regarder comme le dernier degré de la
» perfection. » Mais, à côté de cet éloge, M. de Dombasle constate une
circonstance qui s'opposera toujours à la propagation de cet instrument :
c'est la difficulté qu'offre sa manœuvre. En effet, la nécessité de combiner
à la fois et en mouvements contrariés l'action simultanée des deux mains
et d'un pied, rebutera toujours le plus grand nombre des ouvriers qui
tenteront de faire usage de ce hachepaille, et son emploi restera concen-
tré dans les cantons où les habitants des campagnes se sont familiarisés
dès l'enfance avec cette manœuvre, qui exige non-seulement de l'habitude, mais beaucoup de dextérité naturelle.

Lorsqu'un homme comme M. de Dombasle imite un instrument, l'imi-

tation devient presque une création. Aussi le hachepaille qu'il fit construire en 1832 présenta le caractère du vrai progrès, c'est-à-dire que
par des moyens d'exécution très-simplifiés, il produisit les mêmes résultats que le hachepaille allemand. A l'aide d'un mécanisme peu dispendieux et aussi simple qu'ingénieux, le travail de l'ouvrier se trouva réduit à l'emploi d'une seule main : mais malgré cette amélioration, le
principal obstacle ne fut pas vaincu ; car cette main, dans laquelle se
concentrait tout le maniement de l'instrument, supposait toujours, exigeait même beaucoup d'attention et de dextérité de la part de l'ouvrier.
Sans doute un Alsacien, exercé aux triples mouvements du hachepaille
allemand, se trouvait soulagé en manœuvrant le petit hachepaille de
Roville ; mais ce n'était pas pour les Alsaciens ni les Allemands que
M. de Dombasle avait voulu faire un hachepaille simplifié ; et il est vrai
de dire que, sauf quelques heureuses exceptions, cet instrument a rarement trouvé une main capable d'en tirer un bon parti dans les contrées
où l'apparition du hachepaille était tout à fait nouvelle. C'est par ce motif que les continuateurs industriels de M. de Dombasle ont cessé de
faire construire le petit hachepaille désigné précédemment sous le nom de
hachepaille à mouvement alternatif ; et ils ont pris cette résolution avec
d'autant plus de raison que, depuis 1838, M. de Dombasle livrait un
grand hachepaille à disques, qui semblait avoir résolu le problème de
rendre le résultat de l'opération tout à fait indépendant de la dextérité
de l'ouvrier. Et pourtant, en 1846, la fabrique de Nancy a encore abandonné ce modèle, non que l'instrument ne fût pas bon, ni capable de
faire un excellent et abondant travail, mais parce que, dans les pièces
qui formaient son mécanisme, il y avait encore un peu trop de complication ; de telle sorte que ce hachepaille, qui n'a pas cessé de marcher
très-bien entre des mains soigneuses et sous des yeux attentifs, n'offrait
réellement pas encore ce caractère robuste et pratique qui est une des
qualités essentielles des instruments destinés à être confiés à toutes
sortes de mains et d'intelligences.

Après de longues études et des essais comparatifs de hachepailles de
différents systèmes, la fabrique de Nancy s'est vu obligée de renoncer
d'abord à une idée qui longtemps l'avait séduite, celle de faire un hachepaille d'un prix modéré et moins élevé que le précédent. Un hachepaille
à bas prix est réellement un piége tendu à la crédulité des consommateurs, et en livrant cet instrument refait pour la troisième fois, il ne

pouvait convenir aux continuateurs de M. de Dombasle de se contenter
d'ajouter un hachepaille médiocre au grand nombre de ceux qui existent

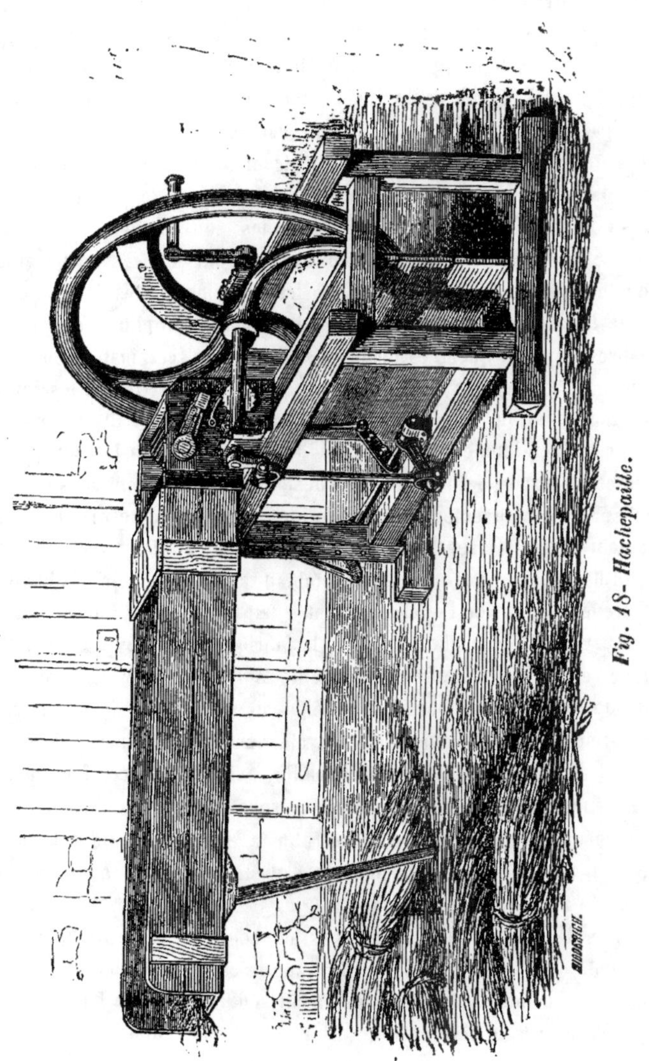

déjà, et qui viennent périodiquement se faire réparer à la fabrique de

Nancy, sans en sortir meilleurs. Convaincu que le véritable intérêt des
consommateurs est d'avoir des instruments bien faits, solides et exempts
de fréquentes réparations, ils ont fait un hachepaille qui déjà à pu riva-
liser avec les meilleurs hachepailles anglais, d'un prix presque triple :
aux qualités du hachepaille de 1838, il réunit moins de complications,
et par conséquent plus de solidité. Il se compose d'un disque en fonte,
pesant 82 kilog., formant volant, et armé d'un seul couteau, ce qui, à
travail égal, est un énorme avantage sur ceux qui en ont deux et même
quelquefois quatre. A chaque tour, ce couteau coupe, sur une longueur
déterminée, le fourrage placé dans l'auge, et qui est amené par une
paire de cylindres cannelés en fonte, mis en mouvement par le disque
lui-même ; en sorte que toutes les parties du mécanisme sont mises en
jeu par la seule action que l'ouvrier imprime à la manivelle.

Dans les hachepailles de ce genre, le fond de l'auge est ordinairement
formé par une toile sans fin, qui fait avancer la masse du fourrage à découper ; mais l'expérience a montré que cette toile se dérange et se
dégrade fort souvent, ce qui exige de fréquentes réparations. Au moyen
d'une disposition un peu différente des cylindres, on a pu supprimer
complétement cette toile, et l'alimentation se fait avec beaucoup de régularité, sans qu'il soit besoin d'autres soins que d'étendre le fourrage
dans l'auge en couches à peu près régulières.

Ce hachepaille découpe les fourrages secs de toute espèce, la paille et
les fourrages verts, ainsi qu'un mélange de ces diverses substances. On
peut le régler de manière à couper à la longueur de 10, 35 ou 60 millimètres (4 1/2, 15 ou 27 lignes), ce qui suffit pour tous les besoins. La
manière de faire varier cette longueur est fort simple : elle se prend
dans les deux tiges verticales en fer, dont l'une communique le mouvement au cylindre inférieur, et l'autre, au cylindre supérieur. L'extrémité
inférieure de ces tiges est destinée à être placée sur l'un des trois goujons qui arment les deux bras de leviers dont ces tiges reçoivent le mouvement. En plaçant les tiges sur le goujon le plus rapproché du centre,
on coupe à la plus petite longueur ; en les plaçant sur le goujon du milieu, c'est-à-dire en augmentant la longueur du levier, on coupe à la
longueur moyenne, et enfin, on obtient la plus grande longueur lorsque
les tiges sont placées sur les goujons les plus éloignés. On doit avoir
toujours soin de placer les tiges sur les goujons qui se correspondent
sur les deux bras de leviers, c'est-à-dire que si on met sur le goujon n°

1 la tige de droite, la tige de gauche devra aussi être placée sur le goujon n° 1, et ainsi pour les deux autres.

Il convient d'employer au hachepaille deux ouvriers, parce qu'une fois que le volant est en mouvement, il ne faut que peu de force pour l'entretenir ; tandis que s'il fallait le laisser s'arrêter à chaque instant pour alimenter l'auge, il y aurait une grande perte de force et de temps. Au reste, deux jeunes gens de quinze à seize ans suffisent parfaitement pour ce service, et peuvent ainsi découper, en une heure de travail, 45 à 50 kilog. de fourrage sec, à un centimètre de longueur, ou 130 à 140 kilog., à 3 centimètres et demi, ou enfin 200 à 220 kilog., à 6 centimètres.

On ne peut expédier l'instrument tout monté ; mais toutes les pièces étant soigneusement repérées, on le montera facilement partout, en y apportant quelque attention.

En recevant un hachepaille démonté, il faut faire tout d'abord cette réflexion : que quelques jours auparavant il été assemblé et monté, dans la fabrique de Nancy, où il a été vérifié et essayé. Il ne s'agit donc que de replacer toutes ses pièces dans leur ordre régulier. Cette opération demande de l'attention, de la douceur, un peu de patience ; jamais personne n'y a échoué, en y apportant de la bonne volonté ; tellement que sur 378 hachepailles du dernier modèle livrés en douze ans, par la fabrique de Nancy, je ne puis citer qu'un seul exemple d'insuccès dû, selon toute apparence, à l'intervention d'un mécanicien qui avait ses raisons pour que le hachepaille de Nancy eût l'air de ne pas pouvoir marcher.

En faisant bien attention aux numéros et aux lettres de repère tracés au pinceau, on verra chaque pièce reprendre sa place, sans qu'il soit besoin de faire aucun effort. S'il faut faire tourner une roue ou un cylindre pour rapprocher deux signes semblables, ce soin ne demandera qu'un instant ; mais il ne faut permettre à personne, pas même à un ouvrier, de rien forcer, et moins encore de rien corriger ou modifier. On ne doit jamais oublier qu'avant d'être expédié, le hachepaille a été essayé et a bien marché, et que pour le remonter, il ne s'agit que de le rétablir tel qu'il était dans son état primitif.

Les quantités de fourrage haché énoncées ci-dessus, sont celles qu'on peut obtenir d'un hachepaille mu à bras d'hommes. Si on lui transmet le mouvement au moyen d'un manége ou de tout autre moteur mécanique, ces quantités seront de beaucoup dépassées : mais dans ce cas,

il faut avoir bien soin de ne pas faire faire au disque plus de 50 à 55
tours à la minute. Il ne faut pas oublier que cet instrument a été conçu
et construit dans la prévision qu'il serait mu à bras d'hommes et ne
ferait par conséquent que 40 à 45 tours à la minute. En lui imprimant
un mouvement trop rapide, on risquerait de forcer ou d'annuler le jeu
de certaines parties de son mécanisme ; et en lui faisant faire 55 tours
et en l'alimentant bien, on sera étonné de la masse de travail qu'il produira.

Une dernière recommandation reste à faire relativement au couteau.
Lorsqu'on demande un hachepaille, c'est une sage précaution que de
faire venir un couteau de rechange, afin de ne pas être arrêté à l'im-
proviste par un accident. Lorsqu'il deviendra nécessaire d'émoudre ou
d'affiler un couteau, il faut avoir grand soin qu'il ne soit émoulu que du
côté du biseau, et jamais du côté du tranchant. Pour que le couteau
coupe bien et tranche net, il faut qu'il frotte en glissant contre le cadre,
sans toutefois que le tranchant entame jamais l'embouchure.

Le Tarare. (*Fig. 19.*)

L'usage du *tarare* s'est beaucoup répandu dans les fermes depuis la
fin du siècle dernier, et l'on y a trouvé à la fois une immense économie
dans le travail de main-d'œuvre nécessaire pour nettoyer les grains, et
aussi le moyen d'opérer ce nettoiement avec une bien plus grande perfection qu'il n'est possible de le faire par les procédés employés précédemment. Cette dernière considération est d'une très-haute importance,
car les consommateurs et les commerçants deviennent tous les jours plus
difficiles sur la qualité des grains qui paraissent sur les marchés, à mesure
que l'art de la mouture s'est perfectionné, et que l'on sait mieux apprécier l'influence de la propreté et du classement des grains sur la qualité
des farines qui en résultent ; aussi remarque-t-on aujourd'hui, sur presque tous les marchés, une différence très-considérable dans le prix des
froments provenant de récoltes semblables, selon que le grain a été
traité avec plus ou moins de perfection dans les granges ou sur les greniers. Il n'est nullement rare que cette différence seule puisse en apporter
une de 1 à 2 fr. par hectolitre, en faveur de celui auquel un nettoyage
plus soigné n'a fait, du reste, éprouver qu'un déchet qui équivaut à

peine à 15 ou 20 centimes par hectolitre, sur la masse de la récolte, et au moyen d'un travail de main-d'œuvre qui a coûté encore moins.

Le travail que les cultivateurs appliquent au nettoiement du grain sur les greniers est donc toujours employé avec un grand profit pour eux; et il leur importe beaucoup de posséder des machines propres à exécuter cette opération avec autant de perfection qu'il est possible. Sous ce dernier rapport, on peut dire qu'il est bien peu de localités où les cultivateurs puissent se procurer facilement des tarares bien appropriés à l'usage qu'ils doivent en faire. Dans beaucoup de villes, on construit de forts bons tarares pour l'usage des meuniers, des boulangers et des commerçants; mais ce n'est pas encore là ce qu'il faut au cultivateur : d'abord ces instruments sont d'un prix élevé, lourds et volumineux, et par conséquent embarrassants à transporter d'un grenier à l'autre, ou de la grange au grenier; ensuite, construits pour repasser des grains déjà nettoyés quoique plus ou moins grossièrement, ils fonctionnent mal ou d'une manière très-incommode, lorsqu'on les applique au premier nettoiement qui se fait sur du grain encore mêlé de beaucoup de matières étrangères, comme on l'obtient ordinairement au sortir de la machine à battre, ou après que le grain battu au fléau a été grossièrement nettoyé sur l'aire de la grange, au moyen du râteau et d'un crible commun. Il faut, pour le grain dans cet état, des tarares disposés d'une manière particulière; mais ceux de cette espèce, qui sont destinés à l'usage des cultivateurs, sont presque partout d'une construction si imparfaite et si grossière, qu'il est impossible d'exécuter avec eux un nettoiement tant soit peu correct.

On s'est occupé pendant bien des années, à Roville, de la construction d'un tarare spécialement destiné à l'usage des fermes, en s'efforçant de le rendre le moins coûteux possible, sans nuire à sa solidité, ni à la perfection du travail qu'il exécute. Après des tâtonnements nombreux, on est parvenu, sous ces divers rapports, à un résultat très-satisfaisant. On croit devoir prévenir toutefois les personnes qui font usage de ce tarare, que la perfection de l'opération dépend essentiellement des soins qu'on y met et de l'expérience de celui qui la dirige. On se tromperait beaucoup, si l'on croyait que le tarare, même le plus parfait, disposé au hasard et conduit par un homme qui ne sait pas le régler, donnera de bons résultats, c'est-à-dire, un grain propre, avec aussi peu de déchet qu'il est possible. On ne peut donc apporter trop de soins à se familiariser avec le jeu et les fonctions des diverses parties de la machine, afin de se mettre en état de reconnaître de suite quel changement on doit y apporter pour qu'elle fonctionne convenablement. Il ne sera pas hors de propos de donner sommairement ici quelques instructions sur les points les plus importants qui sont à considérer dans l'usage du tarare, en les appliquant spécialement à la construction adoptée dans ma fabrique ; et on les fera précéder par une description succincte de cet instrument.

Le bâti de ce tarare est surmonté d'une trémie de laquelle le grain coule dans l'auget, dont la partie supérieure forme le fond de la trémie, et qui reçoit constamment un mouvement d'oscillation. La sortie du grain de la trémie se règle au moyen d'une portière que l'on fixe dans la position convenable, à l'aide d'une vis de rappel.

Le fond de l'auget est formé d'une nappe ou passoire en fil de fer, qui se change selon l'espèce de grain sur laquelle on opère. Sur la passoire, le grain se sépare en deux parties par l'effet de la ventilation : la première, composée du bon grain et de tous les corps d'un volume inférieur, mais pesants, tombe à travers la passoire, sur le crible disposé en plan incliné ; l'autre partie, composée des corps légers ou plus volumineux que les grains de froment, glisse sur la passoire dans toute sa longueur, et va tomber en avant, où la ventilation qui s'exerce là dans toute son intensité, la sépare encore en deux parties : l'une composée de la poussière, des balles et de tous les corps très-légers, est chassée et tombe en dehors du tarare ; ce sont les *vannures :* l'autre partie, formée de corps un peu plus pesants, comme les grains encore enveloppés de leurs balles, et tout ce que l'on nomme en terme de grange, les *otons,* tombe en avant de la passoire, sur une planche inclinée, qui les conduit hors du tarare, où on peut les recevoir dans une corbeille. Le grain, reçu en dessous de la passoire par le crible, y est encore divisé en deux parties, au moyen du mouvement de va-et-vient qui est imprimé au cadre du crible. Les grains petits et retraits, ainsi que toutes les graines d'un volume inférieur à celui des bons grains, passent au travers du crible et tombent sous le tarare, où on peut les recevoir sur un van que l'on y place à cet effet, tandis que le bon grain, coulant le long du crible, vient s'amasser en avant du tarare.

On voit que le grain placé dans la trémie se partage, par le jeu de la machine, en quatre parties : 1° les *vannures,* que l'on jette immédiatement ; 2° les *otons,* que l'on repasse au tarare après les avoir rebattus au fléau sur l'aire de la grange, pour faire sortir les grains qui n'étaient pas débarrassés de leurs balles ; 3° les *grenolles* ou *grenailles* ; 4° enfin, le *bon grain*. Mais, pour que cette séparation s'opère avec exactitude, il est nécessaire que l'instrument fonctionne régulièrement, ce qui s'obtient au moyen des précautions suivantes :

Deux hommes doivent être employés au service de la machine ; l'un, tournant la manivelle, l'autre, occupé à emplir la trémie, à enlever les diverses espèces de produits qui sortent du tarare, et surtout à veiller constamment à la régularité du jeu de toutes ses parties. Cet homme, en effet, doit être le principal ouvrier, et il faut qu'il soit très-attentif à surveiller les fonctions de l'instrument, ce qu'il fait en observant la nature des divers produits qui en sortent par chacune des issues. Si quelques-unes des parties qui doivent entrer dans les otons sont lancées en dehors avec les vannures, il relève un peu la planche inclinée qui arrête les otons, ou l'abaisse, si les vannures se mêlent dans les otons. Il doit avoir soin que l'écoulement du grain dans l'auget ait lieu uniformément dans toute sa largeur, et que le grain ne s'amasse jamais sur la passoire, ce qui peut arriver, soit parce qu'il coule trop de grain à la fois, ou parce que la passoire n'a pas assez d'inclination en avant ; elle doit, en effet, en avoir un peu, mais pas trop ; car, dans ce dernier cas, le grain y glisserait trop rapidement, et la séparation du bon grain ne s'y opérerait pas complétement. Si le crible ne fonctionne pas avec assez d'efficacité, c'est-à-dire, si des grenottes se trouvent encore mêlées au bon grain, on peut accroître l'action du crible, en diminuant son mouvement, au moyen du *taquet*, ainsi qu'il sera expliqué tout à l'heure ; il en résultera que le grain recevant de moins fortes secousses en parcourant la longueur du crible, la séparation des petits grains s'opérera plus complétement, parce qu'ils auront plus de facilité pour passer au travers.

Cet ouvrier doit aussi veiller à ce que la courroie qui unit l'auget au ressort en bois soit convenablement tendue, afin que l'auget se meuve bien au milieu du bâti de la machine, et soit maintenu sans trop de roideur entre le levier qui le fait agir et le ressort qui le ramène en sens opposé, après chaque oscillation. Il doit aussi avoir soin de verser, de temps en temps, quelques gouttes d'huile sur les tourillons de la manivelle et de l'axe du ventilateur, sur le pivot de l'arbre vertical, etc.

Quant à l'ouvrier qui fait mouvoir la manivelle, il est indispensable, pour la perfection de l'opération, qu'il tourne d'un mouvement trèsuniforme, non-seulement dans chaque tour, en évitant d'accélérer son allure, soit en haut, soit en bas de la course, comme le font beaucoup d'ouvriers, mais aussi en faisant autant que possible, le même nombre de tours dans le même espace de temps. Lorsqu'on a habitué un homme à la régularité de ce mouvement, il est bon de le placer toujours à cette besogne ; car c'est de cette régularité que dépend essentiellement le parfait nettoiement du grain, et c'est parce qu'on ne peut obtenir cette uniformité de la marche des chevaux attelés à un manége, qu'il est impossible d'espérer un nettoiement suffisamment correct des tarares que l'on ajoute souvent aux machines à battre. Il faut toujours finir par un nettoiement au tarare à bras, sur le grenier, si l'on tient à porter sur es marchés des grains d'une très-belle qualité.

Lorsque le froment a passé une fois au tarare, on peut y repasser encore une fois les grenottes, afin d'en séparer le petit nombre de bons grains qui peuvent s'y trouver accidentellement mêlés, et les grenottes que l'on obtient ainsi ne sont plus propres qu'à être données à la volaille ou aux porcs. Quant au bon grain, si l'on tient à l'avoir d'une très-belle qualité, on peut le repasser encore une fois, afin d'en séparer une petite quantité de grains maigres qui auraient échappé au premier criblage. Comme le travail marche très-lestement avec cet instrument, il ne résulte pas de ces *repasses* une augmentation sensible de dépense, et l'on obtient ainsi un nettoiement parfait. Lorsqu'on a séparé le bon grain, on peut encore le diviser en deux qualités ou grosseurs, au moyen du crible de rechange n° 2, dont je vais parler, ce qui peut être avantageux pour la vente en certains cas, ou afin d'obtenir une qualité supérieure de grain pour semence.

Les pièces de rechange qui accompagnent le tarare complet sont quatre passoires et trois cribles : la passoire n° 1 sert pour le froment et le seigle ; la passoire n° 2 s'emploie pour l'orge ; le n° 3 pour l'avoine, et le n° 4 pour le colza et la navette. Le crible n° 1 s'emploie pour toutes les céréales ; le n° 2 sert à la séparation du froment en deux qualités ou grosseurs ; le crible n° 3 s'emploie pour le colza et la navette.

La notice qui précède a été rédigée par M. de Dombasle en 1852. Après de nombreux essais, il était parvenu, comme il l'a dit plus haut, à faire construire un fort bon tarare, celui qui a été décrit et figuré au 8ᵉ volume des *Annales de Roville*. Mais cet instrument, quoique supé-

rieur sous bien des rapports à ceux qui lui avaient servi de modèles,
laissait encore quelque chose à désirer : son mécanisme était ingénieux,
mais il n'avait pas cette simplicité si importante dans les instruments
destinés au service des fermes, et pour que le tarare de Roville fonctionnât avec perfection et célérité, il fallait qu'il fût dirigé par un homme
qui en comprît parfaitement tous les détails. Depuis 1832, l'usage des
tarares est devenu presque général, et cet instrument est un de ceux à
la fabrication desquels un très-grand nombre d'ouvriers se sont livrés,
quelques-uns avec un succès digne d'encouragement. M. de Dombasle le
savait, et la mort seule a pu l'empêcher de mettre à exécution le dessein
d'appliquer à son tarare quelques modifications reconnues nécessaires.
Ce projet a été accompli par ses successeurs, et, en 1844, la fabrique
de Nancy a pu livrer un tarare qui ne le cède en rien aux meilleurs
instruments de ce genre.

Fig. 19. Tarare.

Le nouveau tarare se distingue particulièrement du précédent en ce
qu'il est plus expéditif et plus facile à régler. En augmentant le volume
du tambour, en portant à cinq au lieu de quatre le nombre des ailes, on
a beaucoup augmenté l'énergie du ventilateur, qui joue un rôle si im-

portant dans le nettoyage des grains. En réduisant à un seul ressort et à une seule courroie les nombreux accessoires de l'ancien tarare, remplacés aujourd'hui par un mécanisme simple et toujours prêt à marcher. on a mis l'emploi de cet instrument à la portée de toutes les intelligences. Enfin, en plaçant en dedans les portions de mécanisme qui, dans l'ancien tarare, faisaient saillie en dehors, on a pu augmenter considérablement la surface des cribles et des passoires, et rendre ainsi ce tarare bien plus expéditif, tout en le rendant plus facile à transporter d'un grenier dans un autre. Célérité et simplicité, tels sont les caractères généraux des perfectionnements qu'a reçus cet instrument en 1844, dans la fabrique de Nancy. Il ne reste plus qu'à compléter par quelques renseignements de détail les sages avis donnés par M. de Dombasle dans la notice qui précède.

Il est, dans le nouveau tarare, une pièce qui, bien que peu apparente, remplit un rôle de la plus grande importance, puisque c'est par elle seule qu'on peut régler ou modifier le mouvement de l'auget et du crible : cette pièce est le *taquet*.

Au bout de l'axe du ventilateur opposé à la manivelle, au-dessus de la roue à cames en fonte, est un levier coudé sur lequel est attaché une tringle en fer qui transmet le mouvement à l'arbre vertical qui, par le haut, imprime un mouvement d'oscillation à l'auget ou à la passoire, et, par le bas, un mouvement de va-et-vient au châssis incliné qui porte le crible. Ce levier coudé est soulevé ou poussé en avant par chaque came, et il retombe ou prend son arrêt sur un taquet en fonte fixé par un boulon qui le traverse, non dans un simple trou, mais dans une mortaise. Ce taquet, dont la face appliquée sur le bois porte des cannelures, afin qu'il s'y imprime bien et qu'il ne glisse pas, est donc susceptible d'être avancé ou reculé. En l'avançant, on diminue l'espace que parcourt le levier et, par conséquent aussi, le mouvement qu'il transmet au crible et à la passoire : en reculant le taquet, on augmente ce mouvement, puisqu'on donne au levier et à la tige de communication un espace plus long à parcourir. Le taquet est donc, en quelque sorte, la clef du règlement du mouvement, et le régulateur de l'action de la passoire et du crible. Il est important que l'ouvrier préposé au nettoyage des grains comprenne bien l'emploi du taquet. Du reste, on ne doit l'avancer ou le reculer que de très-peu à la fois, et n'user qu'avec réserve de cette facilité de modifier le mouvement.

L'auget de l'ancien tarare de Roville portait deux coulisses, et M. de Dombasle avait cru devoir conseiller de placer l'une sur l'autre, dans ces doubles rainures, deux passoires à mailles un peu inégales. Cet emploi simultané de deux passoires était, sans qu'on s'en fût bien rendu compte, une conséquence de l'insuffisance de l'action du ventilateur. Dans le nouveau tarare, où la ventilation est bien plus énergique, on avait essayé d'abord de placer ainsi deux passoires; mais on a bientôt reconnu que cette complication, loin de produire aucun bon résultat, était plutôt un obstacle à l'expulsion complète des balles et de la poussière : en conséquence l'auget a été fait pour ne recevoir qu'une seule passoire.

Les passoires portent sur un de leurs grands côtés un rebord. Il est presque inutile de dire, sauf pour ceux qui voient un tarare pour la première fois, que ce rebord, destiné à empêcher le grain de tomber en arrière, doit être placé en dedans de l'auget et au-dessous de la portion qui forme le fond de la trémie. Pour placer une passoire dans les coulisses de l'auget, on la fait entrer d'abord en long, puis on la retourne et on l'engage dans les coulisses, en la tirant à soi, jusqu'à ce que le cadre vienne affleurer l'extrémité des faces latérales de l'auget; alors, on abaisse le crochet destiné à empêcher la passoire de reculer.

Dans cette position, la passoire dépasse un peu le plan incliné qui porte le crible. Il en résulte que les bons grains qui glissent jusqu'à cette portion de la passoire, tombent en arrière du crible, et se mêlent avec les otons : mais ce n'est là qu'un inconvénient apparent compensé par un avantage réel. Si on voulait que tous les bons grains tombassent directement sur le crible, il faudrait, ou relever ce dernier, et alors non-seulement les bons grains, mais une portion des otons, tomberaient sur le crible, ou bien il faudrait ralentir le mouvement de la manivelle, ce qui serait encore pire, parce que la ventilation perdrait toute sa force, ou bien enfin, il faudrait, en avançant le taquet, rendre moins vif le mouvement d'agitation imprimé à la passoire. Ces divers moyens produiraient un effet entièrement contraire au résultat qu'on se propose, qui est d'obtenir dans le moins de temps possible la plus grande quantité de grain bien nettoyé. Pour que l'opération marche comme elle doit marcher, c'est-à-dire, *vite et bien*, il est impossible d'éviter qu'il ne se mêle aux otons une petite quantité de bons grains. Ces grains ne sont pas perdus ; il ne faudra que bien peu de temps pour les recueillir, tandis qu'il en faudrait beaucoup pour repasser toute la masse, si quelques portions des otons venaient à se mêler avec le bon grain. Comme l'a dit M. de Dombasle, et surtout avec le tarare nouveau, les *repasses* n'entraînent qu'une légère augmentation de travail, et sont la meilleure garantie d'un nettoiement parfait.

Il serait impossible d'entrer ici dans le détail de toutes les circonstances qui pourront se présenter suivant la nature des grains, leur état de siccité, etc. Les personnes déjà familiarisées avec l'emploi du tarare, en trouveront facilement la solution. Quant à celles qui n'ont pas encore l'habitude de cet instrument, on ne peut que les engager à bien observer le jeu et les fonctions de ses diverses parties : quelques heures de travail et d'attention les convaincront bientôt que ce nouveau tarare, manœuvré avec intelligence, renferme toutes les conditions nécessaires pour faire dans le moins de temps possible un nettoyage aussi parfait qu'on puisse le désirer.

FIN DU TOME II.

TABLE DES MATIÈRES

DU DEUXIÈME VOLUME

PREMIÈRE PARTIE.

DE LA CONNAISSANCE PRATIQUE DES SOLS.

CHAPITRE Ier.

Des défrichements.

PREMIÈRE SECTION.

CONSIDÉRATIONS GÉNÉRALES.

DEUXIÈME SECTION.

DU DÉFRICHEMENT DES FORÊTS.

TROISIÈME SECTION.

DES DÉFRICHÉMENTS DE TERRES DE LANDES OU DE BRUYÈRES.

QUATRIÈME SECTION.

DU DÉFRICHEMENT DES TERRAINS MARÉCAGEUX.

CHAPITRE II.

Construction et entretien des chemins.

CHAPITRE III.

Des clôtures et des plantations.

DEUXIÈME PARTIE.

DES ENGRAIS ET DES AMENDEMENTS.

CHAPITRE Ier.

PREMIÈRE SECTION.

DES FUMIERS.

§ 1er. *Nature et composition des fumiers.*

§ 2. *De la production du fumier dans ses rapports avec l'étendue des terres et la quantité des fourrages.*

DEUXIÈME SECTION.

DES DIVERSES AUTRES SUBSTANCES QUI PEUVENT S'EMPLOYER COMME ENGRAIS.

SIXIÈME SECTION.

DES CENDRES DE BOIS.

TROISIÈME PARTIE.

CHAPITRE Ier.

Des assolements.

PREMIÈRE SECTION.

CONSIDÉRATIONS GÉNÉRALES.

DEUXIÈME SECTION.

DU RÔLE QUE JOUE LA JACHÈRE DANS LES ASSOLEMENTS.

TROISIÈME SECTION.

DE L'ASSOLEMENT TRIENNAL.

QUATRIÈME SECTION.

DES ASSOLEMENTS DE 4 ANS.

CINQUIÈME SECTION.

SIXIÈME SECTION.

SEPTIÈME SECTION.

DES ASSOLEMENTS A LONG TERME.

HUITIÈME SECTION.

DE L'ASSOLEMENT LIBRE.

NEUVIÈME SECTION.

DES RÉCOLTES REDOUBLÉES ET DES RÉCOLTES ENFOUIES EN VERT.

QUATRIÈME PARTIE.

DES INSTRUMENTS.

PREMIÈRE SECTION.

DES DIVERSES ESPÈCES DE CHARRUES.

§ 1er. *Considérations générales.*

§ 2. *Désignation des principales parties de la charrue.*

§ 3. *De l'âge et du régulateur dans les araires.*

§ 4. *Du coutre.*

Sa forme. — Sa position relativement à la ligne de direction de l'instrument. — Son inclinaison. — Sa position relativement à la pointe du soc et au corps de la charrue. — Son rôle comme gouvernail de l'instrument. — Disposition de la coutelière ; p. 266.

§ 5. *Du soc.*

Obliquité du tranchant. — Largeur du soc. — Soc américain. — Socs à douilles ; p. 272.

§ 6. *Du versoir.*

Ses fonctions. — Angle sous lequel il retourne la bande de terre. — Forme de ses diverses parties ; p. 274.

§ 7. *De la présence ou de l'absence de l'avant-train.*

Fonctions de l'avant-train ou des parties qui le remplacent. — Époque ou il a été supprimé en Angleterre. — Introduction en France de cette nouvelle construction. — Influence de l'avant-train sur la résistance selon la nature des terres et la profondeur du labour. — Difficultés que l'on rencontre d'abord dans la conduite de l'araire, ou charrue sans avant-train. — Marche des deux espèces de charrues dans les sols pierreux et dans les terrains inégaux ; p. 277.

§ 8. *Des charrues à tourne-oreille.*

Leur usage. — Leur défectuosité. — Modifications qu'on leur a fait subir. — Constructions diverses par lesquelles on peut remplacer la charrue à tourne-oreille ; p. 284.

§ 9. *Des charrues versant à gauche.*

Causes qui ont fait adopter dans divers cantons l'usage des charrues versant à droite ou à gauche. — Motifs de préférence en faveur des premières ; p. 288.

§ 10. *Des charrues à deux raies.*

Inconvénients qu'offre ce genre de construction ; p. 290.

APPENDICE.

Supplément au chapitre des instruments.

FIN DE LA TABLE DES MATIÈRES DU DEUXIÈME VOLUME.